Das älteste Glücksspiel

Veiko Krauß

Das älteste Glücksspiel

Eine kurze Naturgeschichte der
Sexualität

Dr. Veiko Krauß
Leipzig, Sachsen, Deutschland

ISBN 978-3-662-62584-2   ISBN 978-3-662-62585-9   (eBook)
https://doi.org/10.1007/978-3-662-62585-9

Die Deutsche Nationalbibliothek verzeichnet diese Publikation in der Deutschen Nationalbibliografie; detaillierte bibliografische Daten sind im Internet über http://dnb.d-nb.de abrufbar.

Einbandabbildung: deblik Berlin

Planung/Lektorat: Stefanie Wolf
Springer ist ein Imprint der eingetragenen Gesellschaft Springer-Verlag GmbH, DE und ist ein Teil von Springer Nature.
Die Anschrift der Gesellschaft ist: Heidelberger Platz 3, 14197 Berlin, Germany

Für Grit

Vorwort

Sex sells, deshalb gibt es so viele Bücher über dieses Thema. Dennoch oder vielleicht auch gerade deswegen existieren viele unzutreffende Vermutungen über die Rolle der Sexualität in der Geschichte des Lebens. Deshalb möchte ich mit diesem Buch einen Beitrag leisten, Wissen über sexuelle Vorgänge auf solidere Grundlagen zu stellen. Um Ihnen die Schwierigkeit dieser Aufgabe zu verdeutlichen, möchte ich hier zunächst nur drei der besonders hartnäckigen Missverständnisse über die Bedeutung der Sexualität nennen und kurz klären:

1. *Sex dient der Fortpflanzung* Das Gegenteil ist wahr, denn die Sexualität ermöglicht es, die schädlichen Auswirkungen von Vererbungsfehlern (Mutationen) auch in kleineren Populationen von Lebewesen zu begrenzen. Sex dient also der Erhaltung der Qualität, *ohne* große Zahlen von Nachkommen zu benötigen.
2. *Sex dient der Selektion* Das trifft zu, allerdings in anderer Form, als oft angenommen. Sexuelle Selektion ist nur ein lästiges, aber unvermeidbares Nebenprodukt der Sexualität. Die Hauptfunktion der Sexualität besteht in der Erleichterung der natürlichen Selektion durch die *zufällige* Mischung der Allele der Sexualpartner.
3. *Sex schafft Variation* Sex schafft selbst keine Variation, sondern *erhält den wertvollen Teil* der Variation, indem dieser immer wieder neu mit anderen Varianten der Genome kombiniert wird.

Um solche und verwandte Irrtümer zugunsten tatsächlich beleg- und damit belastbarer Theorien zu korrigieren, stellte ich in diesem Buch eine ausgewählte Vielfalt sexueller Vorgänge möglichst folgerichtig, aufschlussreich und kurzweilig zusammen. Der vorliegende Text ist also ein (weiteres) Aufklärungsbuch.

Wenn ich auch ganz allein für seinen Inhalt verantwortlich bin, so möchte ich mich doch für die Unterstützung bei seiner Entstehung bei meinen Testlesern bedanken, vor allen bei Frau Sylvia Seidel. Ganz besonderen Dank schulde ich aber den zahlreichen Wissenschaftlern, auf deren aktuelle Erkenntnisse diese Darstellung in umfassender Weise zurückgreift. Und nicht zuletzt möchte ich an dieser Stelle meinen Hochschullehrer Dr. Heinrich Dörfelt danken, vor allem für die Fokussierung des beginnenden wissenschaftlichen Denkens seiner Studenten auf die wesentlichen Zusammenhänge zwischen der Diversität der Lebewesen und ihrer Evolution.

Leipzig   Veiko Krauß
im Oktober 2020

Inhaltsverzeichnis

1

Sex – theoretisch gesehen

Obwohl zur Evolution sexueller Fortpflanzung seit Jahrzehnten intensiv geforscht wird, ist der Prozess der Entstehung und Aufrechterhaltung der Sexualität noch ungenügend verstanden. Die Behinderung der Selektion durch sich selbst (selektive Interferenz) und die Immunisierung gegen Parasiten gelten zwar als die bisher plausibelsten Ursachen der Entstehung sexueller Phänomene, sind aber allein für ihre Erklärung wohl noch nicht ausreichend. Wahrscheinlich sind alle hier genannten Erklärungen, möglicherweise gemeinsam mit noch unbekannten Ursachen, für den Ursprung und die weitere Evolution der Sexualität gemeinsam verantwortlich. Der sexuelle Mechanismus, bestehend aus Befruchtung und Meiose, geht vermutlich auf die Bildung von Ruhestadien zur Überdauerung ungünstiger Lebensumstände zurück.

Geschlechtliche Fortpflanzung ist – nicht nur wegen ihrer weiten Verbreitung unter den uns bekannten Lebewesen – eines der bekanntesten und bemerkenswertesten Ergebnisse der Evolution. Wenn die Rede auf sie kommt, dominiert oft Anzüglichkeit die Neugier auf Naturgeschichte. Doch was genau wissen wir über die Existenzgrundlage der Geschlechter oder über die Entstehung einer gemeinschaftlich eingeleiteten Fortpflanzung überhaupt? Dient Sex wirklich der Vermehrung, wie es den Anschein hat? Warum wird Sex sowohl als „Meisterstück der Natur" wie auch als „Königsproblem der Evolutionsbiologie" [13] bezeichnet? Warum wird selbst in manchen gegenwärtigen Lehrbüchern der Evolutionsbiologie die Ansicht vertreten, dass es noch keine überzeugenden Erklärungen für die Entstehung der Sexualität gebe [202]? Gibt es denn tatsächlich wesentliche Lücken im Wissen über ein so allgegenwärtiges Phänomen?

In diesem Buch soll deshalb dem Verlangen nachgegeben werden, nachzuforschen, worin der Ursprung der Sexualität bestehen könnte, in welchen Formen Sex in Erscheinung tritt und welche Probleme durch Sex gelöst oder auch erst geschaffen wurden.

1.1   Was ist Sex?

Diese Frage erscheint naiv. Ohne Erläuterung würde man darauf wohl sehr unterschiedliche Antworten erhalten, oft die einander eher ausschließenden Begriffe „Vergnügen" und „Vermehrung" enthaltend. Diese Antworten könnten vielleicht so zusammenfasst werden: Beim Sex dient Lust der Erzeugung von Nachkommen. Ist folglich Sex ein Mittel, um Menschen, Tiere und andere Lebewesen zur Produktion von Nachkommen zu verlocken?

Ein näherer Blick auf die Schlüsselereignisse der sexuellen Fortpflanzung lässt allerdings stutzen: Eine bloße Vermehrung, wie etwa bei der Teilung von Zellen, findet beim Sex keineswegs statt. Ganz im Gegenteil ist eine Verschmelzung zweier Zellen, typischerweise von zwei unterschiedlichen Eltern stammend, das auffälligste gemeinsame Merkmal sexueller Vorgänge. Diese Verschmelzung, Befruchtung genannt, erzeugt die erste Zelle eines Nachkommen, d. h., erst nach der Befruchtung beginnt Sex wie Fortpflanzung auszusehen. Warum dieses vereinende Vorspiel, wenn es doch ganz im Gegenteil um Vermehrung zu gehen scheint?

Hier ist es hilfreich, zunächst einmal die Gegenfrage zu stellen: Funktioniert es denn auch ohne vorherige Vereinigung? Die Antwort ist ja aber, denn nur etwa 0,1 % der Tierarten kommen bei ihrer Vermehrung ohne Sex aus [82]. Interessanterweise gibt es keine größere Verwandtschaftsgruppe der Tiere, welche auf eine Befruchtung vor der Fortpflanzung vollständig verzichtet. Dagegen gibt es jeweils einzelne Arten oder Artengruppen, welche offensichtlich erst seit Kurzem (evolutionär gesehen: vor weniger als einer Million Jahren) dem Sex zugunsten einer weniger umständlichen Erzeugung von Nachwuchs entsagt haben.

Dieser Verzicht auf sexuelle Fortpflanzung geht mit einer deutlichen Vereinfachung der Individualentwicklung einher. Bei nichtsexuellen Tieren gibt es keine voneinander verschiedenen Geschlechter. Jedes Individuum kann auf sich allein gestellt bei passender Gelegenheit mehr oder weniger Nachkommen produzieren, ohne einen wesentlichen Beitrag eines zweiten Individuums zu benötigen. Auf Männlichkeit wird verzichtet, manchmal jedoch nicht so konsequent, wie es bei einer echten Jungfernzeugung zu erwarten wäre. Wir werden im Folgenden sehen, dass gerade die Vielfalt der Fortpflanzungsformen und die mehr oder weniger ausgeprägte Beschränkung auf sexuelle oder nichtsexuelle Formen uns Antworten auf die Frage geben kann, warum es die Sexualität gibt.

1.2 Sex ist anstrengend

Verglichen mit der ungeschlechtlichen Form ist die sexuelle Art der Vermehrung umständlich, zeitraubend und aufwendig. Umständlich, weil in dem elterlichen Lebewesen zunächst eine Reduktionsteilung (Meiose) durchgeführt wird, so genannt, weil die Zahl der Chromosomen vor der Befruchtung erst einmal halbiert werden muss, bevor während der Befruchtung zwei Zellen und damit auch zwei Chromosomensätze verschmelzen können. Dabei werden die beiden homologen Chromosomensätze in den elterlichen Zellen getrennt, damit in allen entstehenden Geschlechtszellen (Gameten) genau eine der beiden Kopien aller elterlichen Gene (und nicht alle beide oder keins von beiden) vorhanden ist. Dieser Sortierungsvorgang scheint nur nötig, um den entstehenden einfachen (haploiden) Chromosomensatz mit dem haploiden Chromsomensatz des anderen Elternteils zu vermischen. Aschenputtels Stiefmutter stellte mittels Linsen und Erbsen zwar nicht sinnvollere, aber doch wohl einfachere Aufgaben.

Zeitraubend ist Sex, weil zur Vermehrung erst einmal zwei Eltern zusammenkommen müssen, während zur einfachen Zweiteilung der Bakterien ein reifes Individuum ausreichend ist. Mitunter genügt es zwar auch, dass nur die Gameten zueinander finden und miteinander verschmelzen. Aber selbst dann ist zumindest ein Treffen unterschiedlich gepolter Zellen (oft, aber nicht immer männlich und weiblich genannt) notwendig, es genügt also nicht, wenn sich einfach zwei gleichartige Geschlechtszellen treffen. Und wie jeder weiß, gehört zu den unbedingten Voraussetzungen für ein Stelldichein nicht nur gegenseitige Attraktivität, sondern auch die zeitliche Abstimmung aufeinander.

Und schließlich ist Sex aufwendiger als andere Vergnügungen. Nicht nur die nötige Energie zur Durchführung der Meiose und zur Findung des Partners sollte an dieser Stelle erwähnt werden, sondern auch die entstehenden Risiken. Fressfeinde können die Umstände bei der Aufnahme sexueller Beziehungen für eigene Zwecke ausnutzen. Parasiten missbrauchen regelmäßig das Treffen elterlicher Organismen oder Gameten, um neue Individuen zu befallen. Nicht nur beim Menschen hängt die Weiterexistenz einer ganzen Reihe von Krankheitserregern und Parasiten vom sexuellen Übertragungsweg ab.

An dieser Stelle ist oft von doppelten **Kosten des Sex** gegenüber der ungeschlechtlichen Fortpflanzung die Rede. Vertreter dieses Arguments berufen sich auf die im Regelfall etwa gleiche Häufigkeit der Weibchen und Männchen einer Art. Nur die weibliche Hälfte der Artgenossen kann Nachkommen produzieren, während die Männchen zwar etwa die Hälfte des Genoms der nächsten Generation stellen, aber darüber hinaus meist keinen wesentlichen Beitrag zum Wachstum der Kinder leisten. Man kann es wahlweise auch so sehen, dass für die geschlechtliche Vermehrung stets ein Elternpaar benötigt wird, während bei der ungeschlechtlichen Variante ein Elternteil (geschlechtsfrei als **Elter** bezeichnet) genügt.

Realistisch betrachtet ist eine Verdopplung der Kosten bei der sexuellen gegenüber der ungeschlechtlichen Variante der Fortpflanzung jedoch in keiner Weise rechnerisch zu begründen. Erstens könnten zweifache Kosten nur dann zutreffen, wenn die sexuelle Vorgehensweise tatsächlich die einzig mögliche Fortpflanzungsoption ist, was eher die Ausnahme denn die Regel darstellt, wie wir im Folgenden noch sehen werden. Zweitens gibt es oft Zwitter oder Hermaphroditen statt zweier getrennter Geschlechter, sodass jedes Individuum eine tragende, sprich weibliche Rolle spielen kann. Drittens können sich Männchen durchaus an der mehr oder weniger mühseligen Aufzucht der Nachkommenschaft beteiligen und damit doch einen Teil der aufzubringenden Leistungen übernehmen. Und viertens gehen die Vertreter dieser Kostenrechnung offenbar davon aus, dass viel immer viel hilft. Gerade bei Vögeln und Säugetieren – uns selbst da nicht ausgenommen – sehen wir jedoch, dass eine aufwendige Zeugung und Aufzucht weniger Nachkommen sich gegenüber der Möglichkeit, einfach zahlreiche Sporen, Samen oder Eier freizusetzen, durchgesetzt hat. Entgegen einer weitverbreiteten Ansicht ist nicht maximale Vermehrung der Erfolgsmaßstab der Evolution, sondern die dauerhafte Reproduktion einer durchgängigen Linie von Nachkommen. Vermehrung ist nur ein notwendiges Mittel, um die Wahrscheinlichkeit für ein dauerhaftes Überleben zu erhöhen.

Der dazu nötige Umfang der Vermehrung ist jedoch sehr verschieden, ebenso wie die Aufwendungen je potenziellem Nachkommen. Für Einzeller sind Reproduktion, Wachstum und Vermehrung gleichbedeutend, denn ab einer bestimmten Größe müssen sie sich teilen. Umfang und Zukunft ihrer Populationen sind meist hochgradig ungewiss, schnelle Zuwächse und plötzliche Zusammenbrüche sind die Regel. Große Vielzeller dagegen bewohnen ein über längere Zeiträume weitgehend unverändertes Verbreitungsgebiet, in dem die Größe ihrer Population viel geringeren Schwankungen unterliegt. Sie pflanzen sich oft nicht nur einmal, sondern in regelmäßigen Abständen fort. Die Chancen ihrer Nachkommenschaft, sich ihrerseits fortzupflanzen, hängt entscheidend davon ab, ob für sie eine lokale ökologische Nische frei geworden ist. Insbesondere wenig mobile Mehrzeller wie z. B. Bäume profitieren vom Ableben ihrer Eltern oder unmittelbar benachbarter Artgenossen. Damit tritt der Fortpflanzungsaufwand deutlich hinter dem Überlebensaufwand zurück. Sex ist ein Luxus, den sich solche komplexen Organismen deshalb spielend leisten können.

Durchschnittlich gesehen ist Sex jedoch sicher *mehr als doppelt so anstrengend* wie ungeschlechtliche Fortpflanzung, wobei die Berechnung einer exakten Aufwandsdifferenz zwischen den beiden Methoden der Vermehrung schwierig ist und offensichtlich von den konkreten Fortpflanzungsweisen der jeweils betrachteten Arten abhängt. Überblickt man die spezifisch sexuell verursachten Anstrengungen, ist Sex allgemein gesehen also noch unvernünftiger als gemeinhin angenommen. Es muss gute Gründe geben, warum er dennoch so häufig stattfindet.

1.3 Wofür ist Sex gut?

Diese Frage stellt sich die Wissenschaft schon lange, spätestens seit bekannt wurde, dass Jungfernzeugung selbst bei manchen Wirbeltieren vorkommt. Man vermutete z. B., dass sexuelle Prozesse für die Reparatur der DNA-Stränge, also für die Wartung der Chromosomen, notwendig seien. Diese Hypothese wird auch gegenwärtig noch gelegentlich diskutiert [148]. Tatsächlich überleben manche Bakterien, die Fremd-DNA aufnehmen und in ihr Genom integrieren können, wesentlich leichter DNA-schädigende Umweltbedingungen wie etwa eine Behandlung mit Röntgenstrahlen [1]. Dagegen spricht, dass DNA-Reparaturprozesse nicht nur in Bakterien und in den Keimzellen höherer Organismen, sondern in jeder lebenden Zelle jedes Vielzellers durchgeführt werden. Die große Mehrheit pflanzlicher und tierischer Zellen können jedoch keine DNA zur Rekombinationsreparatur aufnehmen, weil sie lückenlos von lebenden Zellen des eigenen Organismus umgeben sind. Zudem müssen gerade zur Durchführung der sexuellen Fortpflanzung DNA-Stränge zerschnitten werden, um sie neu zusammenzusetzen – wir kommen später darauf zurück.

Im Laufe der letzten Jahrzehnte wurde bei der Suche nach einem unmittelbaren Nutzen sexueller Aktivität immer deutlicher, dass ein solcher offenbar nicht existiert. Man kann Sex nur erklären, wenn man eine **Population** von Organismen, also die Gesamtheit der Organismen einer Art, betrachtet. Das war auch zu erwarten, da die sexuelle Fortpflanzung nur dann vorteilhaft sein kann, wenn zwei ähnliche, zugleich aber genetisch deutlich verschiedene Genome dabei kombiniert werden. Diese Genome können nur aus zwei verschiedenen Individuen der Population kommen. Vorteilhaft ist Sex nicht für diese beiden Individuen, sondern für jenen oft eher kleinen überlebenden Anteil ihrer Nachkommen, die durchschnittlich günstigere Allele als ihre Geschwister erhalten.

Gegenwärtig werden zwei Argumente zugunsten der sexuellen Fortpflanzung als besonders stichhaltig angesehen: die Erhöhung der Effektivität der Selektion (Hypothese der Interferenz der Selektion) einerseits sowie die Verbesserung der Widerstandskraft gegenüber Parasiten **(Hypothese der Roten Königin)** andererseits. Beide Modelle erfordern eine nähere Erläuterung.

Natürliche Selektion als Ergebnis der Wechselwirkung von Organismen mit ihrer Umwelt ist zwar ein allgegenwärtiger Evolutionsfaktor, führt aber nicht zwangsläufig zu einer erfolgreicheren Interaktion der Organismen mit ihrer Umwelt. Stellen wir uns zur Erläuterung der Hindernisse für die Wirkung der Selektion eine Population aus einer bestimmten Zahl von Organismen vor. Um uns eine solche Vorstellung zu erleichtern, gestalten wir sie konkret, indem wir die **Hausmaus** *(Mus musculus)* betrachten. Das Genom von Hausmäusen ist etwa so groß wie das menschliche, grob gesagt befinden sich also auf jedem Chromosom der Maus etwa 1000 verschiedene **Gene,** d. h. genetische Strukturen, die die Produktion bestimmter Funktionselemente des Organismus ermöglichen. Diese Funktionselemente sind typischerweise Eiweiße **(Proteine).** Wie jeder Organismus der Erde haben die Vorfahren der Hausmäuse – nicht die Mäuse selbst – bereits Milliarden Jahre Evolution hinter sich. Wie alle ihre Vorfahren müssen die Mäuse erfolgreich mit ihrer Umwelt wechselwirken, um sich reproduzieren zu können. Dementsprechend haben die Proteine der heutigen Mäuse eine Zusammensetzung, die sich bisher bewährt hat und die daher ganz wie die heutige äußere Gestalt der Maus – die sich während der letzten Millionen Jahre nicht auffällig verändert hat – auch heute wahrscheinlich nicht wesentlich verändert werden sollte, um auch in Zukunft erfolgreich mit ihrer Umwelt interagieren zu können.

Ein wesentliches Element dieser Argumentation ist die Erhaltung bereits vorhandener Funktionalität, ein Problem, dem in den meisten populären Darstellungen der Evolution zu wenig Aufmerksamkeit gewidmet wird. Frei nach Goethes Mephisto ist alles, was existiert, dem allmählichen Verfall ausgeliefert, wenn es nicht aktiv erhalten wird. Eine Erhaltung von **Funktionen** erfordert den Schutz der Funktionsträger – also der Makromoleküle des Organismus – gegen Veränderungen. Da **Mutationen,** die Veränderungen des genetischen Materials, unvermeidlich sind und in zufälliger Art und Weise überall im Genom auftreten und deshalb ständig Funktionalität zerstören, muss es gegen solche offensichtlich nachteiligen Mutationen genauso Selektion geben, wie es Selektion zugunsten vorteilhafter Mutationen gibt. Selektion kann also Organismen nicht nur zu ihrem Überlebensvorteil verändern, sondern schützt sie auch gegen Veränderungen, die ihr Überleben (einschließlich der Produktion von Nachkommen) behindern.

Eine spannende Frage ist deshalb, ob vorteilhafte oder nachteilige Mutationen häufiger sind. Es ist relativ einfach, diese Frage allgemein zu beantworten. Da in zurückliegenden Jahrmillionen bereits sehr zahlreiche Funktionsverbesserungen stattgefunden haben und sich die Umweltbedingungen im Regelfall nur wenig ändern, sollte die Zahl möglicher *und* vorteilhafter Veränderungen viel geringer als die möglicher *und* nachteiliger sein. Diese Vermutung konnte auch schon bei den einfachsten Objekten, welche der Evolution unterliegen, bestätigt werden – den Viren. Hier führte etwa die Hälfte der Mutationen zum völligen Funktionsverlust, und nur etwa 4 % waren für die Reproduktion des Virus vorteilhaft [153]. Der Rest der Mutationen konnte nicht eindeutig bewertet werden, war also neutral. Eine knappe Mehrheit der Mutationen sind auch bei der Taufliege *(Drosophila melanogaster)* nachteilig, der Anteil vorteilhafter Mutationen konnte hier aber leider nicht untersucht werden [187]. Es ist anzunehmen, dass diese Dominanz nachteiliger Mutationen bei Organismen mit mehr als zehnmal größeren Genomen – wie z. B. Säugetieren – einer Mehrheit neutraler, also die Fitness kaum verändernder Mutationen, weicht. Damit reduziert sich aber zugleich auch der schon bei den Viren geringe Anteil positiv wirkender Mutationen selbst dann weiter, wenn wir eine Art wie die Maus vor uns haben, deren Umwelt sich im Zusammenhang mit ihrer Vorliebe für menschliche Nahrungsvorräte vor evolutionär gesehen kürzerer Zeit wesentlich geändert hat. Denn die weitaus meisten Funktionen betreffen die innere Funktion des Organismus und sind deshalb nicht für die direkte Wechselwirkung mit der Umwelt zuständig.

Deshalb besteht **Selektion** in der Regel in sogenannter stabilisierender oder negativer Selektion, die im Gegensatz zur wesentlich selteneren gerichteten oder positiven Selektion *gegen Veränderungen* des Genoms wirkt. Man könnte nun einwenden, dass über längere Zeit hinweg Gene dennoch – wenn auch relativ langsam – durch die gerichtete Selektion in Richtung zunehmender Funktionalität verändert werden und dass die stabilisierende Selektion als bloße Korrektur vorübergehend auftretender Fehler im Ergebnis nicht sichtbar sei. Dem ist aber aus zwei Gründen nicht so. Erstens wird jede Maus mit mehr als zehn verschiedenen, neuen Mutationen geboren [204], und zweitens haben selbst Hausmaus-Populationen nur eine begrenzte Größe. Jede einzelne Maus erfährt also viele Mutationen gleichzeitig, die im Durchschnitt eher nachteilig als vorteilhaft sind. Die positiven und negativen Effekte dieser Mutationen verteilen sich bei jeder Maus dabei mehr oder weniger kontinuierlich; schnell tödlich wirkende Mutationen kommen zwar vor, spielen aber keine Rolle, da betroffene Embryonen gar nicht zur Welt kommen. Starke Effekte negativer Art sind auch bei weniger extremen Folgen für unsere Betrachtung von geringer Bedeutung, da solche Wirkungen wie etwa eine deutlich verringerte Fruchtbarkeit binnen weniger Generationen durch Selektion entfernt werden.

Dagegen ist das Kontinuum weniger auffälliger Wirkungen von zahlreichen, mehr oder weniger leicht nachteiligen Mutationen einerseits und von relativ wenigen, mehr oder minder vorteilhaften Mutationen andererseits tatsächlich von Bedeutung. Da sie sich alle zusammen in einer Maus ausprägen, wird immer nur die Summe ihrer Wirkungen einen Effekt haben. Das heißt, ob eine neue Mutation in die nächste Generation kommt, hängt eben nicht nur von ihrer eigenen Wirkung auf die Maus ab, sondern von der Summe aller genetischer Unterschiede, welche diese spezielle Maus gegenüber ihren Mitmäusen aufweist.

Hinzu kommt der Zufall, denn die Maus kann Glück (sie entdeckt einen frisch gefüllten Kornspeicher) oder Pech haben (sie ertrinkt in einer Überschwemmung). Mit anderen Worten, die Chancen einer gerade neu aufgetretenen, vorteilhaften Mutation – die es ja dann zunächst nur in einer einzigen Maus gibt – stehen nicht gerade gut, selbst wenn sie einen wesentlichen Vorteil birgt. Die Last der vielen mehr oder minder nachteiligen Mutationen, die diese Maus neben einigen vorteilhaften auch trägt, kann leicht verhindern, dass die frisch vorteilhaft mutierte Maus bei der Zeugung der nächsten Generation beteiligt wird. Und aufgrund der begrenzten Zahl von Mäusen wird es sehr lange dauern, bis diese bestimmte Mutation wieder auftreten kann, wenn ihre erste Trägerin an der Weitergabe ihres genetischen Materials gehindert wird.

Selbst dann jedoch, wenn die vorteilhafte Mutation tatsächlich auf folgende Generationen übertragen und vermehrt werden kann, schleppt sie bei angenommener klonaler, also nichtsexueller Fortpflanzung alle nachteiligen Mutationen im gleichen Genom mit. Hinzu kommt, dass diese Last aller Wahrscheinlichkeit nach – denn Mutationen sind ja eher nachteilig als vorteilhaft – in jeder folgenden Generation vergrößert wird. Die Wechselwirkung nachteiliger mit vorteilhaften Mutationen erdrückt dabei nicht nur den Vorteil einzelner Neuheiten – das nennt man **Interferenz der Selektion** –, sondern senkt in ihrer Summe sogar allmählich die allgemeine Tauglichkeit der Nachkommen für ihre Umwelt im Verhältnis zu ihren Vorfahren immer mehr ab. Man nennt diesen Effekt nach seinem Entdecker **Mullers Ratsche:** Klonale, nichtsexuelle Fortpflanzung kann bei mehrzelligen Organismen nach einer Reihe von Generationen zur Fehlerkatastrophe führen: Das Genom wird allmählich immer ungeeigneter, einen erfolgreichen Organismus zu reproduzieren. Dafür sind keine besonders schwerwiegenden Mutationen verantwortlich, weil diese schnell der Selektion zum Opfer fallen. Viele kleine, sich summierende Nachteile, die mit wenigen leichten Vorteilen kombiniert im gesamten Genom verteilt vorliegen, realisieren jedoch das Sprichwort, dass viele Jäger des Hasen Tod sind.

Warum hat das bekannte, menschliche Darmbakterium *Escherichia coli* wie die Mehrzahl der Bakterien nicht dieses Problem? Die Antwort ist vergleichsweise einfach: Nur etwa jedes Tausendste neu gebildete Bakterium trägt überhaupt eine neue Mutation [131]. Gleichzeitig enthält nur ein Gramm menschlicher Stuhl im Mittel mehr als 100 Mio. dieser Einzeller. Jede Neumutation kann sich so völlig allein – natürlich in Kombination mit dem unveränderten Rest des Genoms – der Selektion stellen. Auf diese Weise wirken Vor- und Nachteile dieser einzelnen genetischen Veränderung unmittelbar auf die Teilungsrate des betroffenen Bakteriums ein. Und sollte ein potenziell verbessertes Bakterium doch Pech haben und vor seiner Teilung vernichtet werden, wird die gleiche Mutation viel schneller als im Fall der Mäuse erneut auftreten.

Maus und Bakterium sind nur Beispiele. Die Zahlen variieren natürlich, aber der prinzipielle Unterschied zwischen Einzellern und vielzelligen, komplexeren Lebewesen bleibt. Mehrzeller müssten ihre Mutationsrate offensichtlich wesentlich senken, um dem Problem dieses allmählichen Zerfalls der Funktionalität zu entgehen. Umfangreiche Untersuchungen der **Mutationsraten** verschiedener Organismen haben jedoch ergeben, dass genetische Veränderungen nicht im beliebigen Umfang zu unterdrücken sind [204]. Denn eine solche Unterdrückung von Mutationen setzt eine hohe Genauigkeit der Replikation der DNA voraus, wie sie nur unter aufwendiger Mitwirkung verschiedener Proteine in einem komplizierten, mit nachträglichen Kontrollen verbundenen Prozess zu erreichen ist. Die absolute Mutationsrate pro **Nukleotid** (Einzelbaustein der DNA) und Generation beim Menschen beträgt ungefähr 10^{-8} [132]. Diese Zahl sagt für sich genommen wenig aus, deswegen will ich sie wie folgt verdeutlichen: Ein gewöhnliches Buch enthält etwa eine Million Buchstaben. Die Fehlerrate zwischen zwei Generationen des Menschen entspricht also der einer Bibliothek, die lediglich in jedem hundertsten Buch einen einzigen Rechtschreibfehler enthält. Ich fürchte jedoch, dass dieses eine Buch, welches Sie erfreulicherweise gerade lesen, wie andere Bücher auch weit mehr als nur einen Rechtschreibfehler enthalten wird. Um Mutationen noch zuverlässiger zu vermeiden, müsste ein weiter verbesserter Replikationsapparat selektiert werden. Das setzt jedoch eine ausreichende Effizienz der Selektion gegen bereits sehr geringe Fehlerraten voraus. Die ist jedoch gerade bei Mehrzellern nicht mehr gegeben, da ihre Populationsgrößen wegen ihrer Körpergrößen deutlich geringer als jene der Bakterien ausfallen müssen (Abb. 1.1).

Wenn jedoch viele Abschnitte des Genoms regelmäßig auf neue Organismen umverteilt und neu kombiniert werden können, wie es bei der Sexualität der Fall ist, können mehrfache Mutationen je Genom und Generation toleriert werden, weil auf diese Weise wiederum alle Mutationen letztlich wieder einer Einzelbewertung durch Auslese zugänglich gemacht werden. Sex dient also nicht der Fortpflanzung, sondern durch Neukombination verschiedener Gene der Effizienz der Selektion. Er muss bei mehrzelligen Lebewesen jedoch mit der Fortpflanzung kombiniert werden, weil eine solche Neukombination selbst auf Zufall beruht und deshalb nicht in gleicher Weise in mehreren Zellen

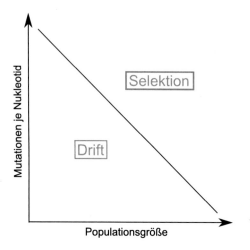

Abb. 1.1 Zusammenhang zwischen Mutationsrate und Populationsgröße nach der Drift-Barriere-Hypothese [204]. Je größer die Population, desto stärker wirkt die Selektion. Entsprechend wird Drift zurückgedrängt. Das bedeutet auch, dass sich die Mutationsrate umgekehrt proportional zur effektiven Populationsgröße verhält. (© Veiko Krauß [2018])

zugleich durchführbar ist. Ein mehrzelliges Individuum kann daher nur durch fortgesetzte Zellteilung aus einer einzelnen, befruchteten Eizelle entstehen, wenn seine Gene neu kombiniert vorliegen sollen. Aus diesem Zwang der Umstände heraus wurden Sex und Fortpflanzung gekoppelt.

Eine weitere Voraussetzung für Sex ist die Verdopplung des eigenen Genoms, **Diploidie** genannt. Bakterien benötigen von jedem ihrer Gene in der Regel nur ein einziges Exemplar. Neue funktionelle Varianten von Genen entstehen durch Mutationen aus bereits vorhandenen Kopien desselben Gens und werden **Allele** genannt. Ein Genom kann nur dann einen voll funktionsfähigen Organismus begründen, wenn praktisch jedes Gen seiner Vorfahren in wenigstens einer Form, d. h. als ein bestimmtes Allel, in diesem Genom vertreten ist. Eine Neukombination der Gene kann daher nur in einer neuen Mischung von Allelen *aller* Gene bestehen, denn jedes Gen wird in einer funktionsfähigen Form vom aktuellen Organismus oder seinen Nachkommen für ihre Auseinandersetzung mit ihrer jeweiligen Umwelt gebraucht.

Die Verdopplung eines ursprünglich haploiden, d. h. aus vielen einzelnen, jeweils einzigartigen Genen zusammengesetzten Genoms hat den Vorteil, dass für jedes einzelne Gen eine Ersatzkopie vorhanden ist. Ein diploides, also verdoppeltes Genom ist deshalb viel unempfindlicher gegenüber Mutationen als eine Sammlung einzigartiger, jeweils unersetzlicher Gene. Denn wenn eine von zwei Kopien eines Gens auf nachteilige Art und Weise verändert vorliegen sollte, kann in der Regel die zweite Kopie diesen Nachteil mehr oder weniger vollständig ausgleichen. Deshalb sind diploide Genome sehr wahrscheinlich bereits vor der Evolution der Sexualität und unabhängig von ihr entstanden. Ein funktionierendes, lebendiges Beispiel dafür ist das gegenüber der mutierenden Wirkung der Radioaktivität erstaunlich tolerante Bakterium *Deinococcus radiodurans,* dessen Genom so widerständig ist, weil es 1) deutlich effizienter als das anderer Bakterien repariert wird und weil es 2) in vier bis zehn Kopien innerhalb einer Zelle vorliegt. Auch alle Arten der Haloarchaea, einer größeren Verwandtschaftsgruppe der Prokaryoten, die vor allem in ungewöhnlich salzreichen Gewässern vorkommen, scheinen stets mehrere Kopien ihres Genoms in einer einzigen Zelle zu beherbergen [251]. Und schließlich bilden räuberische Bakterien der Art *Myxococcus xanthii* innerhalb faszinierender, pilzähnlicher Fruchtkörper diploide Sporen zur Überdauerung ungünstiger Umweltbedingungen [214].

An dieser Stelle lohnt es sich, darüber nachzudenken, wann genau die Sexualität entstanden sein sollte. Bei Prokaryoten scheinen sexähnliche Vorgänge in Gestalt einer Verschmelzung zweier Zellen nur ausnahmsweise aufzutreten (siehe aber Abschn. 3.5). Alle Formen der Eukaryoten jedoch kennen ihn, wenn Einzeller ihn auch eher selten praktizieren. Der Biochemiker Nick Lane vermutet deshalb, dass die **klassische Form der Sexualität,** also die Verschmelzung zweier Zellen zur Zygote, im Zusammenhang mit einer vorherigen Meiose als Folge der **Endosymbiose** entstanden ist [113, 114]. Dabei nahm ein Archaea ein Bakterium in das Innere seiner Zelle auf. Infolge dieses sehr ungewöhnlichen Vorgangs, der vor etwa zwei Milliarden Jahren stattgefunden haben muss, entstand im Verlaufe vieler Generationen der erste eukaryotische Einzeller, also einer unserer vielen Vorfahren. Nun innerhalb der Archaeenzelle gefangen, teilte sich das Bakterium viele Male, sehr wahrscheinlich weit öfter als seine Wirtszelle, schon deswegen, weil es als Zellbewohner viel kleiner als der ihn umgebende Wirtsorganismus war. Deswegen blieb es nicht aus, dass manche Bakterienzellen auch innerhalb der Wirtszelle starben, was ihre DNA innerhalb dieser Zelle freisetzte. Diese fremde Erbsubstanz baute sich im Falle von Strangbrüchen häufig in die DNA des Wirtes ein, was eine starke, nicht dauerhaft tolerierbare Erhöhung der Mutationsrate des Wirts darstellte.

Es war also sehr schwer für den Wirt, dieses DNA-Bombardement zu überleben. Sicher war auch dies einer der Gründe, warum dieses Endosymbioseereignis nach heutiger Kenntnis wahrscheinlich nur ein einziges Mal erfolgreich war. Wir wissen (noch) nicht, wie der frischgebackene Eukaryot das schaffte, wir wissen nur, was dabei entstand: eine schützende Membran um die Wirts-DNA herum [141]. Mit dieser Kernmembran war der Zellkern geboren. Zugleich entstand wohl auch die klassische Art der Sexualität [113]. Auch hier wissen wir noch nicht, wie dies genau abgelaufen ist. Ein verdoppeltes Genom kann geholfen haben, Mutationen zunächst zu überstehen. Eine Verschmelzung mit einer verwandten Nachbarzelle, welche nicht dieselben kritischen Mutationen trug (aber vielleicht andere), verbunden mit einem wechselweisen Austausch der DNA und einer erneuten Teilung wenig später hätten eine Chance geboten, eine zu große Mutationslast in Gestalt des genetisch zufällig unglücklicher abschneidenden Teilungsproduktes loszuwerden.

Zellen mit diploidem Genom können sich auch teilen, ohne zuvor ihr Genom durch Replikation verdoppelt zu haben. Dann entstehen einfach wieder

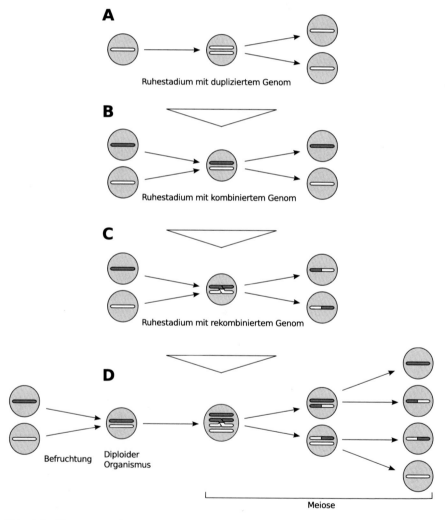

Abb. 1.2 (Fortsetzung)

◄ **Abb. 1.2** (Fortsetzung) Mögliche Schritte der Evolution der Sexualität. Jede einzelne Veränderung begünstigt das Überleben der Nachkommen der betroffenen Zellen und könnte daher positiv selektiert worden sein. A) Alle Zellen müssen vor ihrer Teilung zunächst das Genom verdoppeln. Eine Zeitlang liegt deshalb jede Zelle, ob als selbstständiger Organismus oder als Teil eines vielzelligen Organismus, mit verdoppeltem Genom vor (G2-Phase des **Zellzyklus**). In diesem Zustand ist das Genom wesentlich unempfindlicher gegen DNA-Schäden und die mit ihnen in Zusammenhang stehenden Mutationen, weil zwei Kopien vorhanden sind [198]. Die Zelle kann daher in diesem Zustand besonders gut Ruhephasen überstehen, in die sie eintreten muss, wenn sie vorübergehend keine Nährstoffe findet (z. B. im Winter). B) Der gleiche schützende Effekt wird erreicht, wenn die Verschmelzung zweier Zellen und nicht eine Genomverdopplung die diploide Zelle entstehen lässt. Ein zusätzlicher Vorteil dieses Verfahrens ist **Heterosis**, d. h. die Tatsache, dass ein doppelter Satz von Genen umso zuverlässiger seine Funktionen erfüllt, je öfter die beiden Genkopien als zwei voneinander verschiedene Allele, d. h. **heterozygot**, vorliegen. Eine wichtige Ursache dafür liegt in der relativ hohen Häufigkeit funktionsschwacher Allele. Entstehende funktionelle Probleme können bei unterschiedlichen Allelen daher besser ausgeglichen werden. C) Wenn bei Genomen **Doppelstrangbrüche** auftreten, können sie sich mit gleichen oder sehr ähnlichen Abschnitten anderer DNA-Stränge zur Reparatur des Schadens verbinden. Nicht nur die Wiederverschmelzung des Doppelstrangbruchs, sondern auch eine „Über-Kreuz-Reparatur" mit dem anderen Genom erfüllt diesen Zweck. Das kommt zwischen allen gepaarten Chromosomen in der **Meiose** regelmäßig vor, wird **Crossing-over** genannt und führt zu neu zusammengestellten (rekombinierten) Gensätzen. D) Bei einen diploiden Organismus ereignet sich ein einzelnes Crossing-over nur zwischen zwei der insgesamt vier Genomkopien, weil sich das bereits in zwei ähnlichen Kopien vorliegende Genom kurz vor der Meiose nochmals verdoppelt hat. Aus diesem Grund muss sich die Zelle während der Meiose zweimal teilen, um die Genome zu vereinzeln und so eine Befruchtung, also eine gekoppelte Zellen- und Genomverschmelzung, möglich zu machen. (© Veiko Krauß [2013])

zwei **haploide Zellen.** Eine solche Teilung hat Ähnlichkeit mit der etwas komplizierter ablaufenden Meiose, auch Reduktionsteilung genannt (Abb. 1.2). Diese Form der Zellteilung legt die Funktion der Sexualität offen: Es geht nur vordergründig um Fortpflanzung, eigentlich aber um den Austausch von Genvarianten (Allelen) zwischen den einzelnen Genomen, um die durch die ständig hinzukommenden Mutationen entstandene Vielfalt zwischen den einzelnen Individuen zu mischen. Selektion kann besser wirken, indem sie die durch diesen zufälligen Austausch von Allelen entstandenen Kombinationen besonders nachteiliger Allele ausmerzt, ohne die vorteilhaften Allele dabei opfern zu müssen, da sich auch diese wie die nachteiligen bei zufälligem Austausch in bestimmten Individuen konzentrieren werden.

Es ist jedoch gar nicht so einfach, die Konsequenzen dieses ganz besonderen Vorgangs richtig zu benennen. Unter der Überschrift „Veränderlichkeit und Vererbung der genetischen Information" ist in einem aktuellen Lehrbuch der Evolutionsbiologie [203, S. 247] Folgendes zu lesen:

Während die Mitose wichtig ist, um die Tochterzellen mit einem identischen Genom auszustatten, erzeugt die Meiose durch zufällige Mischung der haploiden Chromosomensätze und durch Rekombination von DNA-Abschnitten der mütterlichen und väterlichen Chromosomen die notwendige genetische Variation der Genotypen, an der die natürliche Selektion angreifen kann.

Variation entsteht jedoch durch Mutation, nicht durch Rekombination. Beim Vorgang der Meiose wird die bereits vorhandene genetische Vielfalt nur neu zusammengestellt, eben *re*-kombiniert. Wenn tatsächlich die Meiose und damit die Sexualität für Variation und Selektion verantwortlich wären – wie das Zitat andeutet –, dürften asexuelle Lebewesen wie etwa Bakterien der Evolution nicht unterliegen. Richtig ist, dass Sexualität durch die Neukombination

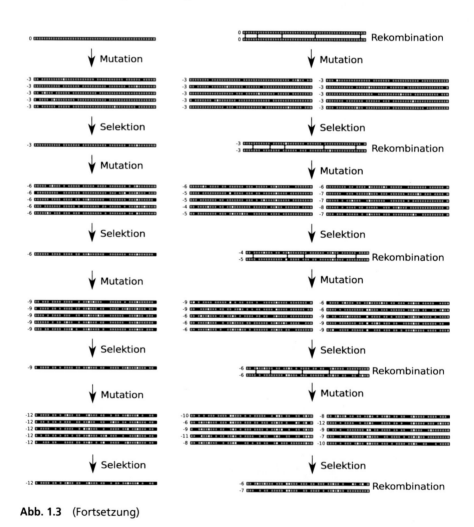

Abb. 1.3 (Fortsetzung)

◄**Abb. 1.3** (Fortsetzung) Modell der Evolution kleiner Populationen ohne (links) oder mit Sex (**Rekombination, rechts**). Einzelne Organismen wurden durch waagerechte Balken symbolisiert, von denen sich in jeder der gezeigten vier Generationen nur ein Exemplar (ungeschlechtliche Fortpflanzung) bzw. zwei Exemplare gemeinsam (geschlechtliche Fortpflanzung) reproduzieren können. Das sind jeweils die Organismen mit den aktuell höchsten Fitnesswerten (Selektion). Vor jedem Balken wird die relative **Fitness** im Vergleich zur Ausgangsgeneration angegeben. Sie ergibt sich aus der Summe vorteilhafter und nachteiliger Mutationen, welche jedes Individuum trägt. Mit und ohne Sex wird hier angenommen, dass in jeder der Generationen eine vorteilhafte (weiß, zur Fitness wird 1 addiert) und vier nachteilige Mutationen (schwarz, von Fitness wird 1 abgezogen) eintreten. Alle diese neuen vorteilhaften oder nachteiligen Mutationen treten zufällig in bestimmten Genen auf, werden weitergegeben und addieren sich zu den Mutationen folgender Generationen. Die Vermehrungsrate ist bei beiden Fortpflanzungsformen gleich: Je Elternteil entstehen fünf Nachkommen. Im Unterschied zur ungeschlechtlichen Fortpflanzung tritt jedoch bei der geschlechtlichen Fortpflanzung Rekombination zwischen den Genomen beider Eltern an fünf zufällig gewählten Stellen auf (je durch ein X gekennzeichnet). Nach vier Generationen nimmt die Fitness bei der geschlechtlichen Fortpflanzung in diesem Modell nur halb so stark ab wie bei der ungeschlechtlichen Fortpflanzung. (© Veiko Krauß [2013])

vorhandener Variation vielfältige Mischungen von Allelen herstellt. Das erleichtert die Selektion.

Genetische Vielfalt oder eine höhere Evolutionsgeschwindigkeit werden häufig als günstige Folgen der Sexualität angesehen, sind jedoch nicht automatisch vorteilhaft für die betroffenen Organismen. Sie können auch Ergebnis einer erhöhten Mutationsrate und damit Ausdruck einer schleichenden Zerstörung der Überlebens- und Reproduktionsfähigkeiten der Lebewesen sein. Da bei jeder Geburt eines Säugetiers – mit Ausnahme der seltenen eineiigen Zwillinge – etwa 100 neue Mutationen entstehen, ist praktisch jedes neue Genom auch ohne Rekombination eine einzigartige Kombination aus Allelen. Daher ist die Evolution je Generation bei Mehrzellern bereits ohne Sex schneller als beim asexuellen Darmbakterium *Escherichia coli,* da ja durchschnittlich bei der Geburt eines Säugetiers etwa hunderttausendmal mehr Mutationen auf die Welt kommen als bei der Teilung eines Bakteriums.

Man kann den Vorteil der Sexualität nur verstehen, wenn man weitere Zahlen in die Berechnung einbezieht. Vorteilhafte Mutationen sind generell deutlich seltener als nachteilige [208], welche wiederum deutlich seltener als praktisch wirkungslose (neutrale) Veränderungen des Genoms sind [57]. Wenn man dieses relative Wissen in ein einfach handhabbares Zahlenverhältnis übersetzen möchte, kann man z. B. das folgende, natürlich stark vereinfachte Modell verwenden: Unter hundert Mutationen sind unter realistischen Umweltbedingungen etwa 90 neutrale, acht nachteilige und zwei vorteilhafte zu erwarten (Abb. 1.3). Üblicherweise übersteigen die Nachkommenzahlen sehr deutlich die Zahl der Organismen der nächsten Generation, welche wiederum zur Fortpflanzung kommen. Im Modell kann sich nur ein Fünftel der Organismen jeder Generation fortpflanzen. Deshalb ist die Zahl der Nachkommen in diesem Modell fünfmal so hoch wie die der Eltern, sodass die Größe der Population über die Generationen hinweg erhalten bleibt, wie das bei einigermaßen stabilen Umweltbedingungen zu erwarten ist.

Dieses hier vorgestellte Modell (Abb. 1.3) lässt erkennen, wie ohnmächtig Selektion ohne Rekombination gegenüber mehreren gleichzeitig auftretenden, aber antagonistisch wirkenden Mutationen ist [82]. Würde jede Mutation wie in Bakterien einzeln auftreten, würde sie auch ohne die Möglichkeit der Neukombination wirksam selektiert werden. Nachteilige Mutationen würden dann – zumindest in Situationen, die diesem einfachen Modell entsprechen – grundsätzlich nicht vererbt werden können. Die selteneren vorteilhaften Mutationen würden sich dagegen stets durchsetzen, weil sie nicht von nachteiligen Mutationen begleitet würden. Sobald aber mehrere Mutationen zugleich auftreten, tritt unter den gewählten Modellbedingungen ein rascher Verfall der Fitness der Organismen auf. Da nur unter Vorhandenen ausgewählt werden kann, kann Selektion allein hier keine Lösung sein. In der Realität sind Zahl und Gesamtwirkung der Mutationen zwischen unterschiedlichen Organismen natürlich keineswegs gleich, sodass Selektion immer messbar bleibt. Sie ist jedoch nicht annähernd so effizient wie – auf der rechten Seite des Bildes zu sehen – im Falle einer Unterstützung durch die Neukombination der genetischen Unterschiede. Man spricht hier davon, dass Rekombination die **Interferenz (das Sich-selbst-ein-Bein-stellen) der Selektion** verhindert und dazu führt, dass sich die vorteilhaften Mutationen in den überlebenden Organismen konzentrieren können, während die nachteiligen durch die negative Selektion der restlichen Individuen aus der Population entfernt werden.

Wir sehen an diesem Modell aber auch, dass Rekombination nicht immer verhindern kann, dass die Fitness der Organismen von Generation zu Generation absinkt, wenn sie auch nicht so stark zurückgeht wie bei klonaler, also ungeschlechtlicher Fortpflanzung. Der Grund hierfür liegt in den Unzulänglichkeiten des Modells. Zum einen wurden Zahl und summarische Wirkung der Mutationen als unveränderlich festgelegt, zum anderen handelt es sich um eine ungewöhnlich kleine Population von nur 10 Organismen. Eine solch winzige Population hätte, den Widrigkeiten der Realität ausgesetzt, ohnehin keine Chance dauerhaften Überlebens. In Wirklichkeit müssen Arten weitaus mehr Individuen umfassen und sind genau deshalb in der Lage, ihre relative Fitness gegenüber vorangegangenen Generationen zu halten oder zu vergrößern, denn je intensiver die Vielfalt der Allele unter den Individuen ausgetauscht werden kann, je besser können sich die vorteilhaften Genvarianten durchsetzen.

Selbst sehr große Populationen können jedoch nicht auf Rekombination verzichten. In den folgenden Kapiteln wird deutlich werden, dass der Umfang der Rekombination – sowohl in sexuellen als auch in anderen, unkonventionelleren Formen – zugleich von der Zahl der Gene und der Zahl der Zellteilungen je Generation abhängt. Denn die Gen- und Zellteilungszahlen bestimmen wesentlich mit, wie viele Mutationen je Generation auftreten. Deshalb können Organismen umso leichter wegen der oben genannten Kosten sexueller Fortpflanzung auf Sex verzichten, je einfacher sie gebaut sind. Dieser Zusammenhang ist bei Tieren, Pflanzen und Pilzen offensichtlich. Zugleich sind einfacher strukturierte Lebewesen kleiner, sodass es nicht erstaunlich ist, dass sie in gleich großen Verbreitungsgebieten größere Populationen als ihre größeren Verwandten bilden können und damit einer wirksameren natürlichen Auslese unterliegen, was zusätzlich zu einer Senkung der **Mutationsrate** durch Selektion führt [161].

Bisher wurden zwei extrem unterschiedliche Organismentypen verglichen – Säugetiere und Bakterien. Dagegen erfahren zwei der bekanntesten Modellorganismen – die Taufliege *Drosophila melanogaster* und das kleine Unkraut Ackersenf *(Arabidopsis thaliana)* je Generation nur ein bis zwei Mutationen mit wesentlicher Wirkung auf ihre Fitness, ob nun nachteilig oder vorteilhaft. Daher ist das eben dargestellte Modell der antagonistischen Neumutationen auf sie nicht mehr uneingeschränkt anwendbar. Jedoch sind selbst diese wenigen Mutationen nicht unabhängig voneinander selektierbar. Das bewiesen vergleichende Experimente an sexuellen und nichtsexuellen Formen der **Bäckerhefe** *(Saccharomyces cerevisiae)*, einem einfach gebauten und sehr zahlreich vorkommenden Einzeller mit einer noch geringeren Mutationshäufigkeit pro Organismus, als sie Fliegen oder kleine Landpflanzen zeigen. Obwohl in diesen Hefe-Versuchen sich sexuelle Formen nur alle 90 Generationen gegenseitig befruchten durften, steigerte sich ihre Fitness nach nur tausend Generationen doppelt so schnell wie jene der nichtsexuellen Formen [144].

1.4   Sex, um Parasiten zu widerstehen

Weitaus häufiger als kleine Populationen werden Parasiten als Verursacher sexueller Fortpflanzung angesehen. Da Parasiten meist kürzere Generationszeiten und damit eine schnellere Evolution als ihre Wirte aufweisen, können die unfreiwilligen Gastgeber gegenüber ihren Schmarotzern umso besser bestehen, umso höher die genetische Variabilität ihres Immunsystems ausfällt. Die Erhaltung einer hohen genetischen Variation in einer relativ kleinen Population wiederum ist nur durch Rekombination möglich, da eine höhere Mutationsrate ja unweigerlich vor allem mehr schädliche Mutationen produzieren würde. Theoretische Modelle belegen dieses Szenario recht gut [192]. Wir werden später sehen, dass sich diese Theorie auch durch Beobachtungen und Experimente an verschiedenen Tierarten bestätigen ließ [82].

Manche der widersprüchlichen Ergebnisse erwähnter Modellrechnungen lassen sich vielleicht darauf zurückführen, dass mitunter nur die Evolution eines kleinen Teils der Gene durch Parasiten beeinflusst zu sein scheint. Einerseits handelt sich um all jene Gene, die mit einer Immunantwort auf Infektionen sowie mit der Abwehr eventuell eingedrungener Parasiten zu tun haben. Andererseits sind auch all jene Gene betroffen, deren Genprodukte den Parasiten die Infektion ihrer Wirte ermöglichen. So zeigen Fledermausarten eine starke Neigung, neue Varianten des Angiotensin-konvertierenden Enzyms 2 (ACE2) auszubilden [41]. Dieses Membranprotein dient **Coronaviren** als Andockpunkt, um in Zellen einzudringen. Es wird vermutet, dass Fledermäuse sich schon eine längere Zeit mit diesen Viren auseinandersetzen mussten, da sie bei Befall nur geringe Symptome zeigen. Neue oder anhaltend seltene Allele des ACE2-Gens produzieren Proteine, die sich nur relativ schlecht als Infektionshelfer eignen und so die Virusvermehrung erschweren.

Auch bei den Immungenen zeigt sich das Phänomen, dass insbesondere seltene Allele bzw. eine Kombination seltener Allele eine besonders wirksame Abwehr ermöglichen. Solche Allele produzieren ungewöhnliche Immunfaktoren, die die Parasiten wegen ihrer Seltenheit entweder noch nicht oder nicht mehr kennen und deren zerstörerischer Wirkung sie deshalb nicht wirksam entgehen können. Je häufiger jedoch eine solche erfolgreiche Gegenwehr eines potenziellen Wirtes stattfindet, umso häufiger werden die verantwortlichen Abwehrallele und umso wahrscheinlicher werden Parasiten entstehen oder häufiger werden, die gegenüber diesen Immunsystemvarianten unempfindlich sind, d. h., die ein Rezept gegen diese Allele gefunden haben. Das bedeutet wiederum, dass diese Version der Abwehr zunehmend weniger erfolgreich sein wird und dass wieder andere, neue oder inzwischen selten gewordene Varianten gefragt sind.

Auf diese Weise erfolgt eine intensive Selektion zugunsten ständiger Veränderungen und zugleich eine Auslese zugunsten jeweils seltener Varianten, denn auch ältere Abwehrvarianten können wieder erfolgreich sein, sobald sie wegen vorübergehend mangelnden Erfolgs nur noch selten auftreten und auch die speziell ihnen gegenüber erfolgreichen Parasitenformen dementsprechend selten geworden sind. Man nennt das **häufigkeitsabhängige Selektion**. Es ist also nicht schlechthin neue Variation gefragt, um die Parasitenabwehr grundlegend zu verbessern. Eine solche generelle Verbesserung der Immunabwehr ist zwar grundsätzlich möglich, aber selten. Nein, die Vielfalt selbst ist unmittelbare Bedingung für den dauerhaften Erfolg, d. h. für die fortdauernde Reproduktion der Art, eine Bedingung, die eindeutig nicht an bestimmte Individuen, sondern an die gesamte Population geknüpft ist.

Der Erfolg von Schmarotzern ist jedoch keineswegs nur von der körperlichen Abwehr der Wirte abhängig, sondern vom Gesamtaufbau seines Stoffwechsels. Kleine genetische Veränderungen des vermeintlich wehrlosen Gastgebers können schwerwiegende Konsequenzen für potenzielle Nutzer haben. Wegen dieser oft systemischen Wechselwirkung zwischen einem meist deutlich größeren Wirtsorganismus mit einem meist deutlich zahlreicheren Parasiten kommt es oft zu starken Selektionswirkungen zugunsten oder gegen bestimmte Allele ganz unterschiedlicher Gene des Wirtes. Das wiederum fördert die Rekombination.

1.5 Mögliche weitere Ursachen für sexuelle Prozesse

Die deterministische Mutationshypothese für die Entstehung sexueller Rekombination [102] ist vielleicht die bekannteste Alternative zu den bereits vorgestellten Theorien. Sie beruht darauf, dass eine nachteilige Wirkung mehrerer Mutationen zusammen deutlich größer sein könnte als die Summe der Wirkungen derselben Mutationen, wenn sie einzeln auftreten. Wenn solche synergistisch wirkenden, nachteiligen Mutationen per Rekombination in einem einzelnen Individuum vereinigt werden, könnten sie viel effektiver aus der Population ausgelesen werden als im Falle klonaler Fortpflanzung. Man nennt eine solche nichtadditive, sondern sich gegenseitig potenzierende Wirkung von Mutationen **Epistasis.** Wenn nachteilige Mutationen in der Regel eine synergistische Epistasis gegenüber anderen nachteiligen Mutationen zeigen würden, könnte hier eine Ursache für den evolutionären Erfolg sexueller Mechanismen liegen. Dagegen spricht, dass synergistische Epistasis zwar bekannt, aber nicht häufig ist. Es gibt zudem kein Argument, warum sie häufiger sein sollte als antagonistische Epistasis, d. h. zwei nachteilige Mutationen bewirken beim gemeinsamen Auftreten einen geringeren Nachteil als die Summe ihrer Nachteile beim unabhängigen Auftreten. Bei antagonistischer Epistasis würde die Ausmerzung der Mutationen durch Rekombination sogar behindert. Allgemein gesehen kann diese Hypothese daher die Entstehung des Sex nicht begründen [105]. Das schließt nicht aus, dass sie unter bestimmten Umständen von Bedeutung sein kann.

Anderen Hypothesen nach beruht die Evolution des Sex auf sehr wechselhaften Umweltbedingungen bzw. auf lokal sehr unterschiedlichen Umwelten innerhalb einer Population. Die Umwelt eines Organismus ist Zeit seines Lebens niemals konstant, sondern unterliegt zahlreichen, mitunter sehr einschneidenden Wechselfällen, denen das Lebewesen meist nicht ausweichen kann. So zeigten relativ wenige, jedoch wesentliche Veränderungen der Haltungsbedingungen des **Wappen-Rädertieres** *(Brachionus calyciflorus),* dass dessen sexuelle Aktivitäten in erstaunlichem Umfang von seiner Umwelt abhängig sind. Es handelt sich bei diesem Tier um einen knapp 1 mm großen, durchscheinenden, in Mitteleuropa in verschiedenen Süßgewässern weitverbreiteten Vielzeller mit einer Generationsdauer von nur wenig mehr als 2 Tagen bei nichtsexueller Fortpflanzung. Die sexuelle Fortpflanzung wird bei ausreichender Dichte durch ein Pheromon ausgelöst und auf diese Weise nur so lange gefördert, wie diese hohe Dichte anhält [12]. Insofern schadet es der Population des Rädertierchens nicht, dass eine sexuelle Vermehrung mehr als doppelt so viel Zeit als eine Jungfernzeugung in Anspruch nimmt.

Wenn die Umweltbedingungen, etwa durch Abkühlung oder starken Anstieg des Salzgehaltes, für die Vermehrung des Rädertieres ungünstig werden, reduziert sich die Populationsdichte. Unerwarteterweise steigert sich jedoch der Anteil sexueller Fortpflanzung, da die sexuell produzierten Eier nicht nur der Neukombination genetischer Variation, sondern auch der Überdauerung ungünstiger Bedingungen dienen [127]. Diese Variation hatte unter den alten, konstanten Laborbedingungen keine Bedeutung und unterlag daher keiner Selektion. Unter neuen Bedingungen jedoch wird diese zuvor unauffällige

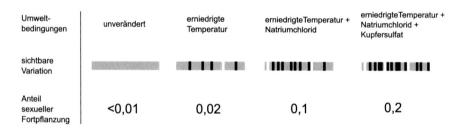

Abb. 1.4 Schema eines Labor-Evolutionsexperiments an Wappen-Rädertieren *(Brachionus calyciflorus)* [127]. Die in Abhängigkeit von den oben stehenden, mehr oder weniger veränderten Umweltbedingungen als nützlich (weiß) oder schädlich (schwarz) in Erscheinung tretende, bereits vor dem Experiment vorhandene genetische Variation wurde auf den grauen Balken in der Mitte beispielhaft dargestellt. Die Überzahl der schwarzen Balken steht für das stets unvermeidliche Überwiegen schädlicher Genvarianten. Die gesamte hier umweltabhängig sichtbar gemachte Variation ist natürlich nur in der gesamten Population vorhanden und kann nur durch eine Kombination von sexueller Rekombination und Selektion innerhalb mehrerer Generationen so reorganisiert werden, dass nur der vorteilhafte (weiße) Anteil ohne nachteilige (schwarze) Genvarianten erhalten bleibt. Je größer die Umweltveränderung, umso höher war der mit der Bildung überdauerungsfähiger Eier verbundene, unten ungefähr angegebene Anteil sexueller Fortpflanzung. (© Veiko Krauß [2018])

genetische Vielfalt nützlich oder schädlich für die Tiere. Da alle Individuen sowohl nützliche als auch schädliche Allele tragen, kann nur ein deutlich erhöhter Anteil sexueller Fortpflanzung innerhalb weniger Generationen einige besonders stark mit jetzt vorteilhaften Allelen ausgestattete Genome zusammenwürfeln. Die überlebenden Tiere kommen entsprechend besser mit den neuen Umweltverhältnissen zurecht (Abb. 1.4).

Zu dieser Umweltabhängigkeit der Sexualität soll noch angemerkt werden, dass hier die Populationsgröße bzw. die Generationslänge keine Rolle spielt, sodass diese Modelle nicht erklären können, warum sexuelle Fortpflanzung bei Bakterien eher die Ausnahme und bei Mehrzellern die Regel ist. Sie kommen deshalb nur als ergänzende, nicht aber als grundsätzliche Faktoren für die Entstehung der Sexualität infrage.

2

Fremde Gene – Chancen und Risiko

Die Gesamtheit der Gene eines Organismus – das Genom – wurde während der Evolution aufeinander abgestimmt. Ein Austausch von Genen mit anderen Lebewesen ist deshalb in der Regel nur dann verträglich, wenn diese nahe Verwandte sind. Dem Organismus fremde Gene schaden öfter als sie nutzen, zumal aktiv in Zellen eindringendes Erbmaterial parasitisch ist. Deshalb nehmen Bakterien entweder nur selten und unter zufälligen Umständen neue Gene auf oder begrenzen die Aufnahme von DNA auf ihrem eigenen Genom ähnliche Sequenzen.

Im menschlich geprägten Zeitalter des Aussterbens zahlreicher Pflanzen- und Tierarten ist der Begriff **Biodiversität** – gerade weil sie allmählich verloren zu gehen scheint – in aller Munde. Diversität bedeutet Vielfalt, allgemein also eine große Menge verschiedener Dinge eines bestimmten Typs. Biodiversität meint also Artenvielfalt. Artenvielfalt verbessert die Chance, dass jede einzelne Art auch weiterhin überleben kann, denn alle Arten von Lebewesen sind durch ein riesiges Netz aus ökologischen Abhängigkeiten miteinander verbunden. Innerhalb jeder Art wiederum existiert eine Vielfalt der Genvarianten, also eine Vielfalt von Allelen. Ist diese genetische Diversität – auch **Genpool** genannt – ebenso wichtig für den Fortbestand der Arten wie die Diversität der Arten selbst?

2.1   Vielfalt kann auch stören

Der amerikanische Molekularbiologe George M. Church gab vor einigen Jahren *Spiegel Online* ein Interview. Darin äußerte er unter anderem Folgendes:

© Der/die Autor(en), exklusiv lizenziert durch Springer-Verlag GmbH, DE, ein Teil von Springer Nature 2021
V. Krauß, *Das älteste Glücksspiel*, https://doi.org/10.1007/978-3-662-62585-9_2

The one thing that is bad for society is low diversity. This is true for culture or evolution, for species and also for whole societies. If you become a monoculture, you are at great risk of perishing. Therefore the recreation of Neanderthals would be mainly a question of societal risk avoidance.

Geringe Diversität ist besonders schlecht für die Gesellschaft. Das trifft sowohl auf die Kultur als auch auf die Evolution, auf Arten als auch auf ganze Gesellschaften zu. Wenn wir eine Monokultur werden, laufen wir Gefahr, auszusterben. Deshalb würde die Wiedererschaffung der Neandertaler vor allem eine Frage der gesellschaftlichen Risikovermeidung sein. [Übersetzung des Autors]

Can Neanderthals Be Brought Back from the Dead? [32]

Ohne das Projekt einer Wiedererschaffung des **Neandertalers** an sich bewerten zu wollen glaube ich, dass Church sich hinsichtlich der Folgen eines solchen Unternehmens irrt. Es ist gut belegt, dass sich moderne Menschen aus dem Genpool des Neandertalers nur geringfügig bedient haben. Nur etwa 2 % unseres Genoms stammt vom ihm [95], obwohl die beiden letzten signifikant verschiedenen Menschformen *Homo sapiens* und *H. neanderthalensis* über zehntausende Jahre hinweg in Asien und Europa Gelegenheit zum sexuellen Kontakt hatten [23]. Wir müssen also davon ausgehen, dass Jetztmensch und Neandertaler zwei sehr ähnliche, aber getrennte Arten waren, die in direkter Konkurrenz zueinander standen, denn ihre Verbreitungsgebiete schlossen – mit möglichen, geringfügigen Überlappungen – aneinander an. Es handelte sich zudem nur um ein zeitweiliges Gleichgewicht, denn vor etwa 30.000 Jahren starb der Neandertaler endgültig aus, nachdem er sich zuvor schon nur noch in einzelnen Refugien wie auf der iberischen Halbinsel und am Kaukasus gehalten hatte.

Die Ursachen des Aussterbens des Neandertalers sind hier nicht wichtig, wichtig ist aber festzustellen, dass nicht jede Form der Vielfalt das Überleben beteiligter Populationen fördert. Die gleichzeitige Existenz zweier sehr ähnlicher, einander räumlich ausschließender Arten stellt für uns, solange wir nur in den Zeiträumen unseres eigenen Lebens denken, ein scheinbar unveränderliches Faktum dar. In der Regel handelt es sich jedoch um eine instabile Situation, die früher oder später mit dem Aussterben einer der Arten endet.

Eine Ursache für das Verschwinden einer der beiden Formen eines solchen Artenpaares (und mit dieser Art für das Verschwinden all der artspezifischen Allele, die George Church so schätzt) ist die Tatsache, dass längst nicht alle Allele eines Gens zu allen Allelen anderer Gene passen. Das ist eine wichtige molekularbiologische Ursache für das Entstehen neuer Arten und soll im Folgenden an einem Beispiel erläutert werden.

Die zwei **Taufliegen**-Arten *Drosophila melanogaster* und *D. simulans* lassen sich, wie viele andere nah verwandte Tierarten, in der ersten Generation erfolgreich kreuzen [171]. Allerdings haben die Nachkommen ausschließlich das Geschlecht des *melanogaster*-Elternteils. Werden diese Mischlinge wiederum mit Tieren der Ausgangsarten verpaart, sind sie als Männchen steril und als Weibchen nur eingeschränkt fruchtbar. Eine der wesentlichen Ursachen für diese schlechte Kompatibilität der beiden obstliebenden Fliegenarten liegt im molekularen Detail [209]. Wie alle anderen Mehrzeller besitzen Fliegen in jeder Zelle einen Zellkern, in den die DNA, RNA und die Proteine der Chromosomen in einer Membran verpackt vorliegen. Diese Membranumhüllung des Zellkerns erfordert natürlich Verbindungen nach außen, die sogenannten Kernporen, ohne die das im Kern befindliche Genom keine **Boten-RNA** zur Bildung von Proteinen in die Zelle entlassen könnte, aber auch nicht durch bestimmte Proteine, die Transkriptionsfaktoren, reguliert werden könnte. Eine solche Kernpore besteht aus mehreren verschiedenen Eiweißmolekülen, die sich passgerecht miteinander verbinden müssen, um gemeinsam nach Einbau in die Kernmembran einen Tunnel für den Stoffaustausch bilden zu können.

Die beiden Taufliegenarten haben sich seit etwa 1,1 Mio. Jahren, also seit 11 Mio. Generationen [38] nicht mehr natürlich gepaart, weil sich ihr Paarungsverhalten deutlich unterscheidet. Zur Hybridisierung kommt es nur noch im Labor, wenn Männchen und Weibchen keine geeigneteren Partner finden können. So ist es nicht verwunderlich, dass die Evolution inzwischen mehrere der Kernporenproteine bei beiden Arten so weit verändert hat, dass sie, wenn gemischt aus beiden Arten vorliegend, keine voll funktionsfähigen Poren mehr bilden können. Es ist noch unbekannt, woran das genau liegt, aber funktionierende Kernporen zählen nicht nur für Fliegen zu den absolut lebensnotwendigen Strukturen der Zelle.

Das war nur ein Beispiel für die vielfältigen Schwierigkeiten, die bei einer Wiedervereinigung von lang getrennten Genomen auftreten können. Generell gilt, dass Leben nur funktionieren kann, wenn viele tausend Moleküle passend miteinander wechselwirken. Das klappt am besten, wenn sie sozusagen zusammen aufgewachsen sind, also immer schon im Laufe der Evolution miteinander interagiert haben. Jede evolutionäre Veränderung eines Moleküls, jeder Austausch einer Aminosäure in einem Protein z. B. kann sich nur dann durchsetzen, wenn er keine der notwendigen Wechselwirkungen mit anderen Molekülen behindert. Selektion besteht auch aus diesem Grund vor allem in der Verhinderung der ständig von Mutationen „vorgeschlagenen" Veränderungen.

Da also Evolution auf diese Weise bei jedem Organismus bastelnd und reparierend wie ein ständig überforderter Heimwerker und nicht auf Grundlage genormter Bauteile planend und entwerfend wie ein gut bezahlter Ingenieur vorgeht, ist ein Scheitern wahrscheinlich, wenn zwei äußerlich und innerlich sehr ähnliche Arten bei einer Kreuzung miteinander kombiniert werden. Auch der einfachste Organismus funktioniert ungleich komplexer als ein eher methodentoleranter Gartenzaun und reagiert deshalb auf Veränderungen ungleich sensibler.

Vielfalt der genetischen Ausstattung ist demnach nur dann wertvoll, wenn sie aufeinander abgestimmt ist. So gesehen hat das Leben als sich stets irgendwann teilende, potenziell unsterbliche Bakterie auch seine Vorteile. Verschiedene Teile dieser Bakterien bleiben stets exakt aufeinander abgestimmt, wenn sie in ihrer evolutionären Vergangenheit zusammenwirken mussten. Aber haben interagierende Proteine in Bakterien immer eine gemeinsame Geschichte? Mehr darüber in Abschn. 2.2.

2.2   Wie klonal ist die klonale Vermehrung?

Im Gegensatz zu **Eukaryoten** sind **Prokaryoten** einzellige Lebewesen, die statt eines Zellkerns nur ein im Cytoplasma frei flottierendes Genom enthalten und die gemeinhin als Bakterien bezeichnet werden, obwohl zu ihnen auch eine nicht mit den Bakterien verwandte, wenngleich äußerlich ähnliche Gruppe von Lebewesen namens Archaeen zählt. Bei **Bakterien** und **Archaeen** besteht das Genom nicht selten lediglich aus einem einzigen Chromosom. Während Tiere und Pflanzen in der Regel je eine Kopie aller Gene von Mutter und Vater enthalten, kommen Prokaryoten gewöhnlich mit nur einer Kopie ihres Genoms aus, die sie durch Teilung einer gleichartigen Zelle erhalten. Eine Bildung von Gameten oder gar deren Vereinigung zur Zygote findet bei Prokaryoten niemals statt. Weil sie sehr viel kleiner als Eukaryoten sind (sie messen zwischen 0,2 und 700 µm), leben von jeder ihrer Formen sehr viele Individuen gleichzeitig. Aufgrund dieser relativ großen **Populationsgröße** scheinen sie Rekombination nicht wirklich nötig zu haben. Fest steht, dass bei ihnen Sexualität niemals Voraussetzung einer Vermehrung ist.

Und doch kommen sie keineswegs ohne sexuell anmutende Vorgänge aus. Joshua Lederberg (1925–2008) entdeckte bereits 1946, dass *Escherichia coli* in der Lage ist, kleine Tunnel, **Pili** genannt, zwischen zwei Individuen auszubilden und durch diese Verbindungen mehr oder weniger große Teile des zuvor verdoppelten Genoms einer Zelle in die andere zu übertragen. Lederberg nannte diesen Vorgang Konjugation und verglich ihn mit der Sexualität vielzelliger Lebewesen. Daher stammt die Bezeichnung „Sexpilus" für diese Verbindung. Die Ähnlichkeit zwischen Sexualität und Konjugation ist jedoch begrenzt und bezieht sich nur auf die Neukombination des Genoms bei beiden Prozessen, denn Prokaryoten pflanzen sich immer durch Zweiteilung fort.

Konjugation als Form bakterieller Sexualität ist zudem ein einseitiger Prozess: Nur der Empfänger kombiniert sein Genom mit dem mehr oder weniger vollständigen Genom des Spenders, der selbst unverändert bleibt.

Bis heute weiß man nicht genau, wie häufig Bakterien ihr Genom miteinander neu kombinieren. Konjugation ist bei Weitem nicht die einzige Form der Aufnahme von DNA, die von Prokaryoten praktiziert wird. Bakterien können auch freie DNA-Moleküle aus der Umwelt aufnehmen (**Transformation**). Zudem übertragen nicht selten Viren – zusammen mit ihrer eigenen DNA – Erbmaterial ihres alten Wirtsbakteriums in ein neu infiziertes Bakterium. Da die Aufnahme eines Virus für ein Bakterium nicht notwendigerweise tödlich ist, tragen auch solche, Transfektion genannte Vorgänge zur Rekombination bakterieller Genome bei. Insgesamt sind dem Austausch von Erbmaterial bei Prokaryoten weitaus weniger Grenzen gesetzt als bei Eukaryoten.

Man möchte meinen, dass jede Bakterienzelle mit einer so großen Vielzahl von DNA-Molekülen in engen Kontakt kommen müsste, dass durch die Kombination des freien Genaustausches mit der Auslese keine auch nur kurze Zeit ausbeutbare ökologische Nische unbenutzt bliebe. Unter solchen Umständen müsste es schwer sein, aus den Genomen der Prokaryoten so etwas wie eine bestimmte Herkunft oder Verwandtschaft abzuleiten. Leichenfledderer fremder, gerade gestorbener Zellen könnten jedes für ihren Stoffwechsel verwendbare Gen kurz nach dem Verscheiden seines Vorbesitzers zügig aufnehmen und in den eigenen Bestand integrieren! Tatsächlich gibt es Populationen von Bakterien, welche ähnlich oft Rekombination zu betreiben scheinen wie sich regelmäßig sexuell fortpflanzende Eukaryoten [190].

Bisher gibt es jedoch nur wenige systematische Studien zum Thema der Häufigkeit der Rekombination bei Bakterien und Archaeen. Es scheint, als würden sich verschiedene Formen dieser Prokaryoten sehr stark im Umfang des genetischen Austausches unterscheiden. Spitzenreiter wie der Krankheitserreger *Flavobacterium psychrophilum* oder der Ozeanbewohner *Pelagibacter ubique* verändern einzelne Nukleotidpositionen mehr als 60-mal häufiger durch Genaustausch als durch Mutation, während zurückhaltendere Verwandte wie das Bodenbakterium *Rhizobium gallicum* oder der Spirochät *Leptospira interrogans* ihre Nukleotide mindestens 10-mal häufiger mutieren als untereinander austauschen [224]. Dabei hängt es weniger von der Art als vom Lebensraum der Bakterie ab, ob sie aufgeschlossen für fremde DNA-Stränge ist. Bodenbewohner behalten viel öfter ihre DNA für sich als die zwangsweise unsteten Bakterien des Salz- oder Süßwassers [224]. Vielleicht begünstigt die häufige, mehr oder weniger passive Verdriftung durch freies Wasser in neue ökologische Verhältnisse hinein eine einerseits leichtere als auch dauerhaftere Aufnahme fremden Erbmaterials.

Für die Nichtaufnahme fremder DNA durch viele andere Bakterien und Archaeen können mehrere Gründe verantwortlich sein. Zunächst einmal hat jede selbstständig lebensfähige Zelle, einschließlich aller entsprechend lebender Prokaryoten, tausende Gene. Diese Gene dienen als Vorlage für tausende Genprodukte, also Proteine und funktionelle RNA-Moleküle, welche relativ reibungslos zusammenarbeiten müssen, um der Zelle einen Stoffwechsel zu erlauben, der ihre Reproduktion ermöglicht. Natürlich interagiert die Mehrheit dieser Genprodukte in der Regel nur mit relativ wenigen anderen Makromolekülen der Zelle. Gene jedoch, die Moleküle des Informationsstoffwechsels, also solche der Replikation, der DNA-Reparatur, der Transkription und der Translation herstellen helfen, sind für die Zelle nicht nur unverzichtbar, sondern auch aus Gründen notwendiger Wechselwirkung mit vielen anderen Molekülen nahezu unveränderlich. Ein solches Genprodukt hat derart zahlreiche Andockstellen für andere Genprodukte, dass jeder Austausch, selbst gegen ein funktionell gleiches Protein eines verwandten Bakteriums, mindestens einen dieser oft lebensnotwendigen Kontakte stören kann. Solche DNA-Aufnahmen finden also statt, können sich aber in folgenden Generationen nicht durchsetzen, weil das neue Genprodukt die Aufgaben des alten nicht im vollen Umfang übernehmen kann oder weil es die Funktionen bereits vorhandener Gene stört [213]. Eventuell dennoch stattfindender Genaustausch wird dementsprechend mit mangelnder Lebensfähigkeit bestraft.

Zweitens – und nicht weniger wichtig – öffnet ein freier Austausch von DNA auch ein breites Einfallstor für Parasiten. Die Mehrzahl solcher Schmarotzer prokaryotischer Zellen ist sehr einfach gebaut und besteht lediglich aus einer relativ kurzen DNA-Doppelhelix. Auf ihr befinden sich wenige bis wenige Dutzend Gene, welche außerhalb von Wirtszellen in eine charakteristisch gebaute Proteinhülle verpackt sind. Es sind Viren, welche Prokaryoten befallen und daher Bakteriophagen, also Bakterienfresser genannt werden. Ihre Gene sind durch ihre Evolution in bakteriellen Zellen auf die Ausbeutung des Wirtsstoffwechsels zur Herstellung neuer Viruspartikel zugeschnitten. Ihre Expression in geeigneten Prokaryoten führt entweder zum baldigen Zerfall der Zelle unter Freisetzung zahlreicher neuer Viren oder zur Umwandlung des Bakteriums in eine über längere Zeit aktive Virenproduktionszelle. Im ersten Fall stirbt der infizierte Prokaryot. Die Aufnahme fremder DNA kann für Einzeller also oft tödlich sein.

Deshalb ist es nicht verwunderlich, dass trotz der zahlreichen und überwältigenden Belege für die umfassende Aufnahme fremder Gene durch prokaryotische Zellen der Gesamtumfang dauerhafter Aufnahme fremder DNA in prokaryotische Genome erstaunlich niedrig bleibt. Dieser sogenannte **horizontale Genaustausch** ereignet sich in den Genomen von Bakterien und Archaeen maximal 10-mal häufiger, meist aber etwa so häufig wie Mutationen, d. h. pro Generation nur in einem Millionstel aller Gene [224]. Mit anderen Worten, bei einer durchschnittlichen Genzahl von 3000–4000 Genen pro Zelle ist nur in jedem dreihundertsten Bakterium ein Gen betroffen.

Infolgedessen ist der Genfluss zwischen Prokaryoten in den meisten Fällen, sogar in gemeinsamen Lebensräumen mit direktem Kontakt, extrem niedrig. Nur die Tatsache, dass wir auf das vorläufige Resultat eines Milliarden Jahre andauernden Prozesses schauen, der sich unablässig in einer sehr großen Zahl kleiner Zellen vollzogen hat, erzeugt das Bild einer quasi endlosen Vielfalt von Genen, die scheinbar beliebig miteinander kombinierbar sind.

Wenige außergewöhnliche Einzelereignisse, bei denen möglicherweise auf einen Schlag ein großer Teil bakterieller Genome – also mehrere hundert Gene – weitergegeben wurden und die ausnahmsweise positive Konsequenzen für den Empfänger gehabt haben müssen, veränderten allerdings entscheidend die Lebensweise mehrerer Prokaryotenformen. Aus solch glücklichen Gewinnern entstanden z. B. größere Verwandtschaftsgruppen von Archaeen [154], die mittels zahlreicher Enzyme bakterieller Herkunft seit vielen Jahrmillionen evolutionär erfolgreich sind (Abb. 2.1). Gewöhnlich aber kann die relativ geringe Zahl der dauerhaften DNA-Austauschereignisse nicht verhindern, dass sich die Genome der überwältigenden Zahl der Prokaryoten durch unablässig hinzukommende Mutationen täglich mehr voneinander unterscheiden [235]. Mit anderen Worten: Auch bei Bakterien und Archaeen dominiert die fortwährende Diversifizierung der Genome, d. h. das Auseinanderstreben der Äste des Stammbaums, gegenüber der Verschmelzung einzelner Stammbaumzweige.

Eine für unsere Gesundheit erhebliche Tatsache mag dies illustrieren. 2009 wurde DNA aus verschiedenen, den Menschen besiedelnden Bakterien gewonnen und die daraus zahlreich isolierten Gene auf die Fähigkeit untersucht, eine Resistenz gegen Antibiotika zu vermitteln [200]. Die Vielzahl und Vielfalt der gefundenen Resistenzgene war unerwartet hoch. Mehrere von ihnen sahen bereits bekannten Resistenzfaktoren nicht einmal ähnlich. Für jedes der 13 eingesetzten, sehr unterschiedlich wirkenden Antibiotika gab es wenigstens ein Gen, welches dem bekannten Darmbakterium *Escherichia coli* half, den Einsatz dieses bakterientötenden Medikaments zu überleben. Dennoch und trotz des häufigen Einsatzes von Antibiotika in der humanen Medizin scheinen diese Resistenzen bisher noch nicht auf krankheitserregende Bakterien übergegangen zu sein, denn sonst wären sie den Forschern bereits bekannt gewesen.

Ähnliche Untersuchungen an Bakteriengemeinschaften aus Nutztieren oder Ackerböden stehen noch aus. Trotz anderslautender Empfehlungen werden Antibiotika hier teilweise intensiv angewendet. Sicher existieren auch in den da-

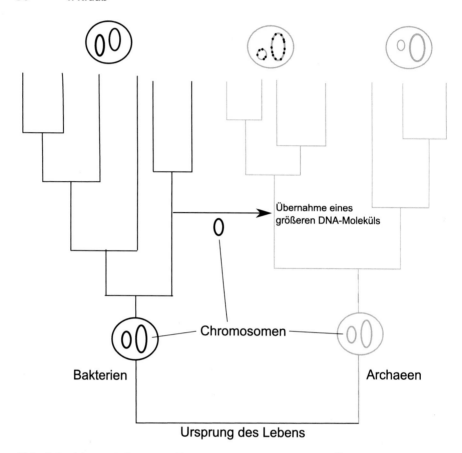

Abb. 2.1 Schematische Darstellung einer historischen **DNA-Übertragung** größeren Umfangs (Pfeil nach rechts) zwischen einem Bakterium und einer Archaee. Die ovalen Chromosomen in den runden Zellen wurden schwarz (bakterielle Herkunft) oder grau (archaeale Herkunft) gezeichnet. Die Vermehrung der Bakterien- und Archaeenarten im Verlauf der Evolution wird durch die allmähliche Verzweigung der Stammbäume angedeutet. Aus der die DNA aufnehmenden Archaeenzelle entstand später eine größere Gruppe von verwandten Arten (Verzweigung nach oben), welche alle eine größere Anzahl bakterieller Gene tragen (schwarze Punkte auf den grauen Chromosomen). Die Mehrheit dieser Gene wurde beim dargestellten Einzeltransfer übertragen, andere gehen auf spätere Ereignisse zurück. (© Veiko Krauß [2018])

von betroffenen Prokaryoten zahlreiche Gene mit entgiftenden Eigenschaften, die wir trotz ihrer scheinbaren Verfügbarkeit noch nicht als Resistenzvermittler kennen. Zwei Schlussfolgerungen aus diesen Ergebnissen drängen sich auf: Erstens ist die offensichtliche Blockade des Austausches dieser für eine breite Vielfalt von Bakterien desselben Lebensraums potenziell doch sehr nützlichen Gene erstaunlich. Zweitens bewegen wir uns hinsichtlich der Wirksamkeit von Antibiotika auf dünnem Eis, denn wenn auch ein solcher Genaustausch zwischen Bakterien offenbar seltener als erwartet stattfindet, ist er ohne Weiteres möglich und deshalb auf längere Sicht wahrscheinlich.

Tatsächlich sind Prokaryoten also durchaus zurückhaltend, was die Aufnahme fremder DNA betrifft. Dies liegt interessanterweise nicht nur an einer Auslese entsprechend der Funktion der aufgenommenen DNA, sondern auch an den Austauschmechanismen selbst. Bakterien der Verwandtschaftsgruppen *Neisseriaceae* und *Pasteurellaceae* haben einerseits einen eigenen Stoffwechselweg zur Aufnahme von DNA, der ihnen aber andererseits im Wesentlichen nur die Aufnahme solcher DNA erlaubt, die ganz bestimmte Sequenzen enthält. So ziehen *Neisseria meningitidis* und *Neisseria gonorrhoeae* DNA mit der Basenfolge ATGCCGTCTGAA jeder anderen DNA eindeutig vor [66]. Eine solche Folge von 12 Nukleotiden Länge kommt – weil es vier verschiedene Nukleotide gibt – nur alle $4^{12} = 16.777.216$ Nukleotide in einer zufällig zusammengesetzten DNA vor. Weil aber die Vorfahren dieser Neisserias solche DNA-Moleküle schon seit Jahrmillionen bevorzugt aufnehmen, ist diese Sequenz im Genom dieser Bakterien sehr viel häufiger als in anderen Organismen. Ihre Genome bestehen insgesamt sogar zu einem ganzen Prozent aus vielen verteilten Kopien dieser 12-bp-Sequenz. Bakterien mit sequenzspezifischem DNA-Hunger nehmen deshalb fast ausschließlich DNA ihrer eigenen Verwandten auf, da hier das Nukleotidsignal zur Aufnahme viel häufiger als in DNA anderer Herkunft auftritt. Alle so aufgenommenen Gene bleiben gewissermaßen in der Familie. Im Ergebnis ähnelt das schon sehr dem sexuell vermittelten Genaustausch komplizierterer Lebewesen. Genaustausch ausschließlich mit Verwandten – wie beim Sex der Eukaryoten – macht die Nützlichkeit dieses Austausches für den Empfänger wesentlich wahrscheinlicher.

Das häufige Darmbakterium *Escherichia coli* des Menschen ist zugleich das wichtigste Arbeitstier der Bakteriengenetik. Als solches wurde es auch Gegenstand eines mittlerweile berühmten Langzeitexperiments der Evolution, welches Richard Lenski bereits 1988 begann und welches bis heute fortgeführt wird. Neben vielen anderen sehr wichtigen Resultaten ergab sich aus diesem Experiment auch ein Beleg für einen lange vermuteten Vorteil mangelnden genetischen Austausches. Vorteile dieser Art kommen bei *Escherichia coli* voll zum Tragen, denn dieser Organismus nimmt nur DNA auf, wenn er durch besondere Umweltbedingungen dazu veranlasst wird. Da diese Bedingungen während des gesamten Experimentes nicht eintraten, nahmen die Bakterien keine Fremdgene auf, auch nicht solche von Artgenossen. So konnten sich im Laufe tausender Bakteriengenerationen aus genetisch identischen Zellen zwei verschiedene Bakterienlinien entwickeln. Eine dieser Linien, L genannt, wuchs schneller als die andere auf dem als Nährstoff zur Verfügung gestellten Traubenzucker. Die andere Linie jedoch, S genannt, hatte die Fähigkeit entwickelt, neben dem Traubenzucker auch Ausscheidungsprodukte der L-Linie zu verwerten [170]. Auf diese Weise können nun zwei unterschiedliche Formen von Bakterien stabil zusammenleben, denn es wurde eine neue ökologische Nische geschaffen, sodass Zellen beider Linien nicht mehr gegeneinander konkurrieren.

Die effektivere Nutzung der Glukose durch die L-Linie konnte die S-Linie nicht verdrängen, weil diese den Energiegehalt des Traubenzuckers durch weiteren Abbau der Stoffwechselendprodukte der L-Linie besser als jene verwerten kann. Aus einer genetisch völlig einheitlichen Population sind so dauerhaft zwei verschiedene evolutionäre Entwicklungslinien entstanden. Sie unterscheiden sich allerdings nur durch wenige Einzelmutationen voneinander. Würden diese wenigen, aber im Genom weit voneinander getrennten Einzelmutationen frei in der Gesamtpopulation ausgetauscht – also sexuell rekombiniert –, würde das den Empfängern dieser einzeln erhaltenen Gene noch nichts nützen. Ein solcher Genaustausch hätte den Aufbau dieser verschiedenen Linien deshalb verhindert. Die Entstehung neuer Biodiversität ist also, wie nicht nur durch dieses Experiment belegt [170], bei asexuellen Lebewesen recht einfach. Kap. 3 ist dem Thema gewidmet, auf welche Weise dennoch auch verschiedene Vorgänge der Rekombination der Genome zur Entstehung biologischer Vielfalt beitragen können.

3

Bakterieller Sex – Vielfältig, doch selten

Kernlose Organismen – Bakterien und Archaeen – tauschen DNA untereinander auf verschiedenen Wegen aus. Diese Mechanismen reichen von der Aufnahme freier DNA (Transformation) über die Infektion durch bakterienspezifische Viren (Bakteriophagen), den Austausch von Plasmiden oder Chromosomen über röhrenförmige, zellverbindende Strukturen (Konjugation) bis zu einer vollständigen Zellverschmelzung bei Archaeen. Im Unterschied zum Sex bei kernhaltigen Organismen (Eukaryoten) haben diese Vorgänge 1) nichts mit Fortpflanzung zu tun, 2) schwankt die Menge des dabei weitergegebenen Erbmaterials sehr stark und 3) findet der Gentransfer in sehr unregelmäßigen Zeitabständen statt.

Bevor in diesem Kapitel von den Vorgängen der DNA-Abgabe, der DNA-Aufnahme und des DNA-Einbaus bei Bakterien die Rede ist, möchte ich davor warnen, sich diesem Themenkreis nur vom Blickwinkel der Sexualität zu nähern. DNA kann keinesfalls nur Erbsubstanz sein. Sie kann Bakterien auch zur Fixierung an glatten Oberflächen, zum Aufbau einer wohnlichen Struktur [150] oder schlicht als Nahrung dienen [145]. Grundlage einer solch vielseitigen Nutzung ist natürlich das Vorkommen freier DNA in der Umwelt und damit zugleich eine der wichtigsten Voraussetzungen für den Austausch von DNA als Erbmaterial. Mit anderen Worten, Bakterien gehen mit fremder DNA durchaus verschieden um. Die Entstehung hier beschriebener DNA-Austauschprozesse ist nicht darauf zurückzuführen, dass Bakterien eine Möglichkeit zur Rekombination gesucht und schließlich gefunden hätten. Vielmehr handelt es sich bei der Neukombination des Genoms der Bakterien um einen – allerdings wesentlichen – Nebeneffekt ganz anderer Prozesse, welche häufig gar nicht durch die Bakterien selbst verursacht werden.

© Der/die Autor(en), exklusiv lizenziert durch Springer-Verlag GmbH, DE, ein Teil von Springer Nature 2021
V. Krauß, *Das älteste Glücksspiel*, https://doi.org/10.1007/978-3-662-62585-9_3

Ein anderer Aspekt scheinbar hemmungslosen Austausches genetischen Materials spielt bei der Betrachtung des Folgenden ebenfalls eine wichtige Rolle. Es gehört zum Wesen der Sexualität, dass zunächst eine gegenseitige Erkennung der Partner eines bevorstehenden DNA-Austausches in der einen oder anderen Form stattfindet. Sexuelle Rekombination findet deshalb nur innerhalb von Artgrenzen statt. Diese Erkennung eines geeigneten Sexualpartners hat mehrere wichtige Funktionen. Zunächst wird damit die Aufnahme parasitischen Genmaterials verhindert. Es geht dabei um den Schutz vor Viren, deren Gene den Stoffwechsel der von ihnen befallenen Zellen zum Aufbau neuer Viruspartikel benutzen. Doch selbst wenn die fremde DNA nicht parasitisch ist, kann sie bei Unähnlichkeit zum vorhandenen Genmaterial entweder gar nicht eingebaut werden oder erweist sich nach dem Einbau inkompatibel zum vorhandenen Erbmaterial. Völlig neue Gene stören aller Wahrscheinlichkeit nach den Stoffwechsel der Zelle eher als dass sie eine Bereicherung desselben darstellen. Nicht selten können ihre Produkte für die aufnehmende Zelle giftig sein. Die biologische Funktion der Rekombination besteht daher nicht im Einbau neuartiger DNA-Abschnitte, sondern im Austausch nahezu identischer Sequenzen untereinander (vgl. Kap. 1). Auf diese Weise können in den Populationen zugleich neue Mutationen integriert und bewährte DNA-Varianten beibehalten werden. Wir werden im Folgenden sehen, inwieweit diese plausible Zurückhaltung beim DNA-Austausch auch für Bakterien zutrifft.

3.1 Plasmide

Auf den ersten Blick scheint in einer bakteriellen Zelle vieles anders als in Eukaryoten zu sein. Deutlich verschieden sind z. B. die Chromosomen aufgebaut. In Eukaryoten liegen sie in Form verschiedener, meist ähnlich langer DNA-Doppelstränge fast vollständig in Proteine verpackt und mit je zwei besonders gestalteten Enden (Telomeren) vor. In Bakterien sind Chromosomen dagegen in der Regel geschlossene DNA-Ringe, an welchen nur vergleichsweise wenige Proteine gebunden vorliegen. Häufig ist auch nur ein einziges Chromosom vorhanden. Sind es aber mehrere, so sind sie oft sehr unterschiedlich groß. Während ein typisches bakterielles Chromosom mehrere Millionen Basenpaare DNA umfasst, findet man daneben viel zahlreichere DNA-Ringe von wenigen tausend bis zu etwa hunderttausend Basenpaaren Größe, welche **Plasmide** genannt werden.

Äußerlich unterscheiden sich Plasmide – von ihrer geringeren Größe abgesehen – in nichts von bakteriellen Chromosomen. Wie sie tragen Plasmide dicht an dicht Gene. Und dennoch gibt es wesentliche Unterschiede zwischen diesen Elementen des Erbmaterials. Bakterien können prinzipiell auch ohne

Plasmide auskommen, denn alle für die unmittelbare Aufrechterhaltung der Lebensfunktionen notwendigen Gene liegen auf den Chromosomen. Plasmide tragen ausschließlich Zusatzausstattung, also Gene des nichttäglichen bzw. des umweltabhängigen Bedarfs. Außerdem sind die Funktionen der Gene auf einem Plasmid stets aufeinander bezogen. Ein Plasmid ermöglicht der Zelle damit die Herstellung eines Bündels von Proteinen mit aufeinander abgestimmten Aktivitäten. Es gibt Plasmide, die den Aufschluss bestimmter Nährstoffe ermöglichen, es gibt solche, die den Abbau oder die Resistenz gegenüber bestimmten Giften vermitteln, es gibt Plasmide, die den Bakterien Immunität gegen bestimmte Viren verleihen, und es gibt schließlich Plasmide, die den genetischen Austausch selbst fördern.

Man könnte Plasmide als das genetische Kleingeld der Bakterien bezeichnen. Während das oder die Chromosomen für die bakterielle Zelle immer unverzichtbar bleiben, ermöglichen sie als fakultative Bestandteile des Genoms einen häufigen Austausch genetischen Materials und damit auch die wiederholte Aufnahme und Abgabe von DNA-Abschnitten. Es sind potenziell nützliche Pakete aus Erbmaterial, welche natürlich genauso wie die Chromosomen durch Selektion in ihrem aufeinander abgestimmten Genbestand geformt wurden und heute noch werden. Ihre Aufnahme verschafft der bakteriellen Zelle neue Fähigkeiten, welche unter bestimmten Umweltbedingungen überlebensnotwendig sein können. Umgekehrt ermöglicht ihr Verlust (z. B. durch zufallsbedingte, ungleiche Verteilung des Inhalts der Mutterzelle während einer Teilung) die schnelle Entfernung von eventuell unnötigen, teure Proteine exprimierenden Genen in nach Funktionen sauber sortierten Päckchen.

Besonders interessant hinsichtlich der Möglichkeiten und Grenzen genetischen Austausches zwischen Bakterien sind jene **Plasmide,** welche Immunität gegen Viren verleihen. Sie tun dies nicht in derselben Art und Weise wie die Immunsysteme der Wirbeltiere. Von Plasmidgenen abgelesene Proteine erkennen in die Zelle eindringende fremde DNA als nicht zum Bakterium gehörig und zerschneiden die eingedrungenen DNA-Stränge in kürzere Abschnitte (Abb. 3.1), welche dann von anderen Enzymen der Zelle in einzelne Nukleotide zerlegt werden. Dieses Ergebnis wird dann dem Stoffwechsel zugeführt, denn DNA ist nahrhaft.

Eine solcherart zerlegte DNA muss nicht viraler Herkunft gewesen sein. Sie kann auch von anderen Bakterien stammen und die Form eines Plasmids haben. Die Nukleasen der Zelle erkennen immer eine bestimmte DNA-Sequenz, die je nach Typ des Enzyms vier bis acht Nukleotide lang ist und deswegen rein zufällig beispielsweise bei einer Länge der Erkennungssequenz von sechs Nukleotiden alle $4^6 = 4096$ Nukleotide in jeder DNA vorkommt. Die DNA wird nur dann nicht geschnitten, wenn sie innerhalb dieser Erkennungssequenz so verändert ist, dass die Nuklease nicht binden kann. Das ist bei eigener DNA der Fall, weil diese DNA durch ein anderes Enzym, welches auf dem gleichen Plasmid wie die Nuklease kodiert wird, an bestimmten Nukleotiden methyliert wurde (Abb. 3.1).

Man könnte denken, dass ein solches Abwehrsystem, bestehend aus einem Plasmid mit einer Nuklease und einer dazu passenden Methylase (beide binden dieselbe Basenfolge auf der DNA) beinahe unfehlbar sein sollte. Aber gerade weil dieser Schutzmechanismus so einfach ist, kann er auch schnell versagen. Verändert eine Mutation den Leseraster des Methylasegens auf dem Plasmid, kann dieses Bakterium sich nicht mehr erfolgreich teilen, weil sein gesamtes Genom dann durch die eigene Nuklease zerstört werden wird, da es nicht mehr durch die passende Methylierung gegen das Aufschneiden geschützt ist. Aber auf ein Bakterium mehr oder weniger kommt es nicht an. Schlimmer ist der umgekehrte Fall. Denn wenn die Nuklease wegen einer Mutation ihres Gens nicht mehr funktionieren sollte, aber die Methylase weiter Schutzgruppen an alle Erkennungssequenzen in der Zelle anbaut, können sich eingedrungene

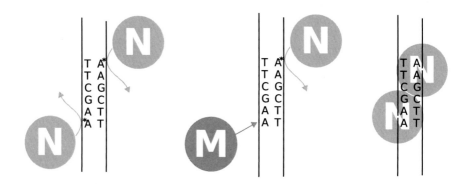

Abb. 3.1 Ein einfaches Immunsystem von Bakterien. Gezeigt sind drei kurze DNA-Stränge, welche zufällig die Erkennungssequenz AAGCTT der bakterieneigenen Nuklease Hind III enthalten. Die linke DNA-Helix gehört zum Genom des Bakteriums. Die äußeren Adenosine der Erkennungssequenz enthalten daher eine zusätzliche Methylgruppe (Sternchen), welche die Bindung der Nuklease („N") verhindert. Diese DNA bleibt daher intakt. In der Mitte des Bildes ist ein Abschnitt der DNA des Bakteriums unmittelbar nach der Replikation dargestellt. Der linken Erkennungssequenz der Helix fehlt daher noch die Methylierung am äußeren Adenosin. Weil die Nuklease nur als Dimer (Doppelenzym) an beiden Strängen zugleich binden könnte (vergleiche rechts), bleibt Zeit für die an dieselbe Erkennungssequenz bindende Methylase („M"), die Methylgruppe am äußeren Adenosin anzubringen und damit die DNA wieder vollständig als „eigene" zu markieren. Das ist möglich, weil die Methylase zwar deutlich langsamer als die hier konkurrierende Nuklease bindet, aber im Gegensatz zur Nuklease als Einzelmolekül funktioniert. Rechts liegt dagegen eine aus der Umwelt aufgenommene DNA vor, welche daher an beiden Erkennungssequenzen keine Methylgruppen trägt. Das Nuklease-Dimer kann deshalb binden und beide DNA-Stränge aufschneiden. Die entstehenden freien DNA-Enden sind nun Angriffspunkt weiterer abbauender Enzyme. Diese DNA wird also „verdaut". (© Veiko Krauß [2014])

Viren nunmehr im betroffenen Bakterium vermehren. Und nicht nur das: So entstandene, neue Viren-DNA ist durch die neuerhaltenen Methylgruppen gegen die Nuklease geschützt. Das heißt, dass sich diese Viren-DNA nun auch in anderen Bakterien mit demselben, aber noch intaktem Plasmid ungehindert kopieren lassen kann. Das Plasmid ist damit für die betroffenen Bakterien nutzlos geworden!

Eine solch fatale Situation tritt allerdings seltener als erwartet ein, da Bakterien meist mehrere, unabhängig voneinander wirkende Methylasen-Nukleasen-Systeme haben, welche auf verschiedenen Plasmiden kodiert werden und die unterschiedliche Erkennungssequenzen betreffen. Zudem verändert sich die Bindesequenz durch Evolution recht schnell, sodass schützende Methylgruppen an immer anderen Sequenzen erforderlich werden.

Die Bedeutung der eben beschriebenen **Restriktionsplasmide** – so genannt, weil sie die Vermehrung von bakteriellen Viren (Phagen) beschränken (d. h. einer Beschränkung = Restriktion unterwerfen) – geht aber über den Schutz vor Infektion hinaus. Denn diese Bakterien schneiden jede von außen kommende DNA auf, die nicht geschützt ist, also jede, die nicht aus Bakterien mit genau derselben Kombination von Restriktionsplasmiden stammt. Den Erwerb von fremden Genen werden so enge Grenzen gesetzt, welche durchaus den Artgrenzen sich sexuell fortpflanzender Tiere und Pflanzen entsprechen [221]. Horizontaler Gentransfer kann deshalb nicht schrankenlos zwischen einander völlig unähnlichen Organismen stattfinden, was in der Regel auch den Nachkommen des DNA-aufnehmenden Bakteriums nützt. Um einen banalen Vergleich zu bemühen: Für einen durchschnittlichen Europäer ist ein unbebildertes, chinesisches Buch von sehr eingeschränktem Nutzen, da sein Inhalt dem Nichtsprachkundigen ähnlich unerreichbar bleibt wie eine nutzbringende Einbindung eines zufällig aufgenommenen Gens in den Stoffwechsel eines beliebigen Bakteriums. Deshalb verwundert es nicht, dass auch Prokaryoten über spezielle, regulierende Mechanismen der Aufnahme ausgewählter DNA in ihr Genom verfügen.

3.2 Konjugation

Die Erkenntnis, dass auch Bakterien intimen Kontakt pflegen können, ist deutlich älter als das Wissen über die Aufnahme nackter DNA. Tatsächlich wurde eine Paarung zweier Bakterien bereits 1946 von Joshua Lederberg und Edward Tatum entdeckt und als Form der Sexualität bezeichnet. Begünstigt wurde diese Entdeckung durch die Verfolgbarkeit des Vorgangs im Mikroskop. Bei dieser Paarung handelt es sich um eine gezielte DNA-Spende einer dazu besonders befähigten Bakterienzelle an ein bestimmtes, in der Nähe liegendes anderes Bakterium mittels einer besonderen Struktur, dem **Sexpilus**. Dieser ist eine mehr oder weniger lange, vorn geschlossene Röhre, die allerdings nicht direkt der Übertragung der DNA dient, sondern nur der Kontaktaufnahme zur Empfängerzelle. Die genetische Information zur Bildung einer solchen Röhre befindet sich in der Regel auf einem bestimmten Plasmidtyp – dem **F-Plasmid**. Das F steht für Fertilität, und der gesamte Vorgang wird **Konjugation** genannt.

Dabei wird der Sexpilus nach der Kontaktaufnahme abgebaut, bis sich beide Zellen berühren. An der Berührungsstelle kann einer der beiden DNA-Stränge des F-Plasmids in das Empfängerbakterium übertragen werden. Anschließend wird der übertragene DNA-Strang ebenso wie der im Spender verbliebene durch Replikation der DNA wieder zum Doppelstrang ergänzt. Am Ende besitzen beide Zellen das F-Plasmid und damit die Fähigkeit, DNA an andere Zellen weiterzugeben, die nicht unbedingt Bakterien der gleichen Art sein müssen. Konjugation kann auch, je nach Art des F-Plasmids, ohne Pilusstruktur stattfinden. In jedem Fall heften sich zwei Bakterien dazu zeitweise aneinander und öffnen ihre Zellmembran.

Gelegentlich ist gar kein freies F-Plasmid im Spenderbakterium vorhanden. Dafür existiert dann im Chromosom selbst ein integriertes, lineares F-Plasmid (F-Element) mit genau derselben Funktion. Im Unterschied zur durch F-Plasmide verursachten Konjugation wird dann ein Abschnitt des gesamten Chromosoms auf den Empfänger übertragen (Abb. 3.2). Ähnlich jedoch wie bei der Aufnahme freier DNA bleibt Konjugation im Unterschied zur Sexualität der Eukaryoten eine einseitige Angelegenheit zwischen einem Spender und einem Empfänger und mündet nicht in gegenseitigem Austausch.

Ein solcher Einbau von Plasmiden in das Chromosom wurde nicht nur bei F-Plasmiden, sondern auch bei anderen Plasmidtypen beobachtet. Plasmide benötigen dazu nur kurze, als Insertionssequenzen bezeichnete DNA-Abschnitte, die den DNA-Ring öffnen und durch seinen Einbau in das Chromosom aus ihm ein **springendes Gen**, wissenschaftlich Transposon genannt, bilden. Dieser Vorgang ist umkehrbar, denn aus dem Transposon kann durch Ausbau aus dem Chromosom auch schnell wieder ein selbstständiges Plasmid werden.

Durch die Aufnahme eines Teils des Spendergenoms wird der Empfänger, da er meist ein dem Spender nah verwandtes Bakterium darstellt, teilweise **diploid** für die erhaltenen Gene. Ganz ähnlich wie wir auch verfügt dieses Bakterium nun zumindest für einen Teil seines Genbestandes über Duplikate, die sich natürlich – wie bei uns – nicht exakt gleichen müssen. Hier besteht dann die Möglichkeit einer echten Rekombination mit dem bereits vorhandenen Genom, wodurch neue Kombinationen von Allelen verschiedener Gene entstehen können.

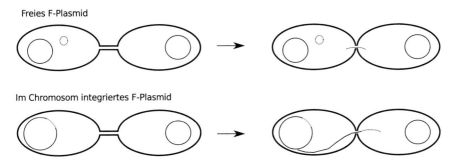

Abb. 3.2 Weitergabe von Erbmaterial durch Konjugation. Oben gibt das links darge-stellte Bakterium die Kopie eines F-Plasmids (im Gegensatz zum großen, durchgezoge-nen Ring des Chromosoms als kleiner, punktierter Ring dargestellt) an das rechts dar-gestellte Bakterium weiter. Von dem zunächst vorhandenen Pilus bleiben während des eigentlichen DNA-Übergabevorgangs nur wenige, die Bakterien aneinander heftende Moleküle übrig. Unten liegt die DNA des F-Plasmids (gepunktet) im Chromosom inte-griert vor, sodass mit seiner DNA auch Teile der chromosomalen DNA des Spenderbak-teriums in die Empfängerzelle übertreten können. Die Menge der dabei übertretenden DNA hängt von der Länge des Kontaktes ab. (© Veiko Krauß [2014])

Weniger geordnet, jedoch vielseitiger ist ein erst jüngst entdeckter, eben-falls an eigens eingerichtete Zellverbindungen geknüpfter Austausch mittels **Nanoröhren** [48]. Hierbei können über alle Formen von Plasmiden hinaus auch andere Zellbestandteile wie Proteine, Nährstoffe oder RNA-Moleküle ausgetauscht werden, und zwar in beide Richtungen als auch über Artgren-zen hinweg. Einzige Bedingung scheint zu sein, dass die beteiligten Bakterien zueinander räumlich fixiert vorliegen. Das ist jedoch in freier Natur keine we-sentliche Einschränkung, da Bakterien verschiedener Arten draußen, anders als im Labor, oft gemeinsam in sich selbst organisierenden, relativ festgefügten Verbänden wachsen, die **Biofilme** genannt werden. Die in solchen Verbünden wachsenden Bakterien unterstützen und schützen sich gegenseitig offensicht-lich nicht nur durch den Austausch von Stoffwechselprodukten. So wichtig solche Zellverbände für Ökosysteme verschiedenster Art weltweit auch sind, so kennen wir Biofilme natürlich auch als das wirksamste Mittel von Mi-kroben, sich der Wirkung menschlicher Hygienemaßnahmen zu entziehen. Gemeinsam sind nicht nur wir, sondern auch Kleinstlebewesen stark.

Typisches Ergebnis der Konjugation zwischen Bakterien ist die Übertragung eines einzelnen, mitunter sehr großen DNA-Abschnittes in das Empfänger-bakterium. Die Übertragung der Spender-DNA kann aber auch in mosaikar-tig verteilter Form erfolgen, wie das kürzlich für Mykobakterien – zu ihnen zählt der Erreger der Tuberkulose – gezeigt wurde [77]. Dabei ereignen sich viele über die gesamte Länge des Chromosoms verteilte Neukombinationen zwischen der eigenen und der Spender-DNA. Im Ergebnis werden zwar nur

wenige Prozent des Spenderchromosoms in das Empfängerchromosom eingebaut, jedoch erinnert dieser Einbau dennoch durch seine Verteilung auf
die gesamte Chromosomenlänge auffällig an die sexuelle Rekombination von
Mehrzellern, bei der ebenfalls mehrere Chromosomenbrüche auftreten und
neu verbunden werden.

Untersuchungen bakterieller Konjugation warfen auch Licht auf einen möglichen evolutionären Ursprung des Genaustausches. Die Evolution der Sexualität wird sicher in Teilen unverständlich bleiben, wenn wie gewöhnlich vorausgesetzt wird, dass jeder Schritt der Evolution durch Selektion herbeigeführt
wurde, also adaptiv sein *muss*. Geht man wie der bedeutende Populations-
genetiker John Maynard Smith in seinem bekannten Buch *The Evolution of
Sex* [197] davon aus, dass der Austausch von DNA den betroffenen Individuen nutzen muss, damit er stattfindet, schließt man von vornherein ebenso
plausible, andere Ursachen aus.

Denn der Empfänger der fremden DNA muss gar keinen Vorteil aus der
Gratisnukleinsäure ziehen, ganz im Gegenteil! **F-Plasmid** können – ebenso
wie springende Gene anderer Art wie Transposons und Retroviren – als **Parasiten des Genoms** betrachtet werden, denn sie vermehren sich, indem sie
sich in immer neue bakterielle Zellen hinein kopieren. Wenn das F-Plasmid
jedoch in das bakterielle Chromosom integriert wurde, nimmt es bei diesem
Vorgang mehr oder weniger große Teile seines bisherigen Wirtgenoms mit in
den neuen Wirt. Dort können diese DNA-Abschnitte zusammen mit jenen des
F-Elements anstelle anderer, homologer Allele in das Chromosom integriert
werden.

Der Vorgang der Rekombination der Spender- mit der Empfänger-DNA ist
dabei nur ein nichtfunktionelles Nebenprodukt der Parasitierung dieser Wirtszellen durch das F-Element. Um stattzufinden, muss das Ergebnis weder für
die einzelne Zelle noch für die gesamte Bakterienpopulation von Vorteil sein.
Im Rahmen eines *Escherichia-coli*-Evolutionsexperiments wurden verschiedene, nicht selbst vermehrungsfähige, das F-Element tragende Bakterienstämme
mit bereits gut an die Kulturbedingungen angepassten Stämmen gemischt.
Nach 1000 Generationen wurden die resultierende Fitness und die genomische
Zusammensetzung von 12 unabhängigen Versuchsansätzen geprüft. Eines dieser Experimente ergab einen massiven Fitnessverlust der Bakterien, doch auch
alle anderen konnten ihre Wachstumsgeschwindigkeit nicht verbessern. Ihre
Genomanalyse zeigte, dass sie viele ihrer bisher erworbenen, wachstumsfördernden Mutationen zugunsten unangepasster Genvarianten der F-tragenden
Bakterienstämme verloren hatten [134]. Der resultierende Verlust der Gesamtfitness war in 11 der 12 Versuchsansätze wohl durch kompensierende Mutationen vermieden worden. Zumindest bei Bakterien muss Rekombination daher

auch auf lange Sicht nicht von Vorteil für den Organismus selbst sein. Sie kann hier als Nebenprodukt anderer Vorgänge eintreten.

Einen anderen Blickwinkel auf die F-Plasmid-getriebene Rekombination boten die Ergebnisse eines weiteren Evolutionsversuchs in *Escherichia coli* [163]. Die dort verwendeten Bakterien wurden je nach Ansatz vor dem Versuch genetisch umgestaltet und rekombinierten dementsprechend ihre Genome regelmäßig miteinander, zeigten eine deutlich erhöhte Mutationsrate oder erhielten beide Eigenschaften zugleich. Wurde nur die Mutationsrate erhöht oder nur rekombiniert, hing es von den konkret veränderten Umweltbedingungen ab, ob dies von Vorteil oder von Nachteil war. Wenn nur sehr wenige Mutationen mit großem Effekt ausreichten, um das Wachstum zu verbessern, war eine erhöhte Mutationsrate allein schon nützlich. Waren relativ viele Mutationen mit kleinem Effekt nötig, war auch Rekombination ohne

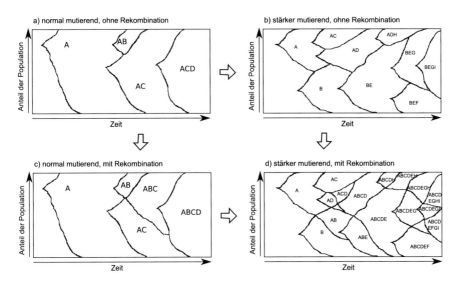

Abb. 3.3 Die Wechselwirkung von Mutationsrate und Rekombination im Darmbakterium *Escherichia coli* (Abbildung nach [163], verändert). Dargestellt sind schematische Änderungen der genetischen Zusammensetzung der Populationen über die Zeit. In Großbuchstaben dargestellt sind nur die auftretenden und sich entsprechend der Flächen ändernden Populationsanteile vorteilhafter Mutationen und ihrer Kombinationen. In a) finden sich die natürlichen Verhältnisse bei *Escherichia coli*: Die selten auftretenden, vorteilhaften Mutationen (hier A, B, C und D) summieren sich mit Ausnahme von B, welche durch die offensichtlich stärker vorteilhafte Mutation C verdrängt wird. In b) treten insgesamt 9 Mutationen (A bis I) auf, von denen sich aber A, C und D nicht sowie F wahrscheinlich nicht halten können. Zahl und Effekt der vorteilhaften Mutationen ist etwas größer als in a). In c) treten die gleichen Mutationen wie in a) auf, aber durch Rekombination geht nichts verloren. In d) schließlich werden voraussichtlich alle 9 vorteilhaften Mutationen miteinander kombiniert. (© Veiko Krauß [2018])

Mutationserhöhung schon von Vorteil. Beides zusammen aber erreichte unter beiden genannten Bedingungen die besten Resultate (Abb. 3.3).

Die allgemein niedrige Mutationsrate und die typischerweise bei *E. coli* fehlende Rekombination könnte unter diesen Umständen daraus entstanden sein, dass entsprechende Umweltänderungen relativ selten vorkommen oder dass unter natürlichen Bedingungen meist andere, bereits an diese neuen Verhältnisse vorangepasste Bakterien diese veränderten ökologischen Nischen besetzen. Auch hier gilt, dass Evolution keine optimalen Lösungen produziert, denn sie gibt sich mit dem Spatz in der Hand zufrieden. Genetische Mechanismen, welche die Reproduktion auch unter sich permanent ändernden Umständen sichern könnten, werden nur aufrechterhalten, wenn diese Umstände häufig genug eintreten. Anderenfalls werden sie per Mutation aus dem Genom entfernt und damit einem schnelleren Wachstum unter gewöhnlichen Bedingungen geopfert.

3.3 Phagen

Im Unterschied zur Rekombination werden bei der **Transfektion** – der Begriff entstand aus der Verbindung des Übertragens („Trans-") mit der Infektion („fektion"), da die DNA durch Viren vermittelt wird – nur selten kleinere Abschnitte des Genoms der alten Wirtsbakterien vom neuen Wirtsbakterium übernommen. Dennoch hat dieser Vorgang große Bedeutung, weil sich einige **Phagen** (auf Bakterien spezialisierte Viren) nicht auf Kosten ihrer Wirtsbakterien vermehren, sondern vielmehr die Fähigkeiten der durch sie infizierten Zelle durch ihren Einbau in das Wirtsgenom wesentlich verbessern. Das wirkt sich oft zuungunsten Dritter aus. So entfalten z. B. Cholerabakterien ihre für Menschen fatale Wirkung nur, weil sie bestimmte Virengenome enthalten, welche für sehr wirksame Zellgifte kodieren, die beim Menschen den für diese Krankheit typischen, letztlich oft tödlichen Brechdurchfall auslösen. Cholerabakterien sind hier nur ein Beispiel für viele bakterielle Krankheiten, deren Erreger erst durch **Prophagen** genannte, aus Viren stammende DNA-Abschnitte zu gefürchteten Parasiten werden [135].

Andere Prophagen werden sehr schnell nach Einbau in das Bakterienchromosom durch bereits beschriebene Abwehrfunktionen verändert, sodass das Virus seine potenziell tödliche Vermehrung im Bakterium nicht mehr durchführen kann. Die übertragenen Virengene bleiben jedoch im Genom zurück und übernehmen dort nicht selten für das Bakterium nützliche Funktionen verschiedenster Art, sodass sie mehr oder weniger dauerhaft Teil des bakteriellen Genoms werden. Nicht weniger als 35 % des möglichen Genbestandes

des Darmbakteriums *Escherichia coli* sind deshalb viraler Herkunft [17]. Virengene sind also eine ständige Quelle bakterieller Genfunktionen, gehen aber offenbar regelmäßig wieder verloren und werden durch andere ersetzt, weil sie nur unter manchen Umweltbedingungen einen Wachstumsvorsprung für das sie tragende Bakterium vermitteln.

Die Eigenschaften von Viren können mitunter auch darüber entscheiden, welche Formen von Bakterien untereinander DNA austauschen und welche nicht. So gibt es Bakteriophagen, die auf das Vorhandensein bestimmter Varianten der Teichonsäure in der Zellwand von Bakterien angewiesen sind, um von diesen aufgenommen werden zu können. Klappt diese Aufnahme, bringen die Phagen häufig Fremd-DNA mit, welche in das bakterielle Chromosom eingebaut werden kann, auch dann, wenn sie selbst sich im geenterten Bakterium nicht vermehren können. Der hierzu erforderliche Typ der Teichonsäure ist in verschiedenen, nicht näher miteinander verwandten Gruppen der Bakterien zu finden, sodass auf dieser Grundlage unterschiedlichste Bakterientypen DNA-Tauschgemeinschaften gebildet haben [238]. Die Neigung der Bakterien zur Rekombination hängt also nicht unbedingt von ihrer genetischen Ähnlichkeit zueinander ab, sondern kann auch von reinen Äußerlichkeiten wie einzelnen Elementen ihrer Zellwandstruktur bestimmt werden.

Auch Viren kombinieren ihre DNA des Öfteren neu. Da sie jedoch keine selbstständigen Organismen sind, kann das nur innerhalb ihrer Wirte erfolgen. Wenn zwei genetisch unterschiedliche, aber hinreichend ähnliche Viren einen Wirt infizieren, kann es bei ihrer erfolgreichen Vermehrung zur Freisetzung gemischter Virenpartikel kommen. Das ist ein Phänomen, welches beispielsweise während der Evolution der Grippeviren für uns schon wiederholt sehr unangenehme Konsequenzen hatte [167]. Jüngst wurde sogar festgestellt, dass selten ganz neue Virustypen durch Rekombination zwischen völlig verschiedenen Virusformen innerhalb eines Wirtes entstehen können [46]. Selbst den einfachsten sich reproduzierenden Formen ist also die Rekombination ihres Erbmaterials unter besonderen, allerdings nicht von ihnen selbst herbeigeführten Umständen möglich.

3.4   Kompetenz

Unter natürlichen Bedingungen wird DNA durch Tod und Auflösung lebender Zellen zugänglich. Größere Mengen an freier DNA sind deswegen innerhalb der aus Bakterien verschiedenster Arten gebildeten Biofilme zu finden, in denen Vermehrung und Tod ständig stattfinden. Diese DNA spielt dann auch aufgrund ihrer außerordentlichen Länge und deshalb sehr fasrigen Struktur eine unverzichtbare Rolle als Kleber oder extrazelluläre Matrix des **Biofilms**

[150]. Sie hält also die lebenden Zellen zusammen und dient ihnen zugleich – wie andere Inhaltsstoffe der abgestorbenen Zellen – als Nahrung. Die Rolle des kostbaren Erbmaterials wandelt sich dabei offensichtlich grundlegend mit Eintreten des Todes. Potenziell bleibt aber die Fähigkeit der DNA, Vererbung zu vermitteln, erhalten, wenn sie durch andere, lebende Zellen aufgenommen wird. Mechanismen für eine gezielte Aufnahme von DNA ohne Berücksichtigung ihrer Herkunft oder Sequenz dienen in erster Linie der Ernährung, können aber gelegentlich – z. B. im Fall einer Notreparatur des eigenen Erbmaterials – auch im Genom der hungrigen Zelle enden.

Meist nehmen Bakterien diese DNA über spezialisierte stabförmige Strukturen auf, die Pilien oder Fimbrien genannt werden. Für das Durchdringen der Zellmembran gibt es ein spezialisiertes Enzym, die Translokase. Manchmal wird die DNA während dieses Aufnahmeprozesses in kleine Abschnitte zerlegt, was deutlich macht, dass sie nicht in erster Linie als Matrize, sondern als Nährstoff gefragt ist und dass die Aufnahme freier DNA für die Zelle auch ein gewisses Risiko bedeutet. Andere Bakterienarten können aber sehr lange Fragmente und intakte Plasmide aufnehmen. Über die evolutionäre Entstehungsweise dieser Aufnahmeprozesse und damit über die Hintergründe dieser Unterschiede gibt es noch keine zuverlässigen Erkenntnisse. Es gibt allerdings Hinweise, dass die Kompetenz von Bakterien, also ihre Fähigkeit, extrazelluläre DNA in ihr Genom aufzunehmen, mit der Regulation der Sporenbildung zusammenhängen könnte. Bakterien können demnach nicht nur durch Bildung von Dauerstrukturen (Sporen), sondern auch durch ihre Kompetenz für die Aufnahme von DNA auf Nahrungsmangel und andere ungünstige Umweltbedingungen reagieren.

Es scheint, als ob die **Kompetenz,** d. h. die Fähigkeit der Bakterien, freie DNA aufzunehmen und sie in ihr Erbmaterial einzubauen, die einzige Form bakterieller Rekombination ist, die vom betroffenen Bakterium selbst und nicht durch fremde Akteure wie DNA-abgebende Bakterien oder Phagen vorgenommen wird. Dennoch kann es sich um eine bloße Konsequenz ganz anderer Stressreaktionen handeln [6]. Bakterien könnten nämlich DNA-Stränge aufnehmen, weil sie sich mittels Pili an Strukturen außerhalb ihrer Zelle festhalten, z. B. bei der **Biofilmbildung.** Diese Pili werden unter Stress häufig verlängert oder verkürzt und lösen so zuckende Bewegung der an ihnen hängenden Bakterien aus. Heften sich diese Pili allerdings an einen Gegenstand, der deutlich weniger massiv und steif als eine Zelle ist – z. B. an einen Strang freier DNA –, so wird dieser gelegentlich durch Verkürzung des Pili in das Bakterium aufgenommen. Im Ergebnis scheint es, als hätte ein durch das Bakterium angeregter Vorgang zur Rekombination des Bakteriengenoms mit fremder DNA geführt. Tatsächlich haben aber nur verstärkte Bewegungen des Bakteriums unter Hitze-, Hunger- oder chemischem Stress zu dieser zufälligen DNA-Aufnahme geführt. Die Kompetenz zur DNA-Aufnahme muss dem Bakterium also nicht nutzen, auch wenn sie scheinbar durch den Organismus reguliert wird. Tatsächlich wurden nur die Bewegungen der Pili und nicht die dadurch verursachte DNA-Aufnahme gesteuert [6].

Ob dieser Vorgang nun häufig oder nur unter ganz bestimmten Bedingungen abläuft: Er scheint nicht sehr wählerisch zu erfolgen. (Auf eine gut untersuchte Ausnahme wurde schon im letzten Kapitel hingewiesen: die sequenzabhängige Aufnahme der DNA enger Verwandter durch Bakterien der Familien der *Neisseriaceae* und der *Pasteurellaceae*.) Dessen ungeachtet wird ihre Funktion meist im Erwerb neuer Gene gesehen, was natürlich nur möglich ist, wenn die Bakterien lange Abschnitte fremder DNA aufnehmen und in das eigene Genom einbauen, mit der Folge, dass die so erworbenen Gene auch in neue Eigenschaften umgesetzt werden müssen, um überhaupt von Nutzen sein zu können. Die Zelle wird dann die neuen Gene nicht nur replizieren, sondern auch in RNA umschreiben (transkribieren) sowie die entstandene mRNA in Proteine übersetzen (translatieren), ohne dass im Mindesten klar ist, ob die auf diese Weise entstehenden Genprodukte dem Organismus nützen oder wenigstens nicht schaden. Da die Proteinproduktion selbst bereits eine erhebliche zusätzliche Belastung des bakteriellen Stoffwechsels darstellt, schadet bereits die Herstellung eines völlig überflüssigen, an sich harmlosen Proteins. Ein neues Eiweiß muss also schon ein wenig beim Überleben helfen, um nicht zu stören.

Ganz gleich welches Schicksal der fremden DNA in der neuen Zelle blüht: Speziell angelegte Strukturen für die Inkorporation komplexer Moleküle sind kostspielig und werden auch im Fall einer Verwendung der aufgenommenen Nukleinsäure als Nährstoff wohl nur entstehen, wenn die DNA-Konzentration in der Umwelt der Bakterien gewöhnlich hoch genug ist, um die Aufnahme in die Zelle lohnend zu gestalten. Dies ist in Biofilmen und in allgemein nährstoffreichen Umgebungen gegeben, aber sicher nicht in allen Lebensräumen. Daher bilden nicht alle Bakterien aktive Strukturen der DNA-Aufnahme. In manchen Arten werden zelluläre Mechanismen der DNA-Aufnahme erst aktiv, wenn die Zellen Hunger oder chemischem Stress ausgesetzt werden. Das kann verschieden interpretiert werden: Zum einen wird unter diesen Bedingungen mehr DNA verfügbar, weil benachbarte Zellen sterben. Zum anderen kommt es vermehrt zu Doppelstrangbrüchen der zellulären DNA, deren Reparatur leichter und schneller durchgeführt werden kann, wenn zusätzliche DNA-Fragmente zur Verfügung stehen. Tatsächlich scheint eine Transformation unter solchen Bedingungen das Überleben von Zellen zu befördern [85]. Dessen ungeachtet lässt sich die DNA-Aufnahme unter Stressbedingungen, wie oben bereits geschildert, schlicht als Folge dieser ungünstigen Lebensbedingungen erklären [6]. **Kompetenz** zur DNA-Aufnahme ist also nicht unbedingt eine Anpassung, sondern eine Konsequenz der Lebensbedingungen der Prokaryoten.

Beide Rollen aufgenommener DNA (Nährstoff und Reparaturmaterial) scheinen also für sich genommen überzeugende Grundlagen für die Evolution der Transformation zu sein, sind aber nicht notwendig, um den Vorgang der Aufnahme zu erklären. Demgegenüber ist die Chance des Erwerbs neuer, nützlicher Zellfunktionen durch horizontalen Gentransfer viel zu klein, um Ursache bakterieller Kompetenz sein zu können. Erhellend ist in diesem Zusammenhang z. B. der Befund, dass die Mutationsrate des gefährlichen Krankenhauskeims *Streptococcus pneumoniae* geringer und nicht etwa höher ist, wenn er DNA aktiv aus seiner Umgebung aufnehmen kann [145]. Das bedeutet, dass diese Bakterien in der Regel nur DNA der gleichen Art zur Reparatur in ihr Genom einbauen und im Allgemeinen nicht die Gelegenheit nutzen, um mit neuen Genen oder Genvarianten zu experimentieren.

Zusammenfassend kann festgestellt werden, dass Bakterien weder regelmäßig Sex haben noch den Austausch von Erbmaterial in irgendeinen Zusammenhang mit ihrer Vermehrung bringen. Dennoch führen sie in der Praxis nicht selten eine Rekombination ihrer DNA durch, was vorzugsweise mit Erbmaterial ihrer nahen Verwandten geschieht. Mögliche Ursachen für diese Vorgänge ist nicht der Drang nach Neuheiten, sondern ein physischer Hunger nach DNA, die Notwendigkeit der Heilung von Brüchen im eigenen Genom, die Aktivität vielfältiger Parasiten oder einfach starker Stress, der die Zellmembranen für DNA öffnet. Letztlich können diese Vorgänge in seltenen Fällen auch zu den radikalen Veränderungen führen, welche horizontaler Gentransfer genannt werden. Ihre Bedeutung erlangen solche Ereignisse allerdings nicht wegen ihrer Häufigkeit, sondern wegen der folgenden Veränderung der Lebensweise der Empfänger neuer Gene. Solche Veränderungen können einzelne aufgenommene Gene zur Ursache haben, können aber auch durch Aufnahme großer Genmengen in seltenen Fällen zu einer grundlegenden Umgestaltung des Genoms des Empfängers führen, welche eine Abstammungslinie von Organismen mit neuartigem genetischem Aufbau entstehen lässt.

3.5   Zellverschmelzung – eine Erfindung der Archaeen?

Abschließend muss erwähnt werden, dass die hier beschriebenen Rekombinationsvorgänge sich nicht nur in echten Bakterien, sondern genauso auch in den Archaeen, der anderen großen Gruppe der Prokaryoten, ereignen. Hier gibt es sogar Formen des Gentransfers, die bei Bakterien bisher unbekannt sind. So wurde in der Archaeen-Verwandtschaftsgruppe der Thermococcales die Abgabe und Aufnahme von Plasmiden mithilfe der Abschnürung von kleinen Teilen der Spenderzelle – Vesikel genannt – beobachtet [226]. Auf diese Weise können Plasmide auch zwischen Zellen ausgetauscht werden, die sich selbst nicht wie bei der Konjugation unmittelbar miteinander verbinden, ohne dass die DNA des Plasmids den Schutz der Zellmembran verliert. Wesentliche Prozesse des Genaustausches bei Prokaryoten und die diesen Austausch hemmenden Vorgänge sind in Abb. 3.4 zusammenfassend dargestellt.

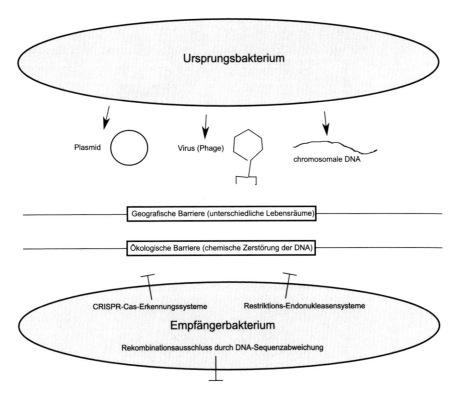

Abb. 3.4 Möglichkeiten des DNA-Austausches bei **Prokaryoten.** DNA kann in Form von Plasmiden, Teilen des Chromosoms und viraler DNA mit oder ohne die aktive Teilnahme des Spenderorganismus übertragen werden. Voraussetzungen sind nur das Vorkommen des Spenders und des Empfängers im gleichen Lebensraum und – bei freier DNA-Abgabe – die Stabilität der DNA bis zur Aufnahme. Das Eindringen der DNA in die Zelle führt im Regelfall nicht zur Aufnahme ins Genom des Spenderorganismus. Vor allem die hier innerhalb der Empfängerzelle aufgezählten Vorgänge können das verhindern: die Zerlegung der DNA durch Restriktionsnukleasen wegen fehlender, in der eigenen DNA vorhandener Methylmarkierungen (Abschn. 3.1), die Erkennung der DNA als virale DNA durch das CRISPR-Cas-System und ihre nachfolgende Zerlegung sowie eine fehlende Ähnlichkeit von DNA-Fragmenten mit der eigenen DNA, wodurch die Fremd-DNA nicht eingebaut werden kann und deswegen über kurz oder lang ebenfalls zerlegt wird. (© Veiko Krauß [2018])

Israelische Forscher [152] fanden heraus, dass manche Archaea noch weiter gehen und sich zuweilen paarweise vereinigen. Sie konnten das an *Haloferax*-Arten zeigen, die unter anderem im offenbar nicht ganz Toten Meer leben. Diese Archaeazellen binden zunächst ähnlich wie konjugierende Bakterien aneinander und bauen eine Plasmabrücke zwischen sich auf. Diese erweitert sich jedoch, bis beide Zellen sich ganz vereinigt haben. Diese fusionierten Zellen zerfallen vermutlich schnell wieder in zwei einzelne Archaea, welche dann oft Plasmide oder auch Abschnitte ihres Chromosoms untereinander ausgetauscht haben. Im Gegensatz zur Konjugation oder Transformation erfolgt der DNA-Übergang scheinbar ungerichtet und regellos zwischen den Zellen. Dennoch ist dieses Beispiel sehr interessant, da gerade die Archaea – im Gegensatz zu den Bakterien – unsere direkten Vorfahren sind. Es könnte sich also bei diesen Vorgängen um unvollkommene und wenig regulierte Formen von Befruchtung und Meiose handeln [108].

4

Sanfter Zwang zur Zweisamkeit

Kernhaltige Organismen – Eukaryoten – haben echte Sexualität entwickelt. Dabei wirken zwei Lebewesen zusammen, um DNA in gleicher Menge auszutauschen oder an Nachkommen weiterzugeben. Evolutionäre Neuerungen schoben dabei häufig weitere Veränderungen an. So führte Sex bei Hefezellen zur Entstehung verschiedener Paarungstypen, was bei mehrzelligen Algen wiederum eine Voraussetzung für die Evolution verschiedener Geschlechter war. Sexualität ist bei Kieselalgen, Wimpertierchen oder Blattläusen häufig mit dem Eintritt ungünstiger Lebensbedingungen verbunden, während die Vermehrung bei Wiedereintritt günstiger Umstände klonal und nicht sexuell stattfindet. Sex macht zunehmend mobil, sowohl Spermien als auch ganze Organismen. Mit der Entstehung immer komplexerer Mehrzeller wandelt sich das Sexual- zum immer komplizierteren Fortpflanzungsverhalten, was auch Brutfürsorge und Brutpflege einschließt.

Wie bisher beschrieben, führen Bakterien und Archaeen, d. h. Lebewesen ohne echten Zellkern, trotz vielfältigster Gelegenheiten und Einrichtungen zur Aufnahme und auch Abgabe von DNA nur sehr sporadisch Genaustausch durch. Außerdem ist die Menge der aufgenommenen Fremd-DNA und besonders der Anteil des letztlich ins Genom aufgenommenen Materials sehr unregelmäßig und hängt im starken Maße sowohl von eventuell vorhandenen Vermehrungsstrukturen dieser DNA (Plasmide) oder von der Ähnlichkeit der aufgenommenen DNA zum eigenen Erbmaterial ab. Besonders auffällig ist jedoch, dass es nie zu einer wirklich gleichberechtigten Kombination der Genome zweier Organismen kommt, wie es für die geschlechtliche Fortpflanzung bei Vielzellern typisch ist. Wenn bei Bakterien ausnahmsweise tatsächlich wie bei der Konjugation von *Sex* gesprochen wird, so handelt es sich dennoch nicht um eine beiderseitige Angelegenheit: Nur das Genom des Empfängers der DNA wird verändert. Er sendet seinerseits keine DNA, die den

© Der/die Autor(en), exklusiv lizenziert durch Springer-Verlag GmbH, DE, ein Teil von Springer Nature 2021
V. Krauß, *Das älteste Glücksspiel*, https://doi.org/10.1007/978-3-662-62585-9_4

Herkunftsorganismus modifizieren könnte. Zudem ist die Konjugation wie alle anderen Formen des DNA-Austausches unabhängig von der Fortpflanzung.

Im Abschn. 1.3 wurde schon darauf hingewiesen, warum das so ist: Die Zahl gleichartiger Organismen ist bei den Bakterien viel höher als bei Mehrzellern. Nicht ganz so eindeutig sind die Unterschiede der Populationsgrößen zwischen Prokaryoten und den einzelligen Eukaryoten. Daher findet Sex auch bei Letzteren nur selten statt und muss ebenfalls nicht an die Fortpflanzung gekoppelt sein, wie wir noch sehen werden. In der nun folgenden Darstellung verschiedener, uns zum Teil nur vage an gewöhnliche Sexualität erinnernde Praktiken des Genaustausches geht es darum, Regeln in der Vielfalt zu erkennen sowie mögliche Formen der Einbindung eines Genaustausches in die charakteristischen Lebensweisen der Organismen beispielhaft darzustellen. Es ist allerdings unmöglich und zugleich nicht sinnvoll, die ganze Vielfalt natürlicher Genmanipulation hier vorzustellen, denn zum einen ist diese Vielfalt bisher nur ausschnittsweise bekannt, und zum anderen handelt es sich oft nur um mehr oder weniger große Variationen typischer Abläufe.

Ich werde zugleich versuchen, mit diesen Beispielen wesentliche Schritte der Evolution einer zunehmend komplexeren Sexualität in einer nachvollziehbaren Reihenfolge darzustellen. Es soll deutlich werden, dass evolutionäre Veränderungen sehr häufig weitere evolutionäre Veränderungen auslösen. Wer A sagt, wird irgendwann eben auch B sagen. Unseren Blick auf die gelegentlichen sexuellen Eskapaden eukaryotischer Einzeller werden wir mit einer Gruppe von Organismen eröffnen, deren Formen der Sexualität besonders stark von bekannten Mustern abweichen.

4.1 Pilze

Die Sexualität der Pilze ist im Gegensatz zu der der Pflanzen und Tiere wenig bekannt. Das ist schade, denn der Sex der Pilze hat eine Reihe interessanter Besonderheiten. Eine eingehende Betrachtung der hier typischen Vorgänge wird uns gerade deshalb helfen, die Funktion der Sexualität besser zu verstehen und gängige, aber oft in die Irre führende Denkmuster zu verlassen. So können sexuelle Zyklen bei Pilzen zwar sehr kompliziert sein, es treten jedoch im Gegensatz zu den Verhältnissen bei Pflanzen und Tieren nur selten Geschlechtsunterschiede auf, denn die Gameten beider Partner sind in der Regel gleich groß bzw. es findet ohnehin nur ein Austausch einzelner Zellkerne zwischen sich durch Wachstum begegnenden Pilzfäden statt.

Die Kategorien weiblich und männlich sind demnach Pilzen im Regelfall fremd. Damit entfallen zugleich zahlreiche bekannte Wirkungen **sexueller Selektion**, z. B. alle durch die unterschiedliche Funktion verschiedener Geschlechter bei der Unterstützung ihrer Nachkommen bedingten Konflikte. Das völlige oder weitgehende Fehlen dieses oft ins Zentrum sexueller Aktivitäten gerückten Phänomens auch bei – wie wir noch sehen werden – vielen weiteren Organismengruppen relativiert seine Bedeutung beträchtlich. Eine solcherart vom Stress befreite Befruchtung ist jedoch bei Weitem nicht die einzige Besonderheit pilzlicher Sexualität.

Der ideale Einstieg in die Welt der Pilze ist die zweifellos für uns wichtigste Art dieser Verwandtschaftsgruppe: Ohne die **Bäcker- oder Bierhefe** *(Saccharomyces cerevisiae)* würden wir nicht nur auf Bier und Gebäck, sondern auch auf Wein – zumindest in der uns bekannten Art – verzichten müssen. Die Bäckerhefe ist ein rundlicher Einzeller mit echtem (also umhülltem) Zellkern und einem einfachen (d. h. **haploiden**) Chromosomensatz, welcher sich durch Knospung ungeschlechtlich fortpflanzt (Abb. 4.1). Hefezellen können in drei Formen existieren. Als haploide Zellen der Paarungstypen α und a sowie als **diploide** Zelle. Alle Formen können sich über mehrere Generationen durch **Knospung** vermehren. Nur zwei haploide Zellen unterschiedlichen Paarungstyps sind in der Lage, miteinander zu verschmelzen und eine diploide Zelle zu bilden. Dieser Vorgang entspricht der Befruchtung bei Tieren, bei der eine (haploide) Eizelle durch ein (haploides) Spermium zu einer diploiden, befruchteten Eizelle **(Zygote)** verschmilzt. Während Eizelle und Spermium jedoch sehr unterschiedlich groß und beweglich sind, gleichen sich die beiden Hefezellen beinahe völlig. Der Unterschied zwischen α-Hefe und a-Hefe besteht lediglich in der Aktivität eines einzelnen, zusätzlichen Gens. Dieses Gen produziert den α-Faktor, welcher den gleichnamigen Paarungstyp festlegt. Das Fehlen eines α-Faktors bewirkt dagegen, dass entsprechende Zellen den a-Paarungstyp besitzen.

Diploide Hefen unterliegen bei Nahrungsmangel (Abb. 4.1) einer meiotischen Teilung, wobei sich genau vier haploide Sporen bilden. Dabei werden die 17 verschiedenen Chromosomenpaare der Hefe zufällig aufgeteilt. Zuvor finden zwischen jedem Chromosomenpaar ein bis zwei Crossing-over statt. Die entstehenden Sporen tragen je ein haploides, gut durchmischtes Genom. Je zwei haben den α- bzw. den a-Paarungstyp. Die Existenz von Paarungstypen vermeidet die Verschmelzung von Knospungen derselben Hefe, denn in diesem Fall würden beide Genome der diploiden Hefe gleich sein. Eine Mischung der Genome wäre dann zwar auch möglich, wäre aber nicht mit dem Austausch verschiedener Gene verbunden. Paarungstypen der Pilze erhalten also die Funktion der sexuellen Vorgänge von Befruchtung und Meiose

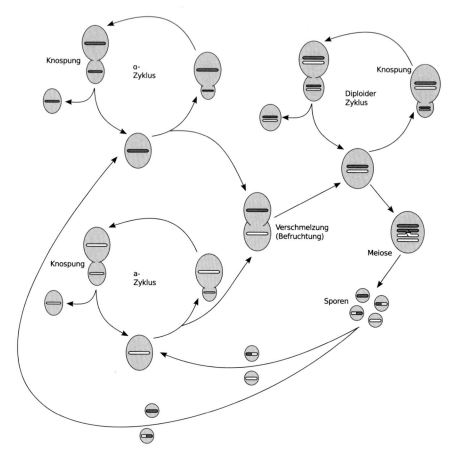

Abb. 4.1 Lebenszyklus der Hefen. Hefen können sich im haploiden und im diploiden Zustand durch **Knospung** nichtsexuell vermehren. Diploide Zellen bilden sich nur gelegentlich durch Verschmelzung zweier haploider Zellen unterschiedlichen Paarungstyps. Die beiden dafür erforderlichen Paarungstypen der Hefe werden α und a genannt und unterscheiden sich nur durch ein aktives Gen, α-Gen genannt. Wenn Nahrung knapp wird, teilen sich diploide Zellen **meiotisch,** wodurch vier Sporen entstehen. Diese Sporen sind Überdauerungsstadien, welche zugleich ein rekombiniertes haploides Genom enthalten. Sie können zu neuen haploiden Hefezellen auskeimen, welche wiederum zur Hälfte dem Paarungstypen α und a angehören, abhängig davon, ob sie während der Meiose das einzige aktive α-Gen der diploiden Mutterzelle erhalten haben oder nicht. (© Veiko Krauß [2015])

und spielen so eine den Geschlechtern der Pflanzen und Tiere analoge Rolle, indem sie die Verschmelzung genetisch identischer Organismen verhindern.

Selten können auch die Paarungstypgene der Hefen selbst rekombinieren. Man spricht dann von einem Paarungstypwechsel, welcher es letztlich ermöglicht, dass alle Genotypen mit beiden Paarungstypen in der Population vertreten sind. Solche Rekombinationsereignisse können aber auch dazu führen, dass Hefen mit doppeltem Paarungstyp entstehen. Diese können sich mit jedem Paarungstyp erfolgreich zu diploiden Zellen vereinigen. Bei Pflanzen und Tieren würden solche Organismen Zwitter oder Hermaphroditen genannt werden. Das kann Vorteile haben, denn nicht überall sind haploide Zellen eines passenden Paarungstyps zur Bildung einer diploiden Zellkolonie verfügbar. Deshalb sind in manchen Populationen diese Zellen doppelten Paarungstyps sehr häufig. Durch die dann mögliche Paarung sehr ähnlicher Genome, sogar solcher aus genetisch identischen Linien, relativiert sich jedoch dieser Vorteil der schnellen Verfügbarkeit eines Partners, denn ein tatsächlicher Austausch von Allelen findet, wenn überhaupt, dabei seltener statt. Damit sinkt allmählich die Zahl der zur Verfügung stehenden, unter bestimmten Umweltbedingungen vielleicht besonders nützlichen Allelkombinationen, denn die aktuell wirksame Auslesesituation wird nur wenigen der jetzt meist unveränderlichen Kombinationen verschiedener Allele das Überleben erlauben. Die genetische Vielfalt nimmt dann also ab, zudem können nachteilige Mutationen nicht mehr aus den Genomen entfernt werden. Unter diesen Umständen werden dann Mutanten, welche wieder nur jeweils einen Paarungstyp ausbilden können, von Vorteil sein und den allzu promiskuitiven Sex beenden.

Dieses dennoch immer wieder vorkommende Auftreten allzu paarungsbereiter Zellen mit doppeltem Paarungstyp zeigt, dass nicht nur das Ausmaß, sondern auch die Effizienz der Sexualität während der Evolution aller Formen von Organismen stark schwanken kann. Zum einen gibt es Mutationen, welche den Mechanismus der Sexualität verändern. Sie treten permanent auf und können insbesondere bei einfachen Formen sexueller Rekombination, wie wir sie bei Pilzen finden, schnell zum Zusammenbruch wesentlicher Elemente des sexuellen Systems führen. Zugleich aber ist dieses System nur dann wirklich nützlich, wenn die Population der Hefen nicht so groß ist, dass sie sich in nahezu allen Allelkombinationen auch ohne Rekombination erfolgreich fortpflanzen können. Bei vielen Bakterien trifft das zu, hier wäre echter Sex Luxus, und Luxus hat in der Natur keinen Bestand. Offensichtlich treten Hefen und andere Pilze jedoch gewöhnlich nicht in solch großen Populationen auf, denn es kommen hier zwar immer wieder Zusammenbrüche der Paarungstypsysteme als auch ungeschlechtliche Fortpflanzung vor; jedoch ist keine nennenswerte Gruppe von Pilzen bekannt, welche auf Sex völlig verzichtet [117].

Hefen bewegen sich dabei sozusagen am unteren Ende einer Skala der Häufigkeit sexueller Ereignisse, wo ungeschlechtliche Fortpflanzung und paarungstyp-unabhängiger Sex häufig sind. Etwas anders liegen die Dinge bei vielzelligen Pilzen, welche weitaus kompliziertere Fortpflanzungszyklen aufweisen. Ein interessantes Beispiel ist der **Spaltblättling** *(Schizophyllum*

Abb. 4.2 Spaltblättling *(Schizophyllum commune)* an gelagertem Holz der Rotbuche. Sein Name beschreibt die deutliche und bei anderen heimischen Pilzarten unbekannte Längsaufspaltung aller Lamellen an den Unterseiten der Fruchtkörper, welche bei Trockenheit besonders auffällt und den Pilz nahezu unverwechselbar macht. (© Veiko Krauß [2020])

commune), ein in Mitteleuropa allgegenwärtiger Zersetzer frisch geschlagenen Buchenholzes (Abb. 4.2). Seine Präferenz für Buchenholz ist nur lokal auffällig, er kann auch auf vielen anderen Holzsorten wachsen und verschmäht auch abgestorbene Gräser nicht. Er kann sowohl das Lignin als auch die Zellulose des Holzes zersetzen (Rot-Weiß-Fäule) und ist – im Unterschied zu vielen anderen Pilzen – sehr unempfindlich gegen Austrocknung. Ausgerüstet mit diesen Vorzügen ist es nicht verwunderlich, dass er auf allen Kontinenten mit Ausnahme von Antarktika flächendeckend vorkommt und damit wohl einer der am weitesten verbreiteten, mit bloßem Auge sichtbaren Pilze überhaupt ist. In manchen Gebieten der Tropen stellt er trotz seiner zähen und schwer verdaulichen Konsistenz einen gesuchten Speisepilz dar. Andererseits kann er auch als Parasit geschwächter Bäume und – kein Druckfehler – Menschen unangenehm in Erscheinung treten.

Dieser Pilz mit seinen großen, leicht auffindbaren Fruchtkörpern ist natürlich kein Einzeller, d. h., es verschmelzen beim Sex keine Einzelzellen, sondern die Spitzen haploider Pilzfäden – **Myzelien** genannt. Diese Pilzfäden entstehen aus Sporen durch Auskeimung und mehrfache Zellteilungen und stellen Ketten aus einzelnen Pilzzellen dar. Ihre schlanke Form ermöglicht eine im Verhältnis zur Masse große Zelloberfläche und damit einen intensiven Stoffaustausch mit der Umgebung. Auf diese Weise nehmen die Pilzfäden nicht nur Nährstoffe, sondern auch Pheromone anderer Pilzfäden auf. Diese Pheromone teilen dem Myzel den Paarungstyp anderer, in der Nachbarschaft wachsender Pilzfäden oder auch gerade auskeimender Sporen mit. Ist dieser vom eigenen Paarungstyp hinreichend verschieden, wächst der Pilzfaden in Richtung der Pheromonquelle weiter, um sich schließlich mit dem anderen Pilzfaden zu vereinigen.

Hinreichend verschieden meint dabei, dass die zwei wesentlichen Paarungstyp-Loci A und B des Spaltblättlings beide unterschiedliche Allee tragen müssen. Die Zahl seiner möglichen Paarungstypen ergibt sich aus der Multiplikation der 288 verschiedenen Allele des Paarungstyp-Locus A mit den 81 verschiedenen Allelen des Paarungstyp-Locus B. Es sind 23.328 [159]. Dass zwei zufällig aufeinander treffende Pilzfäden unterschiedliche Allele tragen und sich deshalb paaren können, ist also sehr wahrscheinlich.

Warum hat der Spaltblättling so viele Paarungstypen? Nun, sie helfen offensichtlich, eine Verwandtenpaarung zu vermeiden. Denn jeder aus einer beliebigen Paarung entstehende **diploide** Pilz enthält je zwei verschiedene Allele der Typen A und B. Wenn dieser wieder haploide Sporen bildet, kombinieren sich die A- und B-Allele in diesen Sporen neu. Da beide unterschiedlich sein müssen, um paarungsfähig zu sein, würde unter den verschiedenen haploiden Nachkommen dieses Pilzes nur jede vierte Kombination der Allele eine Paarung erlauben (Abb. 4.3), während unter nichtverwandten Pilzfäden fast jede Paarung erfolgreich ist. Die Funktion der Paarungstypen ist es also, die Kombination verwandter Genome zu vermeiden, denn Sex macht als Austausch ja nur Sinn, wenn auch gegenseitig etwas Neues angeboten wird.

Vom Spaltblättling wissen wir auch, dass ein solches System ausgezeichnet funktionieren kann. Er ist weltweit verbreitet, hat aber bisher trotz dieser Verbreitung keine unterschiedlichen Arten gebildet, denn man kann Myzelien aller Herkünfte fruchtbar paaren. Das ist insbesondere deswegen erstaunlich, weil sich Genome innerhalb dieser Art in bis zu 14 % ihrer DNA-Basensequenz unterscheiden können [188]. Zum Vergleich: Die Genome eines Schimpansen und eines Menschen sind im Mittel nur zu 1,37 % verschieden [184]! Es ist noch nicht bekannt, warum der Spaltblättling – nicht nur im Vergleich zum Menschen und seinen Verwandten – so stark unterschiedliche Paarungspartner akzeptiert. Sicher ist, dass nur eine ständige gute, weltweite Durchmischung die allgemeine Kreuzungsfähigkeit aufrechterhalten kann. Es darf nicht zu zeitweiligen Unterbrechungen des Genflusses im Verbreitungsgebiet

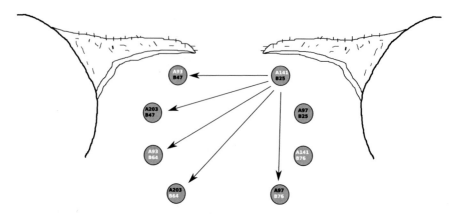

Abb. 4.3 Zwei an gegenüberliegenden Baumstämmen fruchtende Spaltblättlinge *(Schizophyllum commune)* mit beispielhaft freigesetzten Sporen, jeweils dargestellt unter den freisetzenden Fruchtkörpern. Die vier möglichen Kombinationen der Paarungstypallele sind in den vergrößerten und schematisierten Sporen dargestellt. Die kompatiblen Sporen wurden für die Spore A141, B25 mit Pfeilen bezeichnet. Analog gibt es für jede andere gezeigte Kombination fünf kompatible Sporen, jeweils eine vom eigenen Fruchtkörper und alle vier vom anderen. (© Veiko Krauß [2015])

des Spaltblättlings kommen. Pilze haben hier klare Vorteile: Ihr sexueller Verschmelzungsprozess ist unkompliziert, und die nach der diploiden Phase entstehenden Sporen sind sehr klein und leicht und können so passiv über weite Entfernungen – durchaus auch interkontinental – transportiert werden.

Es ist sicher kein Zufall, dass der Spaltblättling auf den ersten Blick sehr verschiedene Rekorde hält: den einer weiten Verbreitung, einer außerordentlich vielseitigen Lebensweise, einer besonders hohen Zahl von Paarungstypen und schließlich den einer ungewöhnlich großen genetischen Diversität. Wenn es den Titel einer besonders erfolgreichen Art gäbe – dieser Pilz wäre einer meiner Favoriten. Leider ist sich der Spaltblättling dieser Überlegenheit aller Wahrscheinlichkeit nach nicht bewusst, und das relativiert unsere Begeisterung über seine Leistungen doch beträchtlich.

Als dritte Pilzart möchte ich hier den **Aschgrauen Mist-Tintling** *(Coprinopsis cinerea)* vorstellen, der auch unter dem angenehmer klingenden Zweitnamen Wollstieliger Tintling wenig bekannt ist, obwohl er nicht nur in Mitteleuropa häufig auf Kot vorkommt. Trotz annehmbarer Größe und Konsistenz ist er als Speisepilz nicht zu empfehlen, weil seine Fruchtkörper sich wie bei seinen Gattungsverwandten schon kurze Zeit nach der Ernte in eine schwarze, überriechende und klebrige Flüssigkeit verwandeln. Dessen ungeachtet ist gerade seine Sexualität bereits recht gut untersucht, weil seine Sporenbildung im gesamten Fruchtkörper exakt gleichzeitig abläuft und zugleich die dabei stattfindende Meiose durch ihre relativ lange Dauer gut zu beobachten ist.

Der unscheinbare Pilz offenbarte nach entsprechend genauem Studium seiner Rekombination und seines Genoms folgende Besonderheit: Er trennt seine Gene auf all seinen Chromosomen räumlich in zwei Gruppen. Die eine Gruppe entspricht durchschnittlichen Genen anderer Organismen – sie sollen möglichst unverändert die Generationen überdauern und unterliegen dazu vor allem negativer Selektion und einer nur mäßigen Rekombination während der Sporenbildung. Andersartige Gene aber liegen in mehr als den üblichen zwei Kopien vor, sind jünger als der Durchschnitt der Gene und befinden sich jeweils an den Enden aller Chromosomen des Tintlings. Vor allem aber unterliegen sie viel häufiger einem **Crossing-over** zwischen den Armen homologer Chromosomen, also der Rekombination (Abb. 4.4).

Nun ist es völlig normal, dass nahe an den Chromosomenenden liegende Gene häufiger rekombiniert werden als solche im zentralen Teil des Chromosoms. Ungewöhnlich ist beim Mist-Tintling das Ausmaß dieses Unterschiedes: Die etwa 8 % umfassende Minderheit seiner Gene, welche nahe der Enden liegen, wird 33-mal häufiger als im Chromosomeninneren liegende Gene zwischen den Chromosomen ausgetauscht [201]. Sie sind damit fast gar nicht an den restlichen Genotyp gebunden und können sich so relativ schnell verändern, während die Masse der Gene weit langsamer evoluiert. Ein solches Genom der zwei Evolutionsgeschwindigkeiten ähnelt der Aufteilung der Bakteriengenome in obligatorische Chromosomen und fakultative Plasmide. Letztere werden ja ebenfalls viel häufiger als die Chromosomen zwischen den Zellen ausgetauscht.

Damit haben wir über drei verschiedene Pilzarten gesprochen, welche für unsere Zwecke die Spanne sexueller Aktivitäten von Pilzen insgesamt hinreichend umreißen. Deshalb kann an dieser Stelle bereits festgestellt werden, dass die Vermehrung auch bei Pilzen nicht zu den Funktionen sexueller Aktivität gehört. Pilze können ohne Sex wachsen und sich teilen. Der auch in unseren

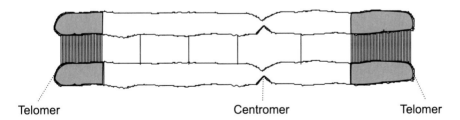

Telomer   Centromer   Telomer

Abb. 4.4 Dargestellt ist ein beispielhaftes Chromosomenpaar des Aschgrauen Mist-Tintlings *(Coprinopsis cinerea)*. Die Verbindungslinien zwischen den beiden homologen Chromosomen sollen die Häufigkeit von Crossing-over-Ereignissen zwischen ihnen symbolisieren. An den grau hervorgehobenen äußeren Abschnitten der Chromosomen finden etwa 33-mal häufiger solche Rekombinationsereignisse statt als im Inneren der Chromosomen (weiß). (© Veiko Krauß [2019])

Mittelgebirgen verbreitete **Dunkle Hallimasch** (*Armillaria ostoyae*) erreichte im US-Bundesstaat Oregon ohne Paarung, also als ein einziger, genetisch identischer Klon ein geschätztes Gewicht von mindestens 7500 t und breitete sich dabei über eine Fläche von etwa 965 Hektar aus [185]. Auch das errechnete Alter dieses Hallimasch-Klons ist beträchtlich, es liegt je nach der nicht genau zu bemessenden Wachstumsgeschwindigkeit zwischen zwei- und achttausend Jahren. Ein Leben ohne Sexualität ist also selbst wirklich großen Pilzen möglich.

Sex hat jedoch auch bei Pilzen etwas mit der Überdauerung ungünstiger Lebensumstände zu tun, denn sie paaren sich zwar das ganze Jahr im Boden, setzen jedoch erst dann haploide Sporen – oft mithilfe von dafür gebildeten Fruchtkörpern – frei, wenn ihre Wachstumsgeschwindigkeit sinkt wie z. B. im Herbst. Sporen ermöglichen jedoch nicht nur die Überdauerung des Pilzes, sondern durch ihre Kompaktheit auch seine Weiterverbreitung, also unter anderem den Aufschluss weiter entfernter Nahrungsquellen.

Für die beiden letztgenannten Funktionen gibt es jedoch ungeschlechtliche Alternativen. Viele Pilze bilden sogenannte **Konidien,** d. h. mitotische Sporen, welche ohne jeden Sex Verbreitung, Vermehrung und Überdauerung ermöglichen. Als Kernfunktion des Sex bleibt nur die genetische Rekombination übrig. **Paarungstypen** dienen dabei der Verbesserung der Effizienz durch Vermeidung überflüssiger Verpaarung mit allzu ähnlichen, weil verwandten Genomen. Diese Funktion gleicht der einer echten Geschlechtertrennung, wie wir noch sehen werden. Es ist deshalb nachvollziehbar, dass die Paarungstypen der Pilze häufig auch **Geschlechter** genannt werden. Aus mehreren Gründen ist eine Gleichsetzung von Paarungstyp und Geschlecht aber nicht gerechtfertigt. Denn einerseits unterscheiden sich Paarungstypen im Gegensatz zu Geschlechtern äußerlich überhaupt nicht, da sie während der geschlechtlichen Fortpflanzung im Gegensatz zu Letzteren völlig gleiche Funktionen wahrnehmen. Zweitens gibt es im Regelfall weit mehr als zwei verschiedene Paarungstypen. Dieses Mehrprodukt an Verschiedenheit vermeidet die Paarung verwandter Pilze durch viele einzelne, übereinstimmende Paarungstypallele effektiv und langandauernd, andererseits aber ist zugleich die Paarung nichtverwandter Pilze fast immer möglich.

Unter beiden Aspekten haben Paarungstypen klare Vorteile gegenüber Geschlechtern, denn einerseits fällt die Hälfte der Population durch die Bildung unterschiedlicher Geschlechter als jeweiliger Paarungspartner aus, obwohl fast alle Mitglieder des gleichen Geschlechts normalerweise nicht wesentlich verwandt untereinander sind. Zweitens finden sich unter den Nachkommen einer Paarung in der Regel zahlreiche Geschwister unterschiedlichen Geschlechts, deren Paarung wiederum möglich ist, obwohl sie wegen des Besitzes von durchschnittlich 50 % identischer Allele eigentlich besser unterbunden werden sollte.

Es zeichnet sich zugleich jedoch auch ein klarer Nachteil ab: Pilzsporen enthalten – wie bakterielle Sporen auch – nur in sehr eingeschränktem Maße Vorratsstoffe. Brutpflege gibt es bei Pilzen auch nicht. Die Kehrseite der Leichtigkeit der Sporenbildung und -verbreitung ist also ihr Angewiesensein auf die sofortige selbstständige Ernährung schon im einzelligen Zustand. Daher ist die Produktion großer Sporenmassen nicht nur möglich, sondern auch notwendig. In dieser Hinsicht ist der bis zu einem halben Meter messende, jung essbare Fruchtkörper des heimischen **Riesenbovists** *Langermannia gigantea* besonders leistungsfähig, denn ein einziger Fruchtkörper seiner Art kann mehrere Billionen Sporen freisetzen.

Im Gegensatz zu den verschiedenen Paarungstypen äußerlich identischer, winziger Sporen beruhen die beiden Geschlechter auf der Erfindung der Vorratshaltung, und zwar in der Form der besonders großen und ausschließlich weiblichen **Eizelle.** Diese Erfindung ist wiederum Voraussetzung für mehrzellige Organismen mit echter Funktionsteilung zwischen sehr verschiedenen Zelltypen, wie sie bei Pilzen nicht existieren. Der Preis für diese andere Lebensweise ist, dass aus funktionsspezialisierten Zellen bestehende Organismen *ausschließlich* in Form eines Mehrzellers zum selbstständigen Leben fähig sind. Ohne echte Geschlechter bleibt im Umkehrschluss Pilzen diese Lebensweise verschlossen, während sie bereits als Einzeller selbstständig (d. h. ohne Vorräte) überleben können.

Wenig bekannt ist, dass Pilze trotz des Fehlens echter Geschlechter **sexueller Selektion** unterliegen. Diese Form der Auslese entsteht durch die gegenseitige Wahl der Paarungspartner im Vorfeld der Befruchtung. Pilze setzen paarungstyp-spezifische Sexualpheromone frei, die der Findung kompatibler Typen dienen. Die mindestens zwei Paarungstypen der Pilze funktionieren dabei jeweils als Sender und Empfänger eines artspezifischen Pheromons und wachsen aufeinander zu, indem sie der zunehmenden Konzentration des Lockstoffs des jeweils entgegengesetzten Typs folgen. Auf dieser Funktionsteilung in der sexuellen Kommunikation und nicht etwa auf der resultierenden Funktion der Vermeidung der Paarung verwandter Gameten beruht die Entstehung der Paarungstypen in der Evolution [80]. Sie dienten ursprünglich also der gezielten Suche nach dem Verschmelzungspartner.

Dazu waren freisetzbare Duftstoffe und diese Duftstoffe bindende Moleküle an der Zelloberfläche (d. h. **Rezeptoren**) des Empfängers nötig, also ein Signalaustausch. Es können nur Zellen verschmelzen, die entsprechende Signale erfolgreich austauschen können, d. h. solche, die sich verstehen. Das sind zugleich auch Zellen, die derselben Pilzart angehören, denn durch die

Verständlichkeit des Signals wird die **Artzugehörigkeit** bestimmt. Alle Zellen, die entsprechende Signale nicht verstehen, gehören zu einer anderen Art. Wenn Zellen gar keine solchen Signale verstehen – z. B. nach der Veränderung eines Rezeptors durch Mutation – sind sie steril, also impotent und können keine Verschmelzung mit potenziellen Partnern erreichen.

Pheromone beschränken die sexuelle Verschmelzung demnach auf artgleiche Partner, also solche, mit dem eine Rekombination der Erbanlagen ohne nachfolgende Kompatibilitätsprobleme möglich ist, da jede Art ihren eigenen Lockstoff hat. Dabei gibt einer der Paarungstypen das Pheromon ab, welches der andere Paarungstyp (derselben Art) erkennt und darauf mit einer Bewegung zur Quelle dieses Lockstoffs reagiert. Diese auf den Absender gerichtete Bewegung kann auch in einem Wachstumsprozess der Pilzfäden (Myzelien) bestehen. Diese verschmelzen auf Grundlage dieser chemischen Kommunikation nur mit anderen Myzelien, wenn sie derselben Art und einem komplementären Paarungstyp angehören. Wir werden im fünften Kapitel untersuchen, ob die sexuelle Selektion, welche insbesondere für Wirbeltiere sehr umfassend beschrieben wurde, sich bei diesen komplexer aufgebauten Organismen wesentlich von dieser Art der Auslese unterscheidet.

Bei Pilzen ist Sex jedenfalls eine Frage der Gelegenheit, kein Muss, und hat weniger mit Vermehrung als mit Überdauerung zu tun. Die Tatsache, dass Angehörige einer so erfolgreichen, weil weitverbreiteten Gruppe von Organismen zwar generell nicht auf Sex verzichten, aber in ihrer Auswahl des geeigneten Partners so pragmatisch und genetisch berechenbar vorgehen, sollte uns etwas über die weitaus größere Bedeutung der Sexualität an sich im Vergleich zu der oft hervorgehobenen sexuellen Selektion für die Evolution der Lebewesen sagen. Die sexuelle Auslese des Paarungspartners bei Pilzen hat offensichtlich nichts mit seiner Schönheit oder mit **vermeintlich besonders „guten"Genen** zu tun! Die evolutionäre Qualität pilzlicher Sexualpartner beruht vor allem darauf, dass beide erfolgreiche, weil die natürliche Selektion bestehende und zum Sex fähige Resultate eines Milliarden Jahre andauernden Evolutionsprozesses sind, und nicht darauf, dass sie dies ihrem augenblicklichen Partner vor dem Sex nochmals in irgendeiner Form beweisen müssten. Wichtig ist nur, dass die sich paarenden Organismen ausreichend und zugleich nicht zu stark unterschiedlich sind. Pilze demonstrieren uns durch ihren vergleichsweise einfachen Aufbau vor allem diese grundlegende Funktion der Sexualität und ihre erstaunliche Leistungsfähigkeit.

4.2 Algen

Die Vielfalt der Algen übersteigt bei Weitem jene der Landpflanzen, reicht sie doch von schlichten Einzellern bis zu den gigantischen, viele Meter messenden Braunalgen der Kelpwälder felsengründiger Meeresküsten. Die Spannweite ihrer Komplexität ähnelt damit der der Pilze. Im Gegensatz zu Letzteren leben sie jedoch grundsätzlich im wässrigen Milieu und sind auf Licht angewiesen. Ihre variable Größe lässt erwarten, dass auch ihre Sexualität in sehr unterschiedlicher Weise ausgeprägt ist. Der Lebensraum Wasser bedingt zudem einen wesentlichen Unterschied zu den Pilzen: Eine Befruchtung wird in der Regel nicht durch ein Aufeinandertreffen der Zellfäden während ihres Wachstums erreicht, sondern durch die aktive Bewegung freigesetzter, gegeißelter **Geschlechtszellen (Gameten).**

Der einfachste Typ der Sexualität begegnet uns bei der einzelligen, haploiden **Grünalge Chlamydomonas.** Diese Gattung ist im Süßwasser und feuchter Erde, aber auch im Schnee zu finden. Ihre Vermehrung findet durch einfache Zellteilung statt, kann aber auch sexuell erfolgen. Dazu vereinigen sich – sehr ähnlich zur Bäckerhefe – zwei Zellen unterschiedlichen Paarungstyps (hier mit + und – bezeichnet). Eine folgende Meiose lässt insgesamt vier erneut haploide Tochterzellen entstehen. Im Unterschied zur Hefe sind alle Zellen mit Geißeln ausgestattet, was ihre gegenseitige Findung erleichtert. Da beide Gameten nicht nur identisch mit den Organismen selbst sind, sondern sich auch äußerlich nicht unterscheiden, spricht man von **Isogamie.**

Wie bei der Bäckerhefe ähnelt die mit genetischer Rekombination verbundene Teilung von Chlamydomonas einer klonalen Fortpflanzung: Es werden keine besonderen Geschlechtszellen ausgebildet. Besonders sind nur die kurz aufeinanderfolgenden beiden Teilungen der Meiose. Da ihr jedoch eine Verschmelzung zweier Zellen vorausgeht, sind die entstehenden Tochterzellen genauso groß wie die Produkte einer gewöhnlichen Teilung und können deshalb zugleich die gewöhnliche, selbstständige Lebensweise des Einzellers fortsetzen. Zugleich entsprechen sie wegen ihres einfachen Chromosomensatzes den Eizellen, Pollen und Spermien der Sprosspflanzen und der Tiere. Die Befruchtung ist also bei diesen Grünalgen nicht der Beginn des Lebens eines selbstständigen Organismus, sondern nur ein kurzes Übergangsstadium, welches nach zwei Teilungen mit der Freisetzung von vier eigenständigen Organismen endet.

Nah verwandt mit Chlamydomonas sind die kugelförmigen, vielzelligen **Kugelalgen namens Volvox,** welche auch in heimischen, nährstoffreichen Süßgewässern gefunden werden können. Ihre ideale Kugelform wird durch einen Gallertmantel aufrechterhalten, in den zahlreiche begeißelte, grüne Einzelzellen sitzen. Volvoxkugeln können einen Durchmesser von 1 mm erreichen und aus bis zu 16.000 Zellen bestehen. Sie pflanzen sich ungeschlechtlich durch die Einstülpung zahlreicher, zunächst viel kleinerer Tochterkugeln in den Innenraum ihrer Hohlkugeln fort. Die schließliche Freisetzung und damit das selbstständige Weiterleben dieser Nachkommen kann allerdings erst nach Tod und Zerstörung der mütterlichen Kugel beginnen.

Die meist getrenntgeschlechtlichen oder zunächst männlichen und dann weiblichen Kugeln produzieren auch Gameten für die sexuelle Fortpflanzung. Diese sind sehr unterschiedlich groß. Kleine, mit einer leistungsfähigen Geißel ausgestattete männliche Gameten suchen zur Befruchtung große, nicht zur Fortbewegung befähigte weibliche Gameten auf, welche Eier genannt werden. Diese entwickelte Form der Befruchtung wird als **Oogamie** bezeichnet. Die entstehende **befruchtete Eizelle (Zygote)** ist geeignet, ungünstige Lebensbedingungen zu überdauern. Da Kugelalgen bei ungeschlechtlicher Fortpflanzung stets nur als Vielzeller frei lebend sind, kann angenommen werden, dass die Differenzierung der beiden Gameten in eine vorratsreiche inaktive (weibliche) und eine vorratsarme aktive (männliche) Zelle aus einem Vorteil einer bevorrateten Dauerform für das Überleben unter schwierigen Umweltbedingungen – zum Beispiel bei vorübergehender Austrocknung des Gewässers – entstanden ist. Die Größe und der Energievorrat des befruchteten Eis ermöglicht es, nach Eintritt besserer Umstände sofort mit Zellteilungen zu beginnen, um die für das weitere Leben günstige Form der mehrzelligen Gallertkugel zu erreichen.

Die Differenzierung der Volvox-Gameten in Ei und Spermium ist beispielhaft für die ursprüngliche Aufteilung in verschiedene Geschlechter. An ihrer Wurzel liegt also eine Arbeitsteilung zwischen kleinen, transportablen Genombehältern und großen, stationären Vorratslagern. Es ist übrigens der Paarungstyp Plus (+) von Chlamydomonas, welcher bei Volvox Eier freisetzt und der deshalb auch als Weibchen bezeichnet werden kann. Der Paarungstyp Minus (–) beider Algenformen wird – analog zu den Verhältnissen beim Menschen – durch das Vorhandensein besonderer, männchenspezifischer Gene festgelegt und führt bei Volvox zur Freisetzung von Spermien [58].

Die enge Verwandtschaft zwischen Chlamydomonas und Volvox beweist, dass die Evolution eines Vielzellers mit Oogamie aus einem Einzeller mit Isogamie nicht allzu lang gedauert haben muss. Die Abstammungslinien beider Organismen haben sich erst vor etwa 200 Mio. Jahren voneinander getrennt [58]. Beiden ist gemeinsam, dass die reife Alge nur ein Genom besitzt, also haploid ist. Der Befruchtung folgt sofort die Meiose, sodass nur die Zygote selbst beide elterliche Genome enthält. Während der ersten Teilung dieser Zygote finden dann auch die Paarung der elterlichen Chromosomen, der Chromosomenstückaustausch (das **Crossing-over**) und die zufällige Verteilung der rekombinierten Chromosomen in die Tochterzellen statt.

Besonders die kleinen, nur einzelligen Algen sind sehr zahlreich vorhandene Lebewesen. So gesehen leuchtet die Wichtigkeit geschlechtlicher Fortpflanzung für die Erhaltung genetischer Variabilität nicht ohne Weiteres ein. Tatsächlich aber sind alle kernhaltigen Lebewesen (Eukaryoten) wesentlich größer als die kernlosen Zellen der Bakterien und Archaea, weswegen ihre Populationsgrößen typischerweise geringer sind. Andererseits sind Algenarten natürlich wesentlich individuenreicher als beispielsweise Säugetierarten. So ist es nur folgerichtig, dass sie im Allgemeinen die einfache Zellteilung als Methode der Fortpflanzung bevorzugen und nur bei Eintritt besonderer Umweltbedingungen sexuell aktiv werden. Oft dienen auch bestimmte Besonderheiten ihrer gewöhnlichen Fortpflanzungsart als Taktgeber für den Eintritt in einen sexuellen Zyklus.

Das trifft z. B. auf die große Gruppe der stets einzelligen **Kieselalgen** zu. Sie sind nicht nur in Meeren und Süßgewässern, sondern auch in ausreichend feuchten Lebensräumen an Land praktisch allgegenwärtig. Ihre hohe Widerständigkeit gegen widrige Verhältnisse verdanken sie wesentlich ihrer namensgebenden, festen Hülle aus Siliziumdioxid, welche ihre Überreste – als Kieselgur bezeichnet – technisch verwendbar und zugleich wegen ihrer filigranen Gestalt als Wunderwerke der Natur bekannt gemacht hat.

Bei der ungeschlechtlichen Zweiteilung der Kieselalgen entsteht für eine der Tochterzellen eine neue Hülle, welche nicht ganz so groß wie die Hülle der Mutterzelle ist, die von der anderen Tochterzelle weitergenutzt wird. Diese Hüllen können wegen ihres sehr dauerhaften Siliziumpanzers nicht mit der Zelle wachsen. Mehrere Teilungen hintereinander führen daher bei allen Zellen, welche neue Panzer bilden müssen, zur fortschreitenden Schrumpfung. Die Durchschnittsgröße aller Zellen sinkt auf diese Weise durch ungeschlechtliche Fortpflanzung ständig. Bei Eintritt einer artspezifischen Mindestgröße ist die Kieselalge deshalb zur sexuellen Paarung mit einer anderen Kieselalge in gleicher Situation gezwungen. Dazu kommunizieren die Algen über ins Wasser freigesetzte Pheromone [69], um sich zu treffen und dabei Gameten zur Bildung einer **diploiden** Dauerspore (**Zygospore**) zu bilden. Aus dieser Dauerspore keimt dann eine neue Kieselalge in jeweils artspezifisch maximaler Größe aus.

Kieselalgen haben also einen Zeitplan für Sex. Es sind nicht die größten und damit stärksten, sondern gerade die kleinsten Zellen, welche diesbezüglich aktiv werden. Jedes Mal, wenn eine Tochterzelle die alte Hülle behält, schiebt sie den Zeitpunkt dieser sexuellen Episode hinaus. Auf diese Weise haben Kieselalgen das Beste aus beiden Welten: Meist teilen sie sich unkompliziert, und nur hin und wieder, aber regelmäßig wird Sex eingeschoben, offenbar oft genug, um die Weiterexistenz der Kieselalgen zu garantieren. Zugleich werden damit innerhalb der Population ständig Dauersporen produziert, die ein Überleben bei unversehens unfreundlichen Bedingungen ermöglichen.

Häufig wird Sex für die Entstehung einer Leiche, d. h., für die **Notwendigkeit des Todes** eines jeden Individuums, verantwortlich gemacht. Diese eher kirchliche Sichtweise trifft jedoch nicht zu, wie wir an den bisher besprochenen Einzellern sehen können: Befruchtung und Meiose ersetzen hier oft nur eine einfache Teilung, an deren Ende doppelt so viele Individuen vorliegen. Sex ist hier ohne den programmierten Tod der Eltern möglich, weil sie selbst es sind, die in der Befruchtung verschmelzen. Bei der Wiedertrennung der entstandenen Zygote entstehen dann als Ergebnis der Meiose vier Tochterzellen, von denen jede etwa zur Hälfte aus dem Material beider Eltern aufgebaut ist.

Volvox dagegen ist ein einfacher Organismus, bei dem tatsächlich eine **Leiche** entsteht. Jedoch passiert dies ausschließlich bei der ungeschlechtlichen Fortpflanzung als notwendige Folge des konkreten Verfahrens der Vermehrung, die durch Einstülpung von Tochterkugeln stattfindet. Bei den meisten anderen vielzelligen Organismen entstehen Leichen allerdings sowohl bei geschlechtlicher als auch bei ungeschlechtlicher Fortpflanzung. Sexuelle Aktivitäten sind also keineswegs für eine Einplanung des Todes in den Zyklus des Lebens verantwortlich zu machen.

Es scheint, als ob eher die Erfindung mehrzelliger Organismen die Ursache der Unvermeidlichkeit eines Lebensendes ist. Wenn ein Individuum eine Einzelzelle ist, lebt es nach einer Zellteilung restlos in zwei Individuen weiter. Oder beschränkt sich sein Weiterleben vielleicht auf eines der beiden Tochterindividuen, da ja z. B. bei Kieselalgen nur eine der beiden Tochterzellen die alte Hülle erben kann? Oder stirbt es bei jeder Teilung, weil beide Tochterzellen tatsächlich zwei neue, selbstständige Individuen sind, welche allerdings alle ihre Zellbestandteile dem Mutterindividuum verdanken? Die Unabhängigkeit beider Tochterindividuen voneinander spricht für Letzteres, sodass die Vielzelligkeit zwar für die **Entstehung einer Leiche,** nicht aber für den Tod als dem Moment des Verschwindens eines Individuums verantwortlich zu machen ist.

Gewöhnlich stellen wir uns Algen entweder als unsichtbare Einzeller oder als mehr oder weniger formlose, grünliche Masse vor. Tatsächlich aber wissen wir, dass es komplex gebaute, vor allem felsgründige Küstengewässer der Meere besiedelnde Formen gibt, welche traditionell ebenfalls als Formen von Algen betrachtet werden. Es sind die Tange, große, reich verzweigte Gewächse von oft vielen Metern Länge. Mit größeren Landpflanzen haben sie nicht nur ihre Gliederung in wurzel-, stengel- und blattartige Strukturen gemein, sondern auch die für eine solche Gliederung notwendige feste Zellwand, welche allerdings neben der Festigkeit gebenden Zellulose gelartige Polysaccharide enthält. Beide Inhaltsstoffe zusammen garantieren Zähigkeit und Flexibilität. Steife, verholzte Stengel und Stämme hätten im oberflächennah stark bewegten Meer keinen Bestand. Zudem kann Lichtverfügbarkeit hier besser durch gasgefüllte Schwimmkörper als durch starke Stämme erreicht werden, wie z. B. bei dem auch an deutschen Küsten verbreiteten Blasentang *(Fucus vesiculosus)*.

Die größten Tange gehören ausschließlich zur Gruppe der Braunalgen und haben auch in sexueller Hinsicht ihre Besonderheiten. Während kleine Algen in der Regel nur über einen Satz von Chromosomen verfügen, d. h. **haploid** sind, handelt es sich bei ihnen um **diploide** Organismen. Sie folgen damit einem Trend, der für alle größeren Lebewesen zutrifft, ob es sich nun um Pilze, Wasserpflanzen, Landpflanzen oder Tiere handelt. Es ist noch unzureichend bekannt, aus welchen Gründen diese Tendenz besteht. Ein wesentliches Argument für eine doppelte Chromosomen- und damit Genausstattung in jeder Zelle eines vielzelligen Organismus könnten allerdings **somatische Mutationen** sein. Das sind Mutationen, welche sich während der Entwicklung eines vielzelligen Lebewesens ereignen. Sie wirken sich nicht auf das gesamte Indivi-

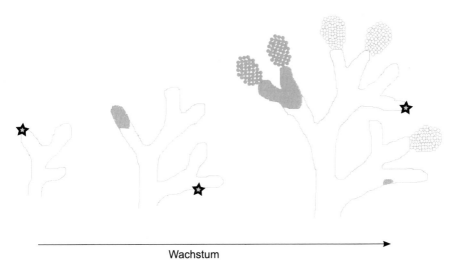

Wachstum

Abb. 4.5 Dargestellt ist eine schematisierte Braunalge, während deren Wachstum sich einzelne Mutationen (Sterne) in verschiedenen Zellen zufällig und nacheinander ereignen. Je nach Zeitpunkt dieser Mutationen tragen mehr oder weniger große Teile der Pflanze diese genetischen Veränderungen (grau schattiert). Fast alle dieser potenziell schädlichen Mutationen bleiben für Gestalt und Funktion der Pflanze folgenlos, weil sie diploid ist. Die Nachkommenschaft ist nur dann betroffen, wenn aus den grau schattierten Regionen **gametenbildende Organe (Gametangien)** austreiben. Diese Organe sind im rechten Bildteil an den Spitzen mancher Sprosse als Aggregate kugeliger Strukturen dargestellt. Die Hälfte der Gameten aus den grau schattierten Gametangien (rechte Pflanze, linke Seite) trägt eine Mutation, weil sie von einer mutierten Zelle abstammen. (© Veiko Krauß [2016])

duum aus, sondern nur auf die Nachkommen derjenigen Zelle, in welcher die Mutation stattgefunden hat. Beeinträchtigt eine solche Mutation eine lebenswichtige Funktion dieser Zellen, kann dennoch der gesamte Organismus darunter leiden. Der Schaden bleibt jedoch begrenzt, wenn jedes Gen – wie im Falle der Diploidie – in zwei Kopien vorhanden ist, denn meist genügt eine funktionierende Kopie, um solche Folgeschäden einer Mutation auszuschließen. Da sich nur in einzelnen Körperteilen ereignende Mutationen ohnehin nicht an die Nachkommenschaft vererbt werden, können so die Konsequenzen genetischer Schäden im Wesentlichen neutralisiert werden (Abb. 4.5).

Tange sind ebenso wie Landpflanzen auf ihre Größe angewiesen, um den Vorteil einer Verankerung am Meeresgrund mit der großen Lichtausbeute der Meeresoberfläche zu kombinieren. Somatische Mutationen sind für sie eine potenzielle Gefahr, weil ihr Wachstum viele Zellteilungen erfordert und damit die Summe möglicher Mutationen entsprechend erhöht. Der Wechsel zwischen Haploidie und Diploidie ist im Ablauf der sexuellen Rekombination unverzichtbar, bietet dabei aber durch die mögliche Verlängerung der diploiden Lebensphase im Vergleich zur haploiden zugleich neue Möglichkeiten, mit den negativen Folgen einer Vielzelligkeit erfolgreich umzugehen.

4.3 Landpflanzen

Die stets mehrzelligen Landpflanzen fassen Botaniker unter dem Begriff der **Embryophyten** zusammen. Dazu zählen Bedecktsamer (Blütenpflanzen im landläufigen Sinn), Nacktsamer (Nadelbäume), Farne, Schachtelhalme, Bärlappe und Moose.

Im Gegensatz zur Sexualität der Pilze war die der Landpflanzen, im Folgenden kurz Pflanzen genannt, zumindest in praktischer Hinsicht bereits im alten Babylonien bekannt. Weibliche Dattelpalmen wurden schon damals gezielt befruchtet, indem Priester Blütenstände der männlichen Palmen auf sie verteilten. Auf diese Weise konnte ein höherer Dattelertrag erreicht werden, da so nur verhältnismäßig wenig männliche Palmen angebaut werden mussten [94]. Im 17. Jahrhundert erkannte man, dass die Blüten verschiedenster Pflanzenarten Geschlechtsorgane sind. Der große Schwede Carl von Linné (1707–1778) wurde mit einer Studie über Blüten als sexuelle Bildungen bekannt [123] und benutzte sie als Grundlage für sein Ordnungssystem der pflanzlichen Vielfalt, was sich später als Glücksgriff erwies, da dies teilweise die natürliche Verwandtschaft der Pflanzen vorwegnahm.

Ebenso wie Pilzen ist es auch Pflanzen nicht möglich, ihren Paarungspartner frei zu wählen. Sie müssen das akzeptieren, was sie erhalten, da sie an ihren

Wuchsort gebunden sind und das andere Geschlecht nicht aktiv aufsuchen können. Und ganz wie bei Pilzen existieren verschiedene Möglichkeiten, um bei Pflanzen eine Selbstbefruchtung zu vermeiden. Alle Landpflanzen wechseln auch zwischen einer **haploiden** und einer **diploiden** Generation, wobei die Wichtigkeit dieser beiden Phasen des Lebens sich bei unterschiedlichen Pflanzengruppen stark unterscheidet.

Die einfachsten Landpflanzen sind **Moose**. Das Genom der eigentlichen Moospflanze ist haploid. Sie entsteht aus einer oft sehr kleinen und daher durch den Wind leicht zu verbreitenden Spore. Wenn sie ausgewachsen ist, kann sie männliche oder weibliche Geschlechtsorgane oder – je nach Art – auch beides bilden. Die männlichen Organe senden bei Reife und beim Vorhandensein von Wasser als Medium der Fortbewegung **Spermien** aus, welche ganz ähnlich wie die Spermien der Tiere sich aktiv mittels einer Geißel, durch Pheromone seitens der weiblichen Organe gelenkt, auf diese zubewegen können. Ihre Geschwindigkeit ist zwar wenig beeindruckend (sie schaffen nur wenige Millimeter in einer Stunde), ihre Lebensdauer im Regenwasser kann jedoch viele Stunden betragen [70]. Moosspermien können sogar Austrocknung tolerieren. Da etwa 60 % der Moosarten getrenntgeschlechtig sind und es demnach männliche und weibliche Moospflänzchen gibt, ist die Befruchtungsrate und damit die Häufigkeit der Sporenbildung dennoch in vielen Populationen aufgrund oft unüberwindlicher Entfernungen sehr gering.

Die Getrenntgeschlechtigkeit der Mehrzahl der Moose wirft die Frage auf, wie dieses Geschlecht bestimmt wird. Für die große Mehrheit der Arten ist das zwar noch nicht bekannt, aber bei Moosen wurden die ersten Geschlechtschromosomen einer Pflanze überhaupt entdeckt. Das Geschlechtschromosomenpaar des Brunnenlebermooses (*Marchantia polymorpha*, Abb. 4.6) wurde bereits näher untersucht. Das Paar wird X und Y genannt, obwohl diese Chromosomen mit den gleichnamigen Chromosomen der Säugetiere nichts gemein haben, denn das Moosmännchen hat kein XY-Paar, sondern nur ein Y-Chromosom statt eines X-Chromosoms wie das Weibchen. Das ergibt sich aus der Tatsache, dass Moospflänzchen nur über einen einfachen (haploiden) Satz von Chromosomen verfügen.

Moosspermien brauchen allerdings Wasser nicht nur, um sich darin aktiv zu bewegen, sondern nutzen es auch, um sich mitnehmen zu lassen. Für die Befruchtung der Moose ist daher Regen von zentraler Bedeutung. Der Aufschlag von Regentropfen auf die vergleichsweise winzigen reifen männlichen Geschlechtsorgane öffnet diese und reißt die Spermien an der Oberfläche der Tropfen mit, wodurch sie sehr schnell nicht selten mehrere Meter weit transportiert werden können, wie die Entfernung befruchteter Weibchen von den nächsten Männchen bewiesen hat. Die Trageblättchen männlicher Organe

Abb. 4.6 Brunnenlebermoos *(Marchantia polymorpha)* auf einer Mauer. Die Geschlechtsorgane sind noch nicht ausgebildet, sodass das Geschlecht der Pflanze nicht angegeben werden kann. (© Veiko Krauß [2020])

sind daher nicht selten becherförmig, um Regentropfen vorübergehend aufzunehmen und mit Spermien zu versehen (z. B. bei der Gattung der Katharinenmoose, *Atrichum*). Außerdem konnte für manche Moosarten gezeigt werden, dass Kleintiere wie Springschwänze und Milben Spermien transportieren können [70]. Typisch ist jedoch eine Befruchtung in der Entfernung von nur wenigen Zentimetern, und so ist es von Vorteil, wenn männliche und weibliche Moospflänzchen durchmischt wachsen können.

Es verwundert daher, dass eine solche Durchmischung oft gar nicht gegeben ist. Im Gegenteil kommt in ausgedehnten Gebieten häufig nur das eine der beiden Geschlechter einer bestimmten Moosart vor. Deshalb scheinen z. B. alle Arten der echten Torfmoose (Gattung Torfmoose, *Sphagnum*), welche in Kalifornien vorkommen, dort keine Sporen zu bilden. Auch viele andere Moosarten fruchten daher zumindest in großen Teilen ihres Verbreitungsgebiets nur sehr selten. Moosvermehrung findet auch deswegen häufig nur ungeschlechtlich statt. Bei Moosen beherrschen sowohl Weibchen als auch Männchen diese Methode der Fortpflanzung, es kann also von echter Gleichberechtigung gesprochen werden. Die Ungleichmäßigkeit der Verbreitung der Geschlechter scheint von der Zufälligkeit der Sporenverteilung bestimmt zu werden. Dagegen wird das Überwiegen eines Geschlechts – in den meisten Fällen des weiblichen – offenbar durch unterschiedliche Stressresistenz verursacht [72].

Pflanzen, welche sowohl weibliche als auch männliche Organe tragen, werden **einhäusig** genannt und so von den eben angesprochenen getrenntgeschlechtlichen Moosen unterschieden, die zu den **zweihäusigen** Pflanzen gehören. 40 % der Moosarten sind einhäusig, was natürlich die Befruchtung vereinfacht. Tatsächlich tritt bei diesen Moosen sehr häufig Selbstbefruchtung auf. Negative Folgen der Inzucht wurden bei einhäusigen Arten bisher jedoch nicht bekannt [71] und sollten auch nicht auftreten, da die hauptsächliche Daseinsform, die Moospflänzchen selbst, haploid ist und so ohnehin nur über eine Kopie jedes Gens verfügt. Nachteilige Allele wirken sich so unmittelbar auf das Erscheinungsbild aus und werden ausgelesen. Deshalb können bei einer Kreuzung solche nachteiligen Allele auch nicht zufällig miteinander kombiniert werden. Auf lange Sicht ist diese Fortpflanzung ohne Rekombinationsmöglichkeit jedoch ebenso gefährlich für den Fortbestand dieser einhäusigen Moose wie rein weibliche oder männliche Populationen bei zweihäusigen Arten.

Interessanterweise trat bei experimenteller Kreuzung von Geschwistern zweier Arten (beim Torfmoos *Sphagnum lescurii* und beim Hornzahnmoos *Ceratodon purpureus*) [71] eine negative Korrelation zwischen dem Wachstum des Sporenträgers und der Sporenkapsel und der Verwandtschaft der Eltern auf. Hier handelt es sich nicht um Inzuchteffekte, sondern um den Ansatz einer **Selbst-Inkompatibilität,** eine Eigenschaft, die bei Blütenpflanzen häufig ist und Selbstbefruchtung unterdrückt. Die Tatsache, dass ein- und zweihäusige Moosarten häufig nah verwandt sind, lässt vermuten, dass Moose im Laufe ihrer Evolution oft ihre sexuellen Präferenzen gewechselt haben, wobei nicht klar ist, ob Ein- oder Zweihäusigkeit die ursprüngliche Form der Sexualität war [70].

Bei einhäusigen Moosen gibt es weitere Mechanismen, die die Fremdbefruchtung begünstigen. So scheinen einige Arten weibliche und männliche Organe zu unterschiedlichen Zeiten auszubilden. Auf diese Weise wird eine Selbstbefruchtung unmöglich gemacht. Viele einhäusige Moose bilden alternativ männliche und weibliche Organe an weit getrennten Orten innerhalb eines Moospflänzchens, sodass zumindest die Wahrscheinlichkeit einer Fremdbefruchtung erhöht wird [72]. Weiterhin wurde bei einzelnen Moosen auch eine vollständige Selbst-Inkompatibilität festgestellt [71]. Dennoch scheint die Sexualität der Moose bei vielen Arten nur mangelhaft zu funktionieren. Ein Grund dafür ist nicht bekannt, könnte aber in der geringen Größe der Moose liegen. Sie können nicht nur deshalb größere Populationen als andere Landpflanzen bilden, denn ihre leichten und sehr weit transportierbaren Sporen ermöglichen ähnlich wie bei den Pilzen eine weite Verbreitung der Arten. Darüber hinaus sind Moose durch ihren sehr zarten Bau (im Gegensatz zu anderen Landpflanzen) in der Lage, sich unter Vermittlung des Windes durch kleinste Fragmente der Pflänzchen auch ungeschlechtlich weit zu verbreiten. Abgerissene oder gar zerriebene Moosreste sind nicht selten in der Lage, an neuer Stelle wieder auszutreiben.

Im Gegensatz zu den Moosen handelt es sich bei Bärlappen, Schachtelhalmen und Farnen um Gefäßpflanzen mit Nährstoff-, Wasser- und Stoffwechselprodukt-Transportgefäßen, welche wie in der Steinkohlenzeit (vor etwa 360 bis 295 Mio. Jahren) eine Höhe von vielen Metern erreichen können. Trotz ihres heute verringerten Anteils an der Vegetation haben die insgesamt mehr als 11.000 Arten [189] dieser urweltlich wirkenden Pflanzen immer noch einen wesentlichen Anteil an der weltweiten Umwandlung des Sonnenlichts in Biomasse. Wesentlich gehemmt wird ihre Verbreitung vor allem durch die eingeschränkte Verfügbarkeit von Wasser in flüssiger Form. Diese besondere Wasserabhängigkeit ist durch die Art ihrer geschlechtlichen Fortpflanzung bedingt, welche – im Unterschied zu Moosen und Samenpflanzen – einen Wechsel zwischen einer haploiden und einer diploiden, jeweils unabhängig voneinander lebensfähigen Generation enthält, während bei Moosen die diploide Pflanze von der haploiden und bei Samenpflanzen die haploide Pflanze von der diploiden völlig abhängig bleibt.

Die diploide Generation der Bärlappe, Schachtelhalme und Farne ist dennoch dominant. Nur sie stellt eine echte Gefäßpflanze dar. Sie bildet Sporen aus, welche wiederum zu mehr oder weniger winzigen, haploiden Pflänzchen mit ungegliedertem Aufbau heranwachsen, welche einfach gebauten Moosen ähnlich sehen. Diese kleinen Pflänzchen, **Gametophyten** genannt, produzieren dann männliche bzw. weibliche Gameten, deren Verschmelzung an Ort und Stelle des weiblichen Gametophyts und mit dessen Unterstützung zur neuen diploiden Pflanze heranwächst. Die Befruchtung ist ähnlich wie bei Moosen auf die Nutzung von Wassertropfen für die Bewegung der männlichen Gameten (Spermien) angewiesen.

Das Erfolgsgeheimnis der Farne und Bärlappe ist der komplexe Aufbau der diploiden Generation, welche über echte Wurzeln und Transportgefäße sowie einen effizienten Verdunstungsschutz verfügt. Ihre je nach Art sehr unterschiedliche Größe ermöglicht den Aufbau verschiedener Vegetationsschichten und damit eine sehr effektive Ausnutzung des verfügbaren Lichts. Ihre Achillesferse ist die Abhängigkeit der Befruchtung vom Wasser, was vermutlich die allgemeine Anpassung dieser Pflanzen an Trockenheit stark behindert hat.

Während der Steinkohlezeit (Karbon), also noch in der Blütezeit der Farnverwandten, entstand ein neuer Pflanzentyp, welcher dieses Ausbreitungshemmnis überwand und daher schließlich in den weltweit trockener werdenden Lebensräumen dominierte. Neu war jedoch nicht nur die Befreiung der Befruchtung von ihrer Wasserbindung durch die Erfindung der Bestäubung, sondern auch eine neue Entwicklungsphase, der Samen, welche gleichzeitig der Überdauerung schwieriger Lebensumstände als auch der Verbreitung dient.

Der Vorgang der **Bestäubung,** charakteristisch für diesen als **Samenpflanzen** bezeichneten neuen Typ, entspricht keineswegs der Befruchtung selbst. Sie ist vielmehr ein passiver Transport eines dafür extrem reduzierten männlichen Gametophyten aus wenigen Zellen zu einem ebenfalls stark reduzierten weiblichen Gametophyten. Beide Gametophyten werden dazu in vollständiger Abhängigkeit vom Sporophyt – der eigentlichen, diploiden Samenpflanze – gebildet. Während der weibliche Gametophyt, Fruchtknoten genannt, auf dem Sporophyten verbleibt, wird der männliche Gametophyt, der Pollen, nach der Reife freigesetzt. Erreicht er einen oft stempelartig verlängerten Zugang zu einem Fruchtknoten der gleichen Art, wachsen die vegetativen Zellen des Pollens in diesen hinein und schaffen damit der generativen Pollenzelle – dem eigentlichen männlichen Gameten oder Spermium – die Möglichkeit, den weiblichen Gameten – die Eizelle – zu befruchten. Diese Vorgänge des Pollenschlauchwachstums und der darauffolgenden Wanderung der generativen Zelle entsprechen der aktiven Eizellensuche eines Spermiums, sind aber im Unterschied zur Spermienbewegung unabhängig vom Wasser.

Der Vorteil der Bestäubung wird durch einen Nachteil erkauft: Die Gameten können sich nicht mehr gezielt aufsuchen. Der Transport des Pollens muss durch die Luft erfolgen. Feuchtigkeitsverluste kann der Pollen dabei durch eine Pollenhülle vermeiden. Die extreme Reduzierung dieses Gametophyten ermöglicht darüber hinaus einen potenziell weiten Transport allein durch Luftströmungen. Dem steht gegenüber, dass dieser Windbestäubung genannte Vorgang hinsichtlich Richtung und Reichweite weitgehend zufällig bestimmt wird. Jeder Heuschupfengeplagte wird aus leidvoller Erfahrung bestätigen, dass die Reichweite der Pollenverbreitung dennoch enorm ist. Schauen wir uns jedoch etwa männliche Hasel-, Weiden- oder Birkenblüten an, erkennen wir sofort, dass dies nur durch eine gewaltige Überproduktion von Pollen zu erreichen ist. So enthält ein einziges Kätzchen des heimischen Haselstrauchs *(Corylus avellana)* etwa 2 Mio. Pollenkörner.

Bei zweihäusigen Kräutern lässt sich nachweisen, dass diese gewaltige Pollenproduktion das Wachstum männlicher Pflanzen bremst [211]. Dazu passt, dass sich durch leistungssenkende Mutationen des energiebereitstellenden Atmungszyklus aus Zwittern rein weibliche, ansonsten völlig normalwachsige Pflanzen entstehen können, wie es für viele Populationen der Wilden Rübe *(Beta vulgaris)* nachgewiesen wurde [147]. Die Produktion von Pollen ist für Wilde Rüben offensichtlich aufwendiger als die Samenproduktion, sodass Teile ihrer Populationen aus rein weiblichen Individuen bestehen, welche in sexueller Hinsicht von ihren pollenproduzierenden, zwittrigen Nachbarn abhängig sind.

Samenpflanzen setzten sich, zunächst vor allem in Form von Nadelbäumen, noch am Ende der Erdaltzeit (Paläozoikum) vor etwa 280 Mio. Jahren weltweit durch [156]. Noch heute bilden Koniferen einen wesentlichen Teil der Vegetation, besonders in der gemäßigt-kühlen Klimazone. Die entsprechende Vegetationszone wird borealer Nadelwald oder Taiga genannt. Hier finden sich nur wenige Baumarten, was zu einer hohen Dichte von Bäumen der gleichen Art führt. Es verwundert daher nicht, dass sowohl diese Nadelbäume als auch die Mehrzahl der wenigen hier vorkommenden Laubbaumarten wie Birken, Weiden und Pappeln zweihäusig und in der Regel windbestäubend sind. Die unter diesen Umständen notwendige Fremdbestäubung wird durch die Nähe der Männchen und Weibchen zueinander gesichert. Nadelbaumpopulationen zeichnen sich daher in der Regel durch eine intensive Mischung der Allele und eine dadurch ermöglichte hohe Effizienz der Selektion aus, was zur Ausbildung lokaler Anpassungen bei gleichzeitig starkem genetischem Austausch zwischen den Teilpopulationen führen kann [173].

In tropischen und subtropischen Wäldern sind Nadelbäume viel seltener zu finden. Hier dominieren bei Weitem bedecktsamige Pflanzen, so genannt, weil ihre Samen nicht wie die der Nadelbäume nackt in Zapfenanlagen heranwachsen, sondern innerhalb einer Fruchtanlage, welche geeignet ist, Tiere zur Verbreitung der Samen heranzuziehen. Dennoch ist es sehr wahrscheinlich nicht dieser Unterschied, der zum relativen Erfolg der Bedecktsamer gegenüber den Nacktsamern geführt hat, denn auch die Samen von Nadelbäumen werden durch das Sammel- und Bevorratungsverhalten von Rabenvögeln und Nagetieren weit verbreitet. Wichtiger ist die Rekrutierung anderer Tiergruppen zur Absicherung der Bestäubung. Hier spielte sicher eine große Rolle, dass wärmere Klimazonen eine weitaus artenreichere Vegetation ausgebildet haben. Exemplare ein- und derselben Art sind deshalb deutlich lückenhafter verbreitet, was eine Windbestäubung zu einem aufwendigen Glücksspiel machen kann.

Paradoxerweise helfen Tiere gerade bei der Verbreitung schmackhafter, nährstoffreicher Samen sehr. Ganz ähnlich sind es oft ausgerechnet die eiweißreichen Pollen, also die männlichen Teile der Blüte, welche ein befruchtungsförderndes Verhalten bei Tieren auslösen. Bei zwittrigen Blüten führt das zu einem – in Abhängigkeit von der Populationsdichte – mehr oder weniger hohen Anteil von Fremdbestäubung. Rein weibliche Pflanzen müssen dagegen die tierischen Pollentransporter gezielt anlocken. Die bunten Signalstrukturen vieler Blüten allein helfen hier nicht. Daher entwickelten viele Pflanzen Drüsen, die zuckerreichen Saft, Nektar genannt, abgeben. Dennoch garantiert auch ein solches Zusatzangebot nicht einen idealerweise ständig wechselnden Besuch männlicher und weiblicher Blüten, wie er für eine erfolgreiche Befruchtung erforderlich ist. Männliche Blüten haben den weiblichen die Proteinmahlzeit des Pollens voraus und sind somit weit anziehender als Letztere. Andererseits kann der Anteil der Fremdbestäubung bei zwittrigen Blüten sehr niedrig liegen, insbesondere, wenn das notwendigerweise reichliche Pollenangebot an den Rändern der Blüte durch den Besucher in der Regel vor der empfängnisbereiten Narbe in der Blütenmitte berührt wird.

So ist es nicht verwunderlich, dass (1) nur etwa 6 % der Bedecktsamerarten zweihäusig, also getrenntgeschlechtlich, sind (im Gegensatz zu mehr als 99 % der Nacktsamer) und dass (2) sowohl eingeschlechtliche als auch zwittrige Blüten evolutionär nicht besonders dauerhaft sind und häufig auseinander hervorgehen [177]. Das wiederum hat zur Folge, dass funktionell zweihäusige Pflanzen nicht selten scheinbar zwittrige Blüten mit Narbe und Staubblättern ausbilden [3]. So können auch weibliche Blüten, welche sich nicht selbst bestäuben können, durch Pollenattrappen Bestäuber anlocken.

Die meist zwittrigen Blüten der Bedecktsamer scheinen also eine Konsequenz der Befruchtung durch Tiere zu sein. Doch wofür so viel Aufwand, wenn die Nähe von pollentragenden Staubblättern und Narbe ohnehin eine Selbstbestäubung sehr wahrscheinlich macht? Eine Antwort darauf lautet, dass dieser Eindruck oft trügt. Eine Selbstbestäubung kann auch bei zweigeschlechtlichen Blüten ausgeschlossen sein, wenn (1) männliche und weibliche Geschlechtsorgane zu unterschiedlichen Zeiten reif werden, wenn (2) Staub- und Fruchtblätter sehr unterschiedlich lang oder räumlich getrennt sind, sodass ihre gleichzeitige Berührung in einer Blüte nur selten vorkommt, wenn (3) eine physiologische Selbst-Inkompatibilität von Pollen und Narbe vorliegt, bzw. wenn (4) die Blüte wie bei manchen Orchideen so gebaut ist, dass der Blütenbesucher zuerst auf die Narbe und dann erst auf die Pollen trifft.

In vielen weiteren Fällen gibt es jedoch keine Sicherheiten gegen Selbstbestäubung, ja mehr noch, mitunter ist sie die Regel wie etwa beim Hauptmodell der Pflanzenforschung, dem Ackersenf *Arabidopsis thaliana*. Das kann als eine Rückversicherung gegen die Nichtverfügbarkeit eines Sexualpartners gesehen werden, denn schließlich sind Pflanzen außerstande, sich gegenseitig aufzusuchen. Der Preis dafür ist die Einschränkung der Rekombinationseffekte der Sexualität, ein Preis, den viele Pflanzen offenbar zu zahlen in der Lage sind. Die Ableger der Walderdbeere, die Brutknospen des Knoblauchs, die Absenker der Brombeeren und die Entwicklung von Tochterpflanzen an Ausläufern vieler weiterer Arten erinnern uns überdies daran, dass auch eine klonale, also ungeschlechtliche Fortpflanzung über längere Zeiträume bei Bedecktsamern sehr erfolgreich sein kann. Dennoch wird sich ein solcher Weg nach Millionen von Jahren als evolutionäre Sackgasse herausstellen, wenn er nicht schon gegenwärtig, wie bei vielen Pflanzenarten, eine lediglich zeitweise oder parallel genutzte Alternative zur geschlechtlichen Fortpflanzung ist.

4.4   Wimpertierchen – etwas ganzes Besonderes

Der Sex von Pilzen und Pflanzen geht auf Zellen zurück, die während der gesamten Entwicklung dieser vielzelligen Organismen vielfachen Zellteilungen unterliegen, denn die sexuell aktiven Zellen oder Organe entwickeln sich meist relativ spät an den äußeren Verzweigungen dieser Organismen. Erst nach vielen **Mitosen** führen ausgewählte Zellen eine Meiose durch und produzieren so Gameten. Deshalb besteht der gesamte Körper aus mehr oder weniger nahen Zellgeschwistern der Keimzellen. Bei der Behandlung der Braunalgen wurde schon erwähnt, dass diese große Zahl von Teilungen in der Abstammungslinie der späteren Gameten innerhalb einer einzigen Generation von Organismen die Mutationsrate natürlich entsprechend erhöht. Gegen die schädlichen Auswirkungen der während der Individualentwicklung auftretenden Mutationen **(somatische Mutationen)** wirkt die innerhalb vielzelliger Lebewesen wie Braunalgen, Gefäßpflanzen und Ständerpilze auftretende Tendenz zur **Diploidie.** Der jeweils doppelte Chromosomensatz in einer Zelle ist in der Lage, die Auswirkungen vieler schädlicher Mutationsformen auf den Organismus zu begrenzen, solange sie nur in einer der beiden Genomkopien auftreten. Haploide Vielzeller – z. B. Moose – führen dagegen nur relativ wenige Zellteilungen während ihrer Individualentwicklung durch, da sie stets relativ klein bleiben.

Das Verbergen neu entstandener, möglicherweise schädlicher Mutationen durch die Existenz im Zellverband mit genetisch gesünderen Zellen oder durch Diploidie kann jedoch die Ausfallrate auch sexuell gezeugter Nachkommen über das evolutionär erträgliche Maß erhöhen. Wir werden im Abschn. 4.5 darauf eingehen, wie Tiere mit dieser Gefahr der Mutationsanreicherung während der Individualentwicklung umgehen. Aufschlussreich ist in dieser Hinsicht jedoch auch ein Blick auf eine bestimmte Gruppe von Einzellern.

Wimpertierchen, zu denen auch die populären Pantoffeltierchen zählen, sind im Meer, im Süßwasser und in den Böden sehr verbreitet. Sie sind für einzellige Organismen recht groß (zwischen 10 und 300 μm) und sehr kompliziert gebaut. Besonders auffällig ist die Tatsache, dass sie je Zelle über zwei Zellkerne verfügen, einen großen und einen kleinen. Wimpertierchen sind damit die einzigen Organismen, welche für die beiden wesentlichen Funktionen des Genoms – zum einen die Vererbung und zum anderen die Ausprägung des Phänotyps – jeweils besondere, spezialisierte Kerne ausbilden, welche entsprechend ihrer Größe einfach **Klein- bzw. Großkern** genannt werden.

Der Großkern eines Wimpertierchens enthält zahlreiche, relativ kurze Chromosomen (bei der gut untersuchten Art *Tetrahymena thermophila* 200 bis 300), welche mitunter nur ein einziges Gen enthalten. Die Zahl der Chromosomen ist je nach Art manchmal sogar größer als die Zahl der Gene des Großkerns, da häufig benötigte Gene auch in größerer Kopienzahl als selten benötigte Gene vorhanden sind. Dem unterschiedlichen Bedarf der Zelle an Genprodukten wird so zu einem bestimmten Grad bereits durch eine entsprechende Zahl an Genkopien Rechnung getragen. Es verwundert nicht, dass dieser Kern tatsächlich auf die Produktion von RNAs für die Herstellung von Proteinen und funktionellen RNAs, also auf die Ausprägung des Phänotyps, spezialisiert ist.

Im Gegensatz zur DNA des Großkerns liegt die Erbsubstanz des Kleinkerns nur in normaler, d. h. hier in doppelter Kopienzahl vor (Wimpertierchen sind **diploid**). Die Zahl der Chromosomen ist gering (zweimal 5 bei *Tetrahymena thermophila*). Dennoch ist der DNA-Gehalt des Kleinkerns wesentlich höher als der des Großkerns, denn er ist viel dichter gepackt als sein großer Bruder. Offensichtlich werden an dieser DNA keine RNA-Moleküle hergestellt, denn sie ist wegen ihrer Kompaktheit für Ableseprozesse unzugänglich. Die Bestimmung ihrer DNA-Sequenz ergab, dass zwischen den einzelnen Genen des Kleinkerns viel mehr DNA vorhanden ist, als sich im Großkern wiederfindet. Der Größenunterschied der Kerne geht also vor allem auf ihre unterschiedliche dichte Packung und den zusätzlichen Gehalt des Großkerns an RNA und Proteinen zurück.

Wimpertierchen pflanzen sich ausschließlich ungeschlechtlich fort. Dabei teilen sich sowohl der Groß- als auch der Kleinkern. Die Funktion des Kleinkerns blieb selbst bei längerer Analyse der normalen Vorgänge von Wachstum und Vermehrung zunächst rätselhaft. Erst wenn Nährstoffmangel auftritt, wird er aktiv. Es zeigt sich dann, dass die Funktion des Kleinkerns in der Rekombination und damit in der langfristigen Weitergabe der DNA besteht. Die dabei stattfindenden Vorgänge wurden besonders eingehend bei der weitverbreiteten Art *Tetrahymena thermophila* untersucht (Abb. 4.7).

Eine Paarung (Konjugation) führt bei Wimpertierchen zur Zerstörung ihrer Großkerne. Ihre DNA hat damit eine vergleichbare Aufgabe wie die DNA unserer Körperzellen, welche ebenfalls nicht an unsere Nachkommen vererbt wird. Sie ist für das Leben der einzelnen Zellen wichtig, dient danach jedoch nur noch der Wiederverwertung. Im Unterschied dazu können sich Großkerne zusammen mit den Wimpertierchen zwar einige Generationen lang teilen, müssen jedoch bei einer Konjugation ihren Platz für neu entstandene Großkerne räumen, welche wiederum nur für eine begrenzte Zahl von Zellteilungen in Funktion bleiben. Beim **Gewöhnlichen Pantoffeltierchen** (*Paramecium tetraurelia*), welches ebenfalls zu den Wimpertierchen zählt, liegen durchschnittlich 75 normale Teilungen zwischen je 2 Konjugationen [205].

Kleinkerne mancher Wimpertierchen teilen sich also 75-mal, bevor ihr Genom wieder auf Funktionalität getestet wird, d. h. bevor sie wieder Grundlage für die Entwicklung eines Organismus sind. Dabei können sich Mutatio-

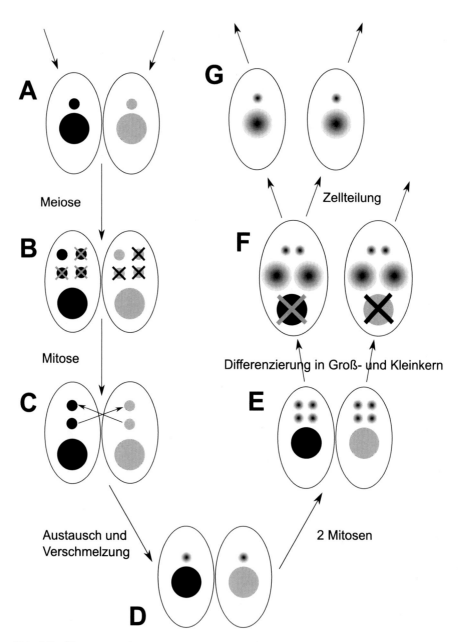

Abb. 4.7 (Fortsetzung)

◀ **Abb. 4.7** (Fortsetzung) Sex wird bei Wimpertierchen Konjugation genannt. Wie bei der Konjugation der Bakterien paaren sich auch hier zwei Einzeller zum Zweck des DNA-Austausches. Ansonsten unterscheiden sich diese Vorgänge bei beiden Organismen jedoch stark voneinander. (A) Wenn Nahrung knapp wird, finden sich zwei Wimpertierchen und binden aneinander. Daraufhin werden zunächst (B) die beiden Kleinkerne jeweils zweimal geteilt. Diese Doppelteilung ist eine **Meiose**, d. h., die DNA wird dazu nur einmal repliziert, und nach Paarung der homologen Chromosomen werden zufällig gewählte Chromosomenabschnitte in zufälliger Mischung auf beide Tochterkerne verteilt. Es entstehen dabei keine Gameten, sondern nur Vorkerne genannte haploide Genome aus dem diploiden Genom des Kleinkerns. Drei davon zerfallen danach wieder (B), während der verbleibende Kern nochmals repliziert wird und sich teilt (C). Einer der beiden Vorkerne wird dann in die konjugierte Zelle abgegeben. Er vereinigt sich dort mit dem verbliebenen Vorkern (D). Auf diese Weise entsteht in beiden konjugierten Wimpertierchen je ein rekombiniertes, diploides Genom, welches danach wiederum zweimal repliziert wird (E). Die entstehenden vier Vorkerne entwickeln sich zu je zwei Groß- und zwei Kleinkernen (F). Dann erst teilt sich die Zelle einmal (G). Aus den gepaarten Wimpertierchen entstehen am Ende also vier Wimpertierchen mit einheitlich rekombiniertem Genom. Es sind – genetisch gesehen – eineiige Vierlinge entstanden. Die beiden Eltern gehen dabei völlig in ihren vier Kindern auf. (© Veiko Krauß [2016])

nen ansammeln, die für potenzielle Nachkommen fatal sein könnten. Manche Genetiker vermuten, dass Wimpertierchen aus diesem Grund die mit Abstand niedrigste Mutationsrate aller Einzeller haben. Sie beträgt beim Pantoffeltierchen nur $1,94 * 10^{-11}$ pro Nukleotid und Generation [205]. Bei einer Genomgröße von 72 Mio. Basenpaaren entspricht das einer Mutation je 716 Zellteilungen bzw. etwa einer Mutation auf jede zehnte Konjugation. Genomgröße und die Zahl der Mutationen pro sexueller Episode entsprechen damit ungefähr den entsprechenden Werten des gewöhnlichen Fadenwurms *Caenorhabditis elegans*. Nur besteht dieser aus etwa 1000 Zellen und pflanzt sich in jeder Generation ausschließlich sexuell fort. Während beim Pantoffeltierchen eine neue genetische Kombination einschließlich aller inzwischen angereicherten Mutationen erst nach 75 Generationen getestet werden kann, erfolgt die Testung einer neuen Allelkombination bzw. der neuen Mutationen beim Fadenwurm also in jeder Generation.

Wimpertierchen evolvierten das exakteste DNA-Replikationssystem, welches wir kennen, da sie nicht mit vielzelligen Organismen wie den Fadenwürmern, sondern mit anderen Mikroorganismen konkurrieren müssen. Manche Vielzeller verzichten zwar nicht selten ganz auf Sex, testen ihre Mutationen aber immer unmittelbar aus, da ihre Genome ständig Genprodukte herstellen müssen. Sie vermeiden so eine gefährliche Anreicherung genetischer Veränderungen. Offensichtlich aber gelingt es Wimpertierchen mit ihrem kompliziert verteilten Genom in Verbindung mit einer sehr niedrigen Mutationsrate, anderen Einzellern auf Dauer Paroli zu bieten. Das beantwortet allerdings nicht die noch offene Frage, auf welche Weise Wimpertierchen diese Arbeitsteilung zwischen Großkern und Kleinkern ausgebildet haben.

Im Übrigen erschöpfen sich die Einzigartigkeiten der Wimpertierchen damit noch nicht. Bei *Tetrahymena thermophila* sind sieben verschiedene Paarungstypen bekannt [29]. Ihre Festlegung findet bei Bildung des neuen Großkerns unmittelbar nach dem Sex statt. Dabei setzen sich die beiden Paarungstypgene zufällig aus DNA-Material des Vorkerns neu zusammen. Der Paarungstyp des neuen Großkerns und damit aller Nachkommen des entsprechenden Wimpertierchens bis zur nächsten Konjugation ist damit völlig unabhängig vom Paarungstyp der beiden Eltern, die selbst natürlich unterschiedlich sein müssen, damit eine Konjugation erfolgreich ist. Die beiden Paarungstypgene produzieren in Vorbereitung auf eine Konjugation Proteine, welche an der Außenseite des Wimpertierchens Bindestellen anbieten. Diese Bindestellen sind nur für Paarungstypproteine eines anderen Paarungstyps kopplungsfähig, ähnlich wie ein Klettverschluss nur schließt, wenn eine Seite aus Schlaufen und die andere aus Widerhaken besteht. Zwei gleichartige Seiten können einander nicht binden.

Diese Neukombination der DNA des Vorkerns zur DNA des neuen Großkerns findet unter Beseitigung von etwa 10–20 % dafür überflüssiger DNA auch für alle anderen Gene statt [51]. Dabei werden auch diese auf eine teilweise sehr komplizierte Art und Weise neu zusammengefügt. RNA-Moleküle, die zuvor vom alten Großkern gebildet werden, legen durch Bindung mit den entsprechenden Bereichen der DNA des Vorkerns fest, welche Abschnitte für den neuen Großkern gebraucht werden. Nicht gebundene DNA wird abgebaut. Der alte Großkern bestimmt also, was auf welche Weise zusammengefügt wird. Die DNA-Sequenz der neuen Großkerngene stammt jedoch vom Vorkern und damit aus der Rekombination der beiden Kleinkerne und kann sich deshalb teilweise von der des alten Großkerns unterscheiden. Die wesentliche Besonderheit der Paarungstypgene besteht also nicht darin, dass sie bei der Entstehung des Großkerns erst zusammengebaut werden; sie besteht vielmehr darin, dass dieser Zusammenbau in einer zufälligen Auswahl zwischen mehreren Möglichkeiten besteht, während alle anderen Gene eine eindeutige Vorlage bekommen.

Die Abhängigkeit der Funktionen zwischen Groß- und Kleinkern ist demnach wechselseitig. Sie sind aufeinander angewiesen, und es gibt keinen einfachen evolutionären Weg für die Wimpertierchen, zu einem einheitlichen Zellkern zurückzukehren. Der Kleinkern enthält keine ablesbaren Gene, und der Großkern ist außerstande, sexuelle Rekombination auszuführen. Es spricht viel dafür, dass die bloße Ausbildung dieser Funktionsteilung zu einer allmählichen evolutionären Zerlegung der jetzt nicht mehr in einem Stück ablesbaren

Gene des Kleinkerns geführt hat [112], eben *weil* der Kleinkern nicht abgelesen wird und *weil* seine DNA zur Wiederherstellung ihrer Ablesbarkeit unter Wegfall einiger Abschnitte neu zusammengesetzt wird und damit auch stets neu zusammengesetzt werden muss. Was also aufgrund bestimmter zellulärer Prozesse passieren kann, tritt während der Evolution gewöhnlich auch auf und führt nicht selten wie hier zu einschneidenden Konsequenzen, denen sich die nunmehr verwandelten Organismen stellen müssen. Das einzig dauerhaft vererbte Genom der Wimpertierchen, der Kleinkern, ist ein bunt zusammengesetztes Flickwerk, dessen Bestandteile für die Nutzung erst wieder richtig zusammengesetzt werden müssen, ein Vorgang, den nur die gesamte Zelle des Wimpertierchens durchführen kann.

Man nennt solche Konsequenzen auch **Kontingenzen.** Kontingenz bedeutet in der Evolution schlicht, dass einmal eingetretene evolutionäre Veränderungen – ganz gleich, ob sie eher erwartungsgemäß oder eher zufällig eintrafen – Auswirkungen auf den weiteren Verlauf der Evolution haben. So führte bei Wimpertierchen die Funktionsaufteilung zwischen den beiden Kerntypen zur Fragmentierung des Genoms und damit zur faktischen Unumkehrbarkeit dieser Kerndifferenzierung. Das beantwortet zwar nicht die Frage, weshalb diese Kerntypen ursprünglich entstanden sind, erklärt aber, warum sie während der gesamten, langen Evolution der Wimpertierchen Bestand hatten. Kontingente Erscheinungen begegnen uns in der Evolution häufig, eine Tatsache, auf die der leider viel zu früh verstorbene Paläontologe und Evolutionstheoretiker Stephen Jay Gould (1941–2002) in seinem Buch *Zufall Mensch* [73] eindringlich hingewiesen hat. Sie wird uns insbesondere bei Betrachtung der Sexualität der Tiere stets begleiten, da es sich bei Tieren um jene Organismen mit den bekanntesten und zugleich bestuntersuchtesten Konsequenzen sexueller Aktivitäten handelt.

4.5 Groß ist das Tierreich

Viele populäre Bücher zur sexuellen Fortpflanzung beschränken sich bei der Darstellung des Phänomens auf Tiere. Dafür gibt es verschiedene Gründe. Erstens stehen uns selbst andere Tiere am nächsten. Das bietet scheinbare Vertrautheit und die Möglichkeit, menschliche Verhaltensweisen mit tierischen zu vergleichen und daraus Schlussfolgerungen zu ziehen. Wie wir jedoch an verschiedener Stelle noch sehen werden, sind solche Folgerungen schon wegen der sehr unterschiedlichen Erscheinungsformen der Sexualität im Tierreich oft unzuverlässig. Die allgemeine Vielfalt tierischen Verhaltens ist ein weiterer Grund, warum Tiere oft als Modell zur Beschreibung und Erforschung der

Sexualität dienen. Drittens ist Sex zumindest für größere, komplexer gebaute Tiere noch unverzichtbarer als das bei allen anderen Lebewesen der Fall ist. Wirbeltiere sind nur noch in sehr seltenen Fällen in der Lage, sich **partheno-genetisch** fortzupflanzen, bei Vögeln und Säugetieren ist diese Art der Vermehrung sogar nahezu ausgeschlossen.

Um uns innerhalb dieser Vielfalt nicht von vornherein zu verzetteln, beginnen wir die Betrachtung der Tiere mit ihren gemeinsamen Besonderheiten. Zu diesen gehört die auffällige Trennung der Körper- von den Keimbahnzellen. Früh in der Entwicklung eines jeden Tieres werden die Zellen, welche später Gameten, also in der Regel Ei- oder Spermazellen produzieren werden, aus dem allgemeinen Zellteilungsprozess im Körper abgesondert. Sie durchlaufen während der weiteren Entwicklung des Embryos meist eine Ruhephase, bevor sie sich später weiter differenzieren. Das Ergebnis und sicher auch die Funktion dieser frühen Trennung vom Körper ist, dass die Keimzellen eines jungerwachsenen Tiers weit weniger Teilungen hinter sich haben als eine durchschnittliche Körperzelle. Weniger Teilungen bedeutet weniger DNA-Verdopplungen und damit weniger Kopierfehler, d. h. Mutationen, ein Fakt, der die Fitness der Nachkommen erhalten hilft.

Dennoch tragen menschliche Säuglinge jeweils etwa 100 neue Mutationen [133], denn die mittlere Zahl der Teilungen der Keimzellen eines Menschen beträgt etwa 216 [36]. Es wären noch wesentlich mehr, wenn die Mutationsrate je Teilung der Keimzellen nicht sogar 4- bis 25-mal geringer wäre als bei der Teilung einer gewöhnlichen Körperzelle. Natürlich unterliegen auch Mutationsraten der natürlichen Selektion. Daraus können wir eine sehr wichtige Schlussfolgerung ziehen: Mutationen werden zwischen den Generationen mit noch größerem Aufwand unterdrückt als innerhalb eines vielzelligen Organismus. Das ist erstaunlich, wenn wir bedenken, dass Mutationen in Körperzellen keine Aussicht auf Vererbung haben und damit das Überleben nur gefährden, aber nicht begünstigen können. Sie sollten daher besonders konsequent vermieden werden. Der Erfolg von Organismen auf lange Sicht hängt jedoch entscheidend von den relativ wenigen, sich positiv auswirkenden Mutationen ab, die aus den weit zahlreicher vorkommenden Mutationen mit negativen Auswirkungen selektiert werden können. Daraus kann geschlossen werden, dass alle positiv auf das Überleben wirkenden Mutationen eher untypische Ergebnisse eines durch Selektion stark unterdrückten, die Genome tendenziell allmählich zerstörenden, weitgehend zufallsbestimmten Prozesses sind.

Das Beispiel Mensch ist hier gut gewählt, weil er bestens untersucht und zugleich – unter diesem Gesichtspunkt – durchaus typisch für Wirbeltiere ist. Grund für die stärkere Unterdrückung der Mutationsrate in den Keimzellen als im eigenen Körper ist der durchschnittlich höhere Preis jeder Mutation der

Gameten auf lange Sicht. Dieser Preis ist gerade deshalb hoch, weil Mutationen durchschnittlich nicht sehr, aber ein wenig schädlich sind und sie deswegen oft nicht sofort ausgelesen werden können, sondern das Genom künftiger Generationen genetisch belasten. Angesichts einer Größenordnung von 100 Mutationen je Nachkommen sind Keimbahnmutationen ebenso gefährlich für das Wohlergehen künftiger Generationen wie sie für die Evolution insgesamt notwendig sind. Selektion verhinderte vermutlich deshalb eine weitere Zunahme der Zahl der Zellteilungen und damit eine weitere Zunahme der Mutationen, indem die Keimbahnzellen frühzeitig vom Bestand der Körperzellen getrennt wurden. Diese Besonderheit der Tiere resultiert wiederum aus der weitaus größeren Zahl der Körperzellen (und damit zugleich der Zahl ihrer Zellteilungen) im Vergleich zu gleich großen Pflanzen. So finden in der nur etwa 2 mm langen Taufliege *(Drosophila melanogaster)* mit 36 Zellteilungen je Generation nur etwa 4 Zellteilungen weniger statt als im rund 100-mal größeren Ackersenf *(Arabidopsis thaliana)* [131].

Diese im Allgemeinen größere Zahl der Zellteilungen als bei den ebenfalls vielzelligen Pflanzen und Pilzen lässt sich auf eine noch stärkere Differenzierung der Zelltypen zurückführen. Beinahe alle Mehrzeller bilden besondere, spezialisierte Zellverbände für die Bildung und Freisetzung der Gameten, was die zentrale Rolle der Sexualität bei Vielzellern unterstreicht. Bei Pflanzen und Tieren findet darüber hinaus ein intensiver Austausch von Stoffwechselprodukten zwischen den **Geweben** des Organismus über ein mehr oder weniger ausgeprägtes Gefäßsystem statt. Dennoch bleibt es bei Pflanzen bei einer relativ flexiblen Festlegung des Körperaufbaus, die Oberfläche ist im Vergleich zum Körperinhalt relativ groß, und das Wachstum wird in verschiedenen Teilen der Pflanze relativ selbstständig reguliert, sodass vielzellige Pflanzen gleicher Art in der Regel deutlich unterschiedliche Körpergestalten ausbilden, welche grundsätzlich nicht symmetrisch sind.

Das Wachstum der Tiere ist dagegen oft zentral reguliert und führt zu einer weitgehend symmetrischen Körpergestalt, welche arttypisch ist und nicht nur durch Zellteilung und -streckung, sondern auch durch Zellwanderungen innerhalb des sich entwickelnden Körpers erreicht wird. Nicht nur der Stoffwechsel, auch Bewegungen werden durch den Gesamtorganismus koordiniert. Tiere sind die einzigen Vielzeller, welche zur gezielten Fortbewegung in der Lage sind. Sie haben dafür spezialisierte Organe entwickelt, welche einerseits ein Nervensystem zur Steuerung der Bewegung in Abhängigkeit von inneren und äußeren Reizen und andererseits ein Muskel- und Skelettsystem zur Durchführung dieser Bewegung bilden. Diese daraus entstehende mechanische, chemische, optische und akustische Wechselwirkung eines Organismus mit seiner Umwelt wird **Verhalten** genannt. Tiere zeigen in Vergleich zu anderen Lebewesen ein besonders vielfältiges Verhalten, was vor allem auf ihrer Fähigkeit zu umfassend koordinierten Bewegungen beruht.

Damit sind Tiere grundsätzlich in der Lage, ihren noch immer einzelligen und daher nur begrenzt leistungsfähigen Gameten die gegenseitige Befruchtung zu erleichtern. Das Identifizieren und Aufsuchen des geeigneten Partners für die sexuelle Fortpflanzung übernehmen Tiere – im Gegensatz zu Pflanzen – in der Regel selbst. Die Aufgabe der Gameten beschränkt sich meist auf den Vollzug der Befruchtung. Diese neue Rollenverteilung beim Sex setzt voraus, dass Verhalten hier auch aktive Fortbewegung einschließt, was nicht für alle Tiere gilt. Daher ist auch der Anteil der Organismen an der Gametenfindung weitaus unterschiedlicher und vielfältiger als das bei anderen Mehrzellern der Fall ist.

Da Tiere die Aufgaben der Paarfindung und der Versorgung der Nachkommen in der Regel aber selbst übernehmen und nicht den Gameten überlassen, sind Tiere auch mehrheitlich – wiederum im Gegensatz zu Pflanzen – nicht zwittrig. Typischerweise suchen männliche Individuen den Paarungspartner auf, während weibliche Individuen diese Partnerwahl auf Korrektheit prüfen und in mehr oder weniger großem Umfang Reservestoffe vorhalten. Auch hier gibt es sehr viele und sehr weitgehende Ausnahmen.

Obwohl auch manche Pflanzen – im Gegensatz zu Pilzen – für ihre Nachkommen sorgen, vor allen durch Samenbildung, sind Brutvorsorge und selbst Brutpflege in vielfältigen, oft sehr ausgeprägten Formen vor allem bei Tieren zu finden. Insgesamt hat die vielfältige, umfassende Unterstützung der Gameten zur Erfüllung ihrer sexuellen Funktion zu einer Vielzahl von interessanten Verhaltensweisen geführt, welche wiederum oft fantasievoll interpretiert wurden. Um uns das Verständnis des sexuellen Verhaltens der Tiere zu erleichtern, werden wir es ausgehend von den einfachsten Formen beispielhaft beschreiben. Wir beginnen im Meer, wo die ältesten Formen tierischer Sexualität zu finden sind.

Schwämme sind die einfachsten tierischen Organismen. Sie zeigen eine ganze Reihe ursprünglicher Merkmale, die bei anderen Tieren in dieser Kombination nicht mehr auftreten: Sie sind sesshaft, unsymmetrisch gebaut und verfügen weder über Organe noch über Gewebe. Sie bestehen aus einer doppelten Zellschicht, gestützt durch ein unterschiedlich gebautes Innenskelett. Nerven, Muskeln und ein Verdauungssystem fehlen. Schwämme sind Filtrierer, welche in der Regel von kleinen organischen Partikeln und verschiedensten Einzellern leben. In den Meeren dringen sie durch Genügsamkeit in große Tiefen vor. Nur wenige Arten sind auch im Süßwasser zu finden.

Die Verteilung von Nahrung, Stoffwechselprodukten und Sauerstoff übernimmt das Meerwasser selbst, welches den Schwammkörper in Form eines

Kanalsystems durchdringt. Wasser übernimmt auch den Transport der Spermazellen, welche von den Geißelkragenzellen adulter Schwämme von Zeit zu Zeit abgegeben werden. Schwämme bestehen hauptsächlich aus diesem Zelltyp. Ihre Geißeln bewegen das Meerwasser durch den Schwammkörper. Schwämme bilden also keine speziellen Geschlechtsorgane und damit auch keine besondere Keimbahn wie andere Tiere aus, was angesichts ihrer relativ geringen Zellzahl auch nicht erstaunlich ist.

Ihre Spermien erreichen durch aktive Bewegung andere Schwämme, wo sie, als männliche Gameten der eigenen Art erkannt, den im Verhältnis zu den Spermien deutlich größeren und zur Eigenbewegung zumindest im reifen Stadium nicht mehr fähigen Eizellen zur Befruchtung angeboten werden. Schwämme sind also **oogam** und in der Regel Zwitter, da von jedem Individuum beide Gametentypen – Eier und Spermien – produziert werden können. Eine Selbstbefruchtung wird dabei z. B. durch jeweils unterschiedliche Zeitpunkte der Produktion von Spermien und Eiern verhindert. Insgesamt erinnert ihre Sexualität also an die der Pflanzen, was vermutlich mit ihrer Sesshaftigkeit in Verbindung steht. Die befruchteten Eizellen sorgen dann für die Verbreitung der Schwämme, denn die ganz jungen Exemplare können sich schwimmend vom Mutterorganismus entfernen, suchen sich aber bald eine geeignete Unterlage fürs weitere Wachstum.

Im Unterschied zu den Schwämmen sind **Hohltiere** zwar meist auch sesshafte Meeresbewohner, verfügen aber über weitaus vielfältigere Zelltypen. Ihre radiäre Symmetrie erlaubt ihnen grundsätzlich eine effektive eigene Fortbewegung, welche durch einfache Muskel- und Nervensysteme ermöglicht wird. Die Hohltiere haben oft zwei Phasen ihrer Entwicklung, den Polypen und die Qualle. Eine Hohltierlarve, entstanden aus sexueller Fortpflanzung, schwärmt zunächst aus, um festen Untergrund zu finden. Dort wächst sie zum Polypen aus, welcher dann von Zeit zu Zeit wieder freischwimmende Quallen abschnürt. Solche Polypen produzieren also keine Gameten, während die entstehenden Medusen ausreifen und dann von Zeit zu Zeit Gameten freisetzen. Änderungen der Wassertemperatur sind oft Voraussetzungen solcher Freisetzungen. Auslöser sind typischerweise aber Helligkeitsveränderungen durch Sonnenauf- oder -untergänge bzw. durch bestimmte Mondphasen. Dadurch wird eine Abstimmung erreicht, welche es Räubern erschwert, alle Gameten vor Erreichen des Paarungspartners zu fressen. Solche Ereignisse rufen, bedingt durch die riesige Zahl gleichzeitig freigesetzter Zellen, nicht selten örtliche Trübungen des Wassers hervor.

Ganz gleich ob Quallen oder Polypen die Gameten produzieren: Beide Gametentypen werden hier freigesetzt, und sie treffen sich im freien Meer. Es handelt sich also um eine äußere Befruchtung. Oft geben die weiblichen Gameten Pheromone ab, welche den Spermien den Weg zeigen. Die freie Beweglichkeit männlicher und weiblicher Gameten steht in Verbindung damit, dass der Größenunterschied von Ei und Spermien oft nicht stark ausgeprägt ist. Neben dieser geschlechtlichen Fortpflanzung ist in der Regel auch ungeschlechtliche Fortpflanzung durch die Abspaltung kleiner Tochterquallen oder -polypen bzw. durch gleichmäßige Längsteilung möglich. Wie Pflanzen und Schwämme sind Quallen, Polypen und Korallen also nicht auf Sex angewiesen, um sich zu vermehren.

Die Mehrzahl der Tiere ist jedoch nicht festsitzend oder koloniebildend, sondern frei beweglich. Paarung – für uns der Inbegriff sexuellen Verhaltens überhaupt – ist nur frei beweglichen Organismen möglich. Die Findung von Gameten wird so erleichtert. Eine Erfolgsgarantie jedoch gibt es nicht. Solange Fortpflanzung auch ohne Rekombination zwischen verschiedenen Genomen zumindest für einige Generationen genetisch tolerabel ist, gibt es Alternativen zur ungewissen Suche nach einem passenden Partner. Diese anderen Formen der Fortpflanzung müssen zugleich nicht völlig auf Sex verzichten. So pflanzt sich der **Fadenwurm** *Caenorhabditis elegans* in der Regel durch Selbstbefruchtung fort, da er nach der Freisetzung von Spermien auch selbst Eier bildet. Solche Tiere, welche zwar männliche und weibliche Gameten, aber beide nicht an demselben Ort oder zu demselben Zeitpunkt bilden, werden **Hermaphroditen** genannt. Jeder tausendste Fadenwurm ist jedoch ein Männchen, welches keine Eier bilden kann, sich dafür aber mit hermaphroditischen Tieren paart. Hat eine solche Paarung Erfolg, kann ein Hermaphrodit sogar 1000 statt lediglich 300 Eier ablegen.

Der eigentliche Vorteil einer solchen Fremdpaarung aber liegt woanders. Untersuchungen zeigten, dass unter natürlichen Bedingungen nur etwa jeder hundertste Fadenwurm durch Fremdbefruchtung gezeugt wird [10]. *Caenorhabditis elegans* ist nur etwa 1 mm lang und lebt im Boden gemäßigter Klimazonen, wo er Bakterien frisst. Mithilfe größerer Bodenbewohner und des Menschen konnte er sich weltweit verbreiten. Diese passive Ausbreitung ist weiterhin sehr effektiv, sodass seine genetischen Varianten schnell über weite Gebiete verteilt werden [10]. Angesichts der so relativ großen Population und etwa einer Mutation je Generation ist Selbstbefruchtung als Regelform der Fortpflanzung sehr praktisch, insbesondere, wenn ein einzelner Fadenwurm weit verschleppt worden sein sollte. Ein besonderer Mechanismus einer ungeschlechtlichen Fortpflanzung ist bei diesem Tier gar nicht nötig, um bei günstigen Bedingungen eine schnelle Vermehrung zu gewährleisten.

Aus einer solchen Nachkommenschaft eines einzigen Hermaphroditen können auch schnell wieder Männchen entstehen. *Caenorhabditis*-Männchen unterscheiden sich von zwittrigen Tieren dadurch, dass sie wie die Männchen der Säugetiere nur ein und nicht zwei X-Chromosomen besitzen. Allerdings fehlt ihnen ein Y-Chromosom, welches bei diesem Fadenwurm gar nicht existiert. Die Tatsache, dass sie nur ein X-Chromosom, aber alle anderen Chromosomen als Paar besitzen, genügt hier zur Entwicklung eines fruchtbaren Männchens.

Männchen schlüpfen übrigens deshalb so selten, weil ein ungepaartes Chromosom nur durch einen Fehler während der Zellteilung entstehen kann. Bei der **Meiose** erhält jeder Gamet – jedes Ei und jedes Spermium – normalerweise je ein Chromosom aus jedem Paar von Chromosomen. Selten kommt es zu einer **Chromosomenfehlverteilung,** sodass ein Chromosomenpaar in nur einen der Gameten abgegeben wird und der andere völlig leer ausgeht. Normalerweise ist das ein Todesurteil für beide Gameten oder zumindest für die aus ihnen resultierenden Nachkommen. Nur im Fall eines Geschlechtschromosoms wie dem X-Chromosom kann auch mit nur einem X ein Fadenwurm entstehen, in diesem Fall ein Männchen, welches wiederum für seltene, aber von Zeit zu Zeit notwendige Fremdbefruchtungen nötig ist, denn *Caenorhabditis*-Hermaphroditen paaren sich grundsätzlich nicht untereinander. **Chromosomenverteilungsfehler** sind also notwendig, damit Fadenwürmer auf Dauer überleben, ganz ähnlich wie es Mutationen geben muss, damit Evolution stattfindet. Glücklicherweise gibt es keinen fehlerlosen Prozess in der Natur, sodass Fehler nicht nur nützlich sein können, sondern sogar als notwendige Bedingungen in manche natürlichen Vorgänge eingebaut sind. Auch in der Evolution gibt es ohne Fehlschläge keinen Fortschritt.

Der Fadenwurm *Caenorhapditis elegans* ist zwar die uns am besten bekannte Art seiner Gattung, zeigt aber nicht die für Fadenwürmer typische Art der Fortpflanzung. Die Mehrheit seiner Verwandten besteht aus Weibchen und Männchen (Abb. 4.8). Diese getrenntgeschlechtlichen Verwandten besitzen noch eine weitere Eigenschaft, die sie von den Selbstbefruchtern trennt: Sie haben deutlich mehr Gene im Genom. Diese zusätzlichen Gene sind zum Teil männchenspezifisch und haben in einigen Fällen einen starken Einfluss auf den Befruchtungserfolg der Spermien. Wenn die Männchen von *Caenorhabditis briggsae* mit dem Gen *mss* seiner getrenntgeschlechtlichen Schwesterart *C. nigoni* ausgestattet werden und in Konkurrenz mit wildtypischen Männchen Hermaphroditen befruchten, sind sie praktisch alleinige Väter der Nachkommenschaft [244]. Der Mechanismus dieser Verdrängung konkurrierender Spermien ist noch nicht verstanden, funktioniert aber über mehrere Generationen hinweg. Denn während die Nachkommen gewöhnlicher Männchen fast ausschließlich aus Hermaphroditen bestehen, sind jene der transgenen Männer zur Hälfte männlich. Offensichtlich unterliegen manche der männchenspezifischen Gene bei den getrenntgeschlechtlichen Fadenwürmern vor allem der

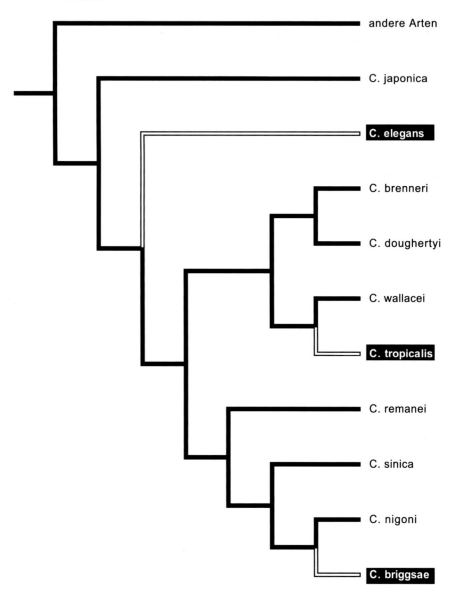

Abb. 4.8 Stammbaum der nächsten Verwandten des Fadenwurms *Caenorhabditis elegans* [244]. Die Mehrheit der Arten bildet Männchen und Weibchen. Nur die drei besonders hervorgehobenen Formen *C. elegans*, *C. tropicalis* und *C. briggsae* bestehen aus Hermaphroditen und seltenen Männchen. Es scheint, als ob diese besonderen Zweige des Stammbaums eher jünger als die normal Zweigeschlechtlichen sind, sodass ihnen vermutlich keine lange Lebensdauer bevorsteht. (© Veiko Krauß [2018])

sexuellen Selektion und schalten die Spermien sowohl anderer Männchen als auch der Hermaphroditen aus, solange jene der anderen Männchen nicht selbst entsprechende Gene tragen.

Auf diese Weise ist es möglich, dass sich ein Fortpflanzungssystem aus Weibchen und Männchen gegenüber einem aus Selbstbefruchtern behauptet. Die hier transgenen Männchen verdrängen nicht nur ihre Geschlechtsgenossen bei der Zeugung von Nachkommen, sondern hemmen auch die Ausprägung einer hermaphroditischen Funktion bei den Weibchen. Zugleich scheint es im Falle einer Neuentstehung solcher Gene denkbar, dass eine hermaphroditische Art eines Tages wieder zu einer getrenntgeschlechtlichen wird, vorausgesetzt, es fehlt nicht zu oft am anderen Geschlecht.

Ganz andere Probleme bei der Partnerwahl haben die zahlreichen Arten parasitischer Würmer. **Echte Bandwürmer** wie etwa Rinder-, Schweine- oder Fuchsbandwürmer leben im Darm ihrer Endwirte, sind immer Hermaphroditen und bilden am Hinterende anstoßbare Körperglieder aus, welche mit Eiern beladen sind. Sie können von weiter vorn am Körper freigesetzten Spermien befruchtet werden. Meist befinden sich jedoch mehrere Bandwürmer im Darm des Wirtes, sodass eine Fremdbefruchtung wahrscheinlicher ist. Der Wirt ernährt den Parasiten also nicht nur, er bietet auch Platz für ein Date. Eine zusätzliche, ungeschlechtliche Fortpflanzung kann bei manchen Arten durch Knospung im Zwischenwirt stattfinden. Größere Arten wie der Rinderbandwurm müssen und können darauf offensichtlich verzichten.

Sehr ähnlich pflanzen sich die appetitlicheren **Austern** fort. Auch sie sind Hermaphroditen, wechseln ihr Geschlecht jedoch entweder nur einmal im Leben oder jährlich. Da ihnen aktive Fortbewegung im Unterschied zu vielen anderen Muscheln als geschlechtsreifes Tier völlig unmöglich ist, sind sie auf äußere Befruchtung angewiesen. Ähnlich wie Korallen produzieren sie Millionen Eier oder Spermien, welche zu bestimmten Zeitpunkten ins Wasser abgegeben werden. Die zeitliche Abstimmung und die große Zahl der Gameten sind notwendig, da die zur Befruchtung zurückzulegenden Wege durchs freie Wasser häufig sehr lang sind. Das liegt unter anderem daran, dass das gerade aktuelle Geschlechtsverhältnis der Tiere einer Austernbank häufig sehr unausgewogen ist. Männliche oder weibliche Austern können zu bestimmten Zeitpunkten also stark überwiegen.

Gänzlich anders lösen **Entenmuscheln** das Problem ihrer Ortsgebundenheit. Auch sie sind im erwachsenen Zustand festgewachsene Bewohner des Meeres. Es handelt sich aber nicht um echte Muscheln, sondern um ungewöhnliche Krebsformen, also um Nachkommen höchst beweglicher Organismen. Sie sind fast immer **Hermaphroditen,** bilden also in einem Tier beide Arten von Geschlechtsorganen aus. Die Entenmuscheln der Brandungszone siedeln sich in Gruppen eng zusammen auf felsigem Grund an und können sich deshalb leicht gegenseitig befruchten. Sie verteilen dazu aber keine Gameten im Wasser, sondern kopulieren mittels ihres vergleichsweise langen Penis. Meist einzeln lebende Entenmuschelarten der Tiefsee lösen das Problem dieses evolutionären Erbes einer inneren Befruchtung anders: An großen Hermaphroditen (oder Weibchen) siedeln sich einzelne Tiere an, die sich zu viel kleineren Männchen entwickeln. Der trauten Mehrsamkeit folgt hier ein Trend zur Rückbesinnung auf eine rein weibliche Rolle beim größten Tier [121].

Bei den Weichtieren sind die komplexesten echten **Zwitter** zu finden. So werden zweigeschlechtliche Tiere genannt, welche im Unterschied zu Hermaphroditen Eier und Spermien zu demselben Zeitpunkt in demselben Organ bilden können. Das wohl bekannteste Tier dieser Art ist die **Weinbergschnecke** *(Helix pomatia)*. Sie gehört zu den wenigen Arten, die während einer einzigen Paarung sowohl Spermien spenden als auch empfangen können. Gleichwohl erlaubt ihr Körperbau keine Selbstbefruchtung. In der Schnecke verteilen sich die erhaltenen Spermien je nach ihrer Geschwindigkeit in verschiedene Organe, nur die schnellsten schaffen es jedoch in ein für sie bestimmtes Aufbewahrungsorgan, wo sie jahrelang befruchtungsfähig bleiben können.

Auf diese Weise werden keine Spermien verschwendet. Allerdings gelingt es nur einer kleinen Minderheit, ihre eigentliche Funktion zu erfüllen. Von der nah verwandten Gebänderten Weinbergschnecke *(Cornu aspersum)* ist bekannt, dass weniger als ein Tausendstel der empfangenen Spermien ein Ei befruchten können [100]. Alle anderen dienen der Ernährung. Diese Form sexueller Fortpflanzung der Landschnecken zeichnet sich durch eine intensive, gegenseitige Neukombination des Genoms mit relativ vielen Partnern aus. Die auffällig effektive Nutzung der reichlich produzierten Spermien gleicht möglicherweise den Nachteil der langsamen Fortbewegung und damit die relativ geringe Chance zur Begegnung aus.

Auch die in pflanzenreichen Süßgewässern zu findende **Spitzhornschnecke** *(Lymnaea stagnalis)* ist ein echter Zwitter. Im Unterschied zur Weinbergschnecke findet bei ihr jedoch keine gleichzeitige gegenseitige Befruchtung statt. Wenn zwei Spitzhornschnecken aufeinandertreffen, verhält sich diejenige, dessen Spermienvorrat größer ist, zunächst als Männchen [100]. Erst nach dem entsprechenden ersten Paarungsvorgang schließt sich häufig eine umgekehrt orientierte Paarung an, allerdings nur, wenn auch die zweite Schnecke etwas zu geben hat. Über die Größe des Spermienvorrats entscheidet im Wesentlichen der Zeitabstand zur letzten Paarung. Erzwungene Enthaltsamkeit macht die Schnecken also männlicher, während umgekehrt jeder Spermienempfang die Empfängnisbereitschaft erhöht. Wird also eine Schnecke sehr häufig begattet, wird sie in der Regel als Weibchen agieren. Das kann dennoch nicht sexuelle

Ausbeutung genannt werden, denn die proteinreichen Spermienlieferungen werden zum größten Teil verdaut und damit nicht nur zur Befruchtung, sondern auch zur Produktion der Eier genutzt. Der Aufwand, als Schnecke ein Kind zu zeugen, ist jedenfalls nicht geringer als eines zur Welt zu bringen.

Tiere mit größerem Aktionsradius als Schnecken, Parasiten oder bodenbewohnende Würmer wie Faden- und Regenwurm sind jedoch nur selten Zwitter oder Hermaphroditen. Bei kleinen Insektenarten finden wir häufig ökologische Nischen, welche zeitlich und räumlich begrenzt eine intensive Vermehrung ermöglichen, dann aber eine Zeit sicherer Überdauerung ungünstiger Verhältnisse sowie häufig einen Ortswechsel erfordern. Hier haben sich besondere Fortpflanzungsformen und damit auch besondere Formen der Sexualität etabliert. Ein gut untersuchtes Beispiel sind die Blattläuse.

Im Gegensatz zu den meisten anderen Formen der Insekten treten Blattläuse vor allem in den nördlichen, gemäßigten Breiten auf. Sie sind also besonders an die Jahreszeiten angepasst. Blattläuse verbringen ihr ganzes Leben saftsaugend an einer Samenpflanze. Sie bringen in einer Saison mehrere Generationen hervor. Manche Arten wechseln dabei auch regelmäßig ihren Wirt, sodass sie in verschiedenen Jahreszeiten an gänzlich unterschiedlichen Pflanzen zu finden sind.

Die derzeit vermutlich bestuntersuchte Blattlausart der Welt ist die **Erbsenblattlaus** *(Acyrthosiphon pisum)*. Sie saugt ohne Wirtswechsel an verschiedenen Arten schmetterlingsblütiger Pflanzen und kann dabei in Erbsenkulturen beträchtlichen Schaden anrichten, indem sie Krankheiten überträgt. Ihre übliche Art der Fortpflanzung (Abb. 4.9), die Jungfernzeugung **(Parthenogenese)** ermöglicht ihr eine schnelle Vermehrung, wenn Nahrung reichlich zur Verfügung steht. Bei einer durchschnittlichen Generationszeit von 14 Tagen kann jede Blattlaus etwa 100 mit ihr genetisch völlig übereinstimmende Nachkommen als lebende Jungtiere auf die Welt bringen. Diese klonale Reproduktion spart Männchenproduktion und Partnerfindung ein. Eine einzige Blattlausmutter ist deshalb unter günstigen Bedingungen in der Lage, im Laufe eines Sommers ihre Fraßpflanze mit Nachkommen förmlich zu überschwemmen.

Eine solch schnelle Vermehrung wird aber nebensächlich, wenn die Nahrung im Herbst knapp wird. Jetzt wird die Qualität der Überwinterung darüber entscheiden, wer sich im nächsten Jahr erfolgreich reproduzieren kann. Nahrungsreserven werden zur Bevorratung im Ei und für einen sexuellen Zyklus genutzt. Neue Allelmischungen für die Klone des kommenden Jahres entstehen durch herbstlichen Sex. Auch Blattläuse trennen damit ihre Vermehrung durch Jungfernzeugung von ihrer genetischen Ertüchtigung durch sexuelle Fortpflanzung, ähnlich wie es bei Pilzen und Pflanzen der Fall ist. All diese

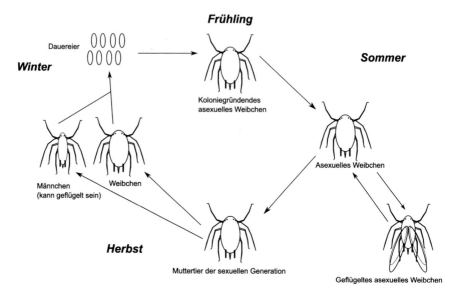

Abb. 4.9 Jahreszyklus der Erbsenblattlaus *(Acyrthosiphon pisum)*. Aus im Boden abgelegten Dauereiern schlüpfen im Frühjahr die Gründungsmütter der Blattlauskolonie. Diese besiedeln ihre Fraßpflanzen und bringen nach 7 bis 10 Tagen täglich etwa 12 junge Blattläuse lebend zur Welt, welche nach Erreichen der Fortpflanzungsreife dasselbe tun. Alle Tiere sind asexuelle Tiere, welche dennoch Weibchen genannt werden. Jungtiere sind genetisch identische Klone der Muttertiere. Wird das Gedränge auf dem pflanzlichen Wirt zu groß, werden geflügelte Tiere produziert, die neue Pflanzen besiedeln können. Kürzere Tage und kühlere Temperaturen lassen im Herbst Muttertiere entstehen, welche Männchen und Weibchen zur Welt bringen. Diese Weibchen legen überwinterungsfähige Eier ab, welche zuvor von den Männchen befruchtet werden müssen. (© Veiko Krauß [2016])

Organismen sichern also nicht den Umfang, sondern die Qualität ihrer Fortpflanzung durch Sex ab.

Für Insekten ist dieser Fortpflanzungszyklus allerdings nicht typisch. Große Käfer, Zikaden oder Eintagsfliegen brauchen oft mehrere Jahre, bis sie ihre Fortpflanzungsfähigkeit erreichen. Die Individuenzahlen dieser größeren Insekten bleiben deutlich hinter denen der Blattläuse zurück. Die Fortpflanzung erfolgt bei fast allen Arten ausschließlich sexuell, auch dann, wenn wie z. B. bei vielen Fliegen und Mücken mehrere Generationen in einem Jahr aufeinander folgen. Eine Gemeinsamkeit aller Insekten gibt es jedoch: Ihre Fortpflanzungsreife beschränkt sich auf eine Saison. Beim Männchen beschließt in der Regel die Paarungszeit, beim Weibchen meist die Zeit der Eiablage das eigene Leben. Nur selten wird es noch durch Brutfürsorge oder Brutpflege wie etwa bei den Totengräber-Käfern oder den Ohrwürmern verlängert. Ein jahrelanges Überleben als Geschlechtstier ist nur bei Mutter- und manchmal auch Vatertieren sozialer Insekten wie Ameisen und Termiten bekannt.

Dagegen kommen Wirbeltiere im Laufe ihres typischerweise mehrere Jahre umfassenden Lebens auch periodisch zu bestimmten Zeiten, also wiederholt, in Paarungsstimmung. Die Fortpflanzung im Wasser ermöglicht bei vielen Fischen und Lurchen eine äußere Befruchtung der Eier, welche besonders beim Fehlen von Brutfürsorge oder -pflege sehr zahlreich sind. Wie bei größeren Insekten kommt nichtsexuelle Fortpflanzung nur als Ausnahme und dann stets als einzige Fortpflanzungsform vor, vor allem bei verschiedenen kleinen, tropisch verbreiteten Süßwasserfischen. Solche Formen sind in der Regel das Ergebnis einer lange Zeit zurückliegenden Kreuzung zweier nah verwandter, normaler sexueller Arten.

Ein Beispiel dafür ist der **Amazonenkärpfling** *(Poecilia „formosa",* welcher als Kreuzung zweier Arten so bezeichnet wird: *Poecilia mexicana x latipinna).* Wie sein deutscher Name vermuten lässt, gibt es von dieser Art nur Weibchen. Seine Fortpflanzung ist keine echte Jungfernzeugung, denn sie erfordert eine Kopulation mit Männchen der Vaterart *Poecilia latipinna,* dem Breitflossen-kärpfling, oder mit Männchen mehrer anderer Arten derselben Gattung. Ohne diese Paarung kann kein Nachwuchs entstehen, obwohl nur etwa 1 % des Erb-materials dieses „Vaters" zusätzlich zu den beiden Chromosomenpaaren des Weibchens, unter zufälliger Auswahl und mit zudem unsicherer Perspektive der Weitergabe an folgende Generationen in die Eier des Amazonenkärpflings gelangt [230]. Diese Form der Fortpflanzung wird **Gynogenese** genannt.

Für die Entstehung des im Wesentlichen klonalen Nachwuchses des Weib-chens ist also die Anregung der Entwicklung der Eier durch eine Schein-befruchtung nötig. Die Fremdpaarung des Amazonenkärpflings wird auch als **Sexualparasitismus** bezeichnet, obwohl die Brautwerbung den beteilig-ten Kärpflings-Männchen vermutlich nicht unangenehm ist. Nur für die Amazonen-Weibchen und nicht etwa deren Sexualpartner stellt ja die notwen-dige Paarung mit anderen Arten ein Abhängigkeitsverhältnis dar. Die innere Befruchtung hält die durch dieses Verhalten verursachten Spermienverluste für die Spenderarten in Grenzen und verhindert nicht eine spätere, erfolgreiche Paarung der betroffenen Männchen mit artgleichen Weibchen. Wir werden im Abschn. 7.1 auf die Gynogenese zurückkommen und diskutieren, warum es für Wirbeltiere dennoch auf Dauer keinerlei Alternative zur sexuellen Fort-pflanzung gibt.

Mit zunehmender Landgebundenheit besteht bei Wirbeltieren die Ten-denz, dass Brutfürsorge und Brutpflege immer größere Bedeutung erlangen. Damit kann die Zahl der pro Weibchen produzierten Eier deutlich sinken. Ein Höhepunkt dieses Trends wird bei Vögeln und Säugetieren erreicht. Zugleich entstand bei manchen Arten dieser Gruppen auch eine Neigung zu längeren Partnerschaften von Männchen und Weibchen, welche über einen Fortpflanzungszyklus hinausreichen. Stark ausgeprägt ist eine lebenslange Partnerschaft beispielsweise bei Gänsen, Rabenvögeln, Gibbons und bestimmten Wühlmäusen. Eine Fähigkeit zum umfassenden Lernen ermöglicht offenbar den Aufbau starker und dauerhafter sozialer Bindungen zwischen den Elterntieren, die dem Nachwuchs zustatten kommen.

Letzteres gilt ganz offensichtlich für die **Präriewühlmaus** *(Microtus ochrogaster)*, welche das zentrale Nordamerika bewohnt. Männchen und Weibchen gehen eine lebenslange soziale Beziehung ein und ziehen die Nachkommen des Weibchens gemeinsam auf, obwohl diese nur zu etwa drei Vierteln vom Männchen des Paares abstammen. Denn die sexuelle Treue des Männchens hängt von der Menge des Vasopressinrezeptors ab, welcher von den Allelen seines *avpr1a*-Gens produziert wird. Reichliche Mengen des Rezeptors bewirken Orts- und Partnertreue, während Männchen mit weniger stark produktiven Allelen umherschweifen und trotz der Aggressivität sexuell aktiver fremder Weibchen diese manchmal erfolgreich begatten. Es scheint, als ob schwach *und* stark aktive Allele des Gens evolutionär beständig sind, vielleicht, weil eine Wanderungsneigung der Männchen je nach den unbeständigen Umweltbedingungen in der Prärie und den damit stark schwankenden Siedlungsdichten der Wühlmäuse sich positiv, aber auch negativ auf die Zahl ihrer Nachkommen auswirken kann [160].

Monogamie ist aber keine Erfindung der Wirbeltiere. Im Gegenteil zeichnet sich eine Art der gemeinhin als primitiv angesehenen Plattwürmer, das **Doppeltier** *(Diplozoon paradoxum)*, durch eine unübertroffene Treue zum einmal gewählten Partner aus. Doppeltiere leben als Ektoparasiten in den Kiemen von Süßwasserfischen. Je zwei der zwittrigen Tiere kopulieren, sobald die freischwimmenden Larven einen neuen Wirt gefunden haben. Dabei verschmelzen sie dauerhaft miteinander. Ihre Samenleiter verwachsen wechselseitig mit der Scheide des Partners, wodurch eine lebenslange gegenseitige Fremdbesamung garantiert wird [175]. Solche und andere im Regelfall monogame Bindungen schränken bei vielen Tierarten eine mögliche spätere Korrektur der Partnerwahl ein und machen deutlich, dass **sexuelle Selektion** nicht der Zweck, sondern nur eine Folge sexueller Fortpflanzung ist.

Einschränkungen freier Partnerwahl weisen darüber hinaus darauf hin, dass es – entgegen manchen Darstellungen – nicht die Funktion sexueller Rekombination ist, die genetische Variation zu erhöhen, was durch einen häufigen Wechsel des Partners zweifellos begünstigt würde. Das kann sie schon deshalb nicht, weil in jeder Generation die Karten neu gemischt werden und neu geschaffene Kombinationen dadurch ebenso schnell wieder verloren gehen, wie sie entstanden sind. Es geht vielmehr um die Neukombination des Vorhandenen. Vorteilhafte Allele müssen vom Ballast nachteiliger Nachbarn befreit werden. Die fast immer nur wenigen Nachkommen einer Paarung, welche die Fortpflanzungsreife erreichen, unterscheiden sich voneinander schon so stark, dass ständig wechselnde Elternpaare keine wesentliche Erhöhung der Mischungseffizienz erzielen würden (Abb. 4.10). Gleichwohl kommen solche

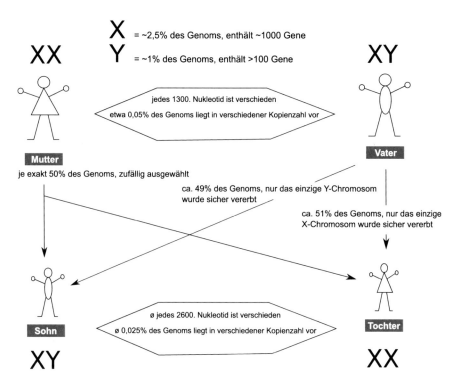

Abb. 4.10 Genetische Unterschiede in einer menschlichen Familie [111, 194]. Die Geschlechtschromosomenverteilung und ihr Gengehalt sind angegeben. Die Unterschiede zwischen diesen Eltern entsprechen dem Durchschnitt zwischen zwei zufällig ausgewählten Menschen und liegen damit nur wenig über den durchschnittlichen genetischen Unterschieden zwischen tatsächlichen Paaren, da die Masse der einigermaßen häufigen, weltweit existierenden genetischen Unterschiede bereits in einer regionalen Population (z. B. in der Stadt Berlin) zu finden ist. Jeder einzelne Mensch hier wie anderswo bildet zusätzlich durchschnittlich etwa 150 seltene Varianten von Proteinen aus, welche zum großen Teil mehr oder weniger nachteilig für ihre Träger sind. Die Neuverteilung der zugrunde liegenden Allele durch Sex dient ihrer allmählichen Verdrängung aus der Population durch zufällige An- und Abreicherung in der Nachkommenschaft. Zugleich treten in jedem Nachkommen etwa 100 Neumutationen auf, von denen etwa eine einzige dieses Maß an genetischer Last durch zufällige Anreicherung (**genetische Drift**) wieder vergrößert. Auf diese Weise stellt sich ein ungefähres Gleichgewicht zwischen Entfernung und Neuentstehung nachteiliger Allele her. (© Veiko Krauß [2016])

Wechsel auch bei Vögeln und Säugetieren regelmäßig vor, sind aber, wie die Beispiele lebenslanger Paarbindung zeigen, für ihren evolutionären Erfolg nicht entscheidend.

4.6   Tendenzen

In diesem Kapitel wurde die **Sexualität** der Lebewesen mit echtem Zellkern (den Eukaryoten) als Methode beschrieben, ihre genetische Variation zu mischen, um die Spreu (die immer wieder entstehenden nachteiligen Mutationen) vom Weizen (dem funktionierenden Erbmaterial) zu trennen. Mit dem Bau der Organismen nimmt auch die Kompliziertheit dieses Vorgangs zu. Die Pantoffeltierchen beweisen, dass Sex nicht mit einer Fortpflanzung gekoppelt sein muss. Diese Verbindung aber wird spätestens bei **Mehrzellern** unvermeidlich, weil fast jede Zelle eines mehrzelligen Organismus Kopien des gesamten Erbmaterials eines Organismus enthält. Eine Neukombination

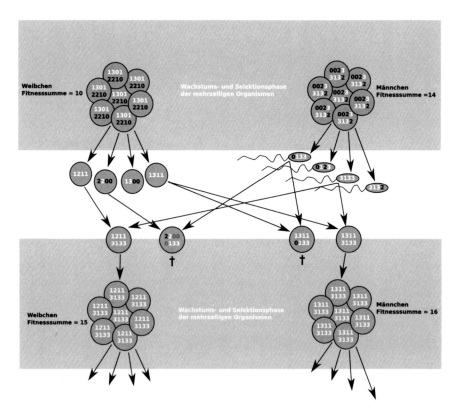

Abb. 4.11 (Fortsetzung)

◀ **Abb. 4.11** (Fortsetzung) Die genetische Fortpflanzung mehrzelliger Organismen ist ein Zufallsgenerator, der die Selektion günstiger Allele erleichtert und zugleich zur Ausmerzung ungünstiger Allele beiträgt. Dargestellt ist ein mehrzelliger, diploider Modellorganismus (wie viele Tiere, Pflanzen oder Pilze), der stark vereinfacht über vier Gene verfügt, welche jeweils in vier anfangs gleich häufigen, verschiedenen Allelen (0 bis 3) auftreten und in jeweils zwei Kopien in jedem Organismus vorhanden sind. Die Allele eines Gens stehen dabei direkt übereinander. Die Fitness steigt entsprechend des Modells proportional zur Ziffer der Allele, sodass sich die Gesamtfitness in der Summe aller Allele der Einzelzellen ausdrückt. Später aussterbende Allele wurden schwarz, die überlebenden Allele weiß dargestellt. Die überlegenen 3-Allele werden häufiger. Die 1-Allele werden ebenfalls häufiger, was aber durch ihre häufige zufällige Kombination mit 3-Allelen verursacht wurde und in einer größeren Simulation daher nicht mehr auftreten könnte. Selektion findet nur in der grau unterlegten Wachstumphase der Organismen statt, während die Phase der geschlechtlichen Fortpflanzung dazwischen durch eine rein zufällige Allelzusammenstellung in den haploiden Gameten (Eier oder Spermien) und eine rein zufällige Befruchtung beider Gameten bestimmt wird. Die Selektion (Tod) der beiden Nachkommen mit unterlegener Gesamtfitness (11 oder 13) wird durch ein Kreuz symbolisiert. Zu erkennen ist, (1) dass die Fitness *beider* Geschwister die *beider* Eltern übertrifft und (2) dass Allele mit unterlegener Fitness tendenziell seltener werden (2-Allele) bzw. verschwinden (0-Allele). Bei ungeschlechtlicher Fortpflanzung hätten sich die Nachkommen mit der günstigeren Allelkombination beider Eltern durchgesetzt (bei Verlust des fitten 3-Allels im 2. Gen). Die Fitness hätte dann ohne Mutationen auch in späteren Generationen nicht mehr weiter über 14 hinaus gesteigert werden können, während wenige Generationen geschlechtlicher Fortpflanzung ausreichen, um reine 3-Kombinationen zu erreichen (Gesamtfitness = 24). Dann haben – ohne Mutation – auch sexuelle Modellorganismen das Ende der Fahnenstange erreicht, denn sexuelle Fortpflanzung kann zwar fitte Allele erhalten, aber keine neue Variation schaffen. (© Veiko Krauß [2019])

des Genoms mit einem anderen Organismus ist also nur in einem einzelligen Übergangsstadium möglich, welches zugleich den Startpunkt zur Entstehung eines neuen Vielzellers darstellt. Ansonsten bestände die Gefahr, dass das weitergegebene Erbmaterial nicht mit dem fitnesserzeugenden Erbmaterial übereinstimmt (Abb. 4.11).

Mehrzelligkeit ist also in mehrfacher Hinsicht die Ursache für die geschlechtliche Fortpflanzung. Erstens sind mehrzellige Organismen häufig zu groß und deshalb zu wenig zahlreich, um ohne genetische Rekombination auf Dauer effektiv selektiert werden zu können. Zweitens ist die Vermehrung der einzige Zeitpunkt, währenddessen ein Mehrzeller ein Einzelstadium durchlaufen und die dabei neukombinierte DNA danach identisch auf alle neu entstehenden Körperzellen verteilen kann.

Wie schon bei Betrachtung der Moose erkennbar, zeichnen sich alle Landpflanzen im Gegensatz zu vielen Algen durch einige Merkmale der fortgeschrittenen Sexualität aus. Erstens liegt bei ihnen stets **Oogamie, d. h.** die Trennung in einen großen, unbeweglichen und viele kleine, bewegliche Gameten, vor. Vermutliche Ursache ist die wahrscheinliche Unfähigkeit komplexer vielzelliger Pflanzen mit ausgeprägter Gewebedifferenzierung, als Einzeller erfolgreich Stoffwechsel durchzuführen. Damit entfällt die Möglichkeit, gleichförmig gebaute, effizient bewegliche Gameten unterschiedlichen Paarungstyps mit Aussicht auf Erfolg auszusenden. Denn Beweglichkeit bedeutet Verzicht auf größere Mengen lebenserhaltender Speicherstoffe. Einzelzellen können sich zugleich nur in flüssigen Medien gezielt fortbewegen, sodass die zueinander passenden Gameten bei sesshaften Landlebewesen größere Schwierigkeiten haben, sich zu finden, was bei Betrachtung der Moose deutlich wurde. Im Gegensatz dazu haben vielzellige Pilze dieses Problem nicht, weil verschiedenste Paarungstypen sich in geeigneten Habitaten schnell durch Wachstum vernetzen, d. h., die Phase einzelliger Gameten entfällt ganz.

Die Ausbildung von Landpflanzen verschiedener Geschlechter als Möglichkeit, eine Fremdbefruchtung zu erzwingen, konnte sich evolutionär nicht generell durchsetzen. Das ist mit einiger Wahrscheinlichkeit auf die damit verbundene Unsicherheit der Fortpflanzung zurückzuführen. Obwohl Bedecktsamer mit der Indienststellung von Tieren zur Sicherung ihrer Bestäubung dieses Problem auf höherer Ebene gelöst zu haben scheinen, bleibt es offensichtlich in Abhängigkeit von der konkreten Lebensweise der Pflanze dennoch bestehen, denn nur etwa 6 % der Bedecktsamer leisten sich getrennte Geschlechter [177]. Das könnte mit der unregelmäßigen Verteilung der Standorte der beiden Geschlechter zu tun haben, was Wind- und Tierbestäubung behindert. Wegen der evolutionären Kurzlebigkeit zweihäusiger, also getrenntgeschlechtlicher Pflanzen sind auch Geschlechtschromosomen bei Pflanzen grundsätzlich evolutionär jünger als bei Tieren [225].

Zur Aufrechterhaltung der Rekombination entstanden daher bei den Blütenpflanzen zusätzliche Funktionen der Selbst-Inkompatibilität. Interessanterweise wurden dabei unterschiedliche Wege eingeschlagen. Ein einfacher Weg ist ein unterschiedlicher Reifezeitpunkt der Staubblätter und des Fruchtknotens einer Blüte, sodass die eigenen Blüten nur durch Fremdpollen befruchtet werden können, während die später freigesetzten eigenen Pollen nur noch etwas später blühende Exemplare der eigenen Art bestäuben. Möglich ist auch eine funktionelle Inkompatibilität von Pollen und Narbe der eigenen Blüte. Eine Bestäubung durch Tiere eröffnet zudem die Möglichkeit, dass zunächst die Narbe durch eventuell bereits pollenbeladene Blütenbesucher berührt werden muss, bevor dieser Zugang zu den Pollen der entsprechenden Blüte bekommt.

Wie auch immer die Methode zur Erzielung von Fremdbestäubungen aussieht: Sie ist häufig unvollkommen oder verringert wesentlich die Chance, überhaupt eigene Nachkommen durch sexuelle Fortpflanzung zu erzielen. Viele Pflanzenarten leben daher – trotz des damit verbundenen Fitnessverlustes [196] – mit einem hohen Anteil der Selbstbefruchtung oder nutzen asexuelle Methoden der Fortpflanzung wie die Bildung von Ablegern oder Brutblättern, um ihren Fortbestand auch beim Fehlen eines geeigneten Sexualpartners vorläufig zu sichern. Manche Baumarten wie z. B. Nadelbäume könnten jedoch auf eine regelmäßige Fremdbestäubung angewiesen sein, wie ihre Getrenntgeschlechtigkeit vermuten lässt. Der Preis dafür ist die Produktion einer gewaltigen Pollenmenge.

Wie Pflanzen haben sicher auch Tiere das Problem, sich als Einzeller nicht erfolgreich ernähren zu können. Festsitzende Tiere wie Korallen oder Seescheiden können aber als Larven aktiv einen geeigneten Lebensraum aufsuchen und bilden dadurch Aggregationen erwachsener Tiere, welche die Gametenfindung im wässrigen Lebensraum wesentlich erleichtern.

Mehrzellige Algen tendieren stark zur **Oogamie,** also zu einen unbeweglichen, weiblichen Gameten (Ei), welcher durch einen beweglichen, männlichen Gameten (Spermium) an oder im eierproduzierenden Tier (Weibchen) befruchtet wird. Getrenntgeschlechtigkeit ist die Regel, da die Aggregation der Individuen im Lebensraum Wasser die Wahrscheinlichkeit der Befruchtung ausreichend erhöht.

Bei freibeweglichen Tieren wird die Gametenfindung zur Partnerfindung. Die Produktion von Spermien kann so bei gleichzeitiger Erhöhung der Befruchtungswahrscheinlichkeit wesentlich reduziert werden. Eine Übergangsform der Befruchtung ist dabei die **äußere Befruchtung,** wobei sich Männchen und Weibchen zwar paaren, aber nicht kopulieren. Die Eier werden vom Weibchen abgegeben, bevor sie befruchtet werden. Das Paar verkürzt damit zwar den Weg der Spermien, das Weibchen leitet oder bevorratet sie aber nicht, wie es bei der **inneren Befruchtung** der Fall ist. Hier stellt das Weibchen auch einen geschützten Befruchtungsraum zur Verfügung und sorgt oft durch die Wahl des Orts der Eiablage für günstige Entwicklungsbedingungen des Nachwuchses, wie wir es etwa von vielen Insekten kennen **(Brutfürsorge).** Formen der **Brutpflege** dagegen begegnen uns regelmäßig erst bei Vögeln und Säugetieren, obwohl viele andere Tierarten aus weiteren Gruppen (Spinnen, Insekten, Fische und auch einige Lurche und Reptilien) Brutpflege betreiben.

Mit zunehmender Komplexität wandeln sich sexuelle Vorgänge damit zum Fortpflanzungsverhalten und sind ein wesentlicher und vielleicht der faszinierendste Teil der Naturgeschichte der Lebewesen. Eine besonders interessante Folge der Entstehung der Sexualität ist die Entstehung von Organismen unterschiedlichen Geschlechts mit auch innerhalb derselben Art mitunter mehr oder weniger stark abweichenden Lebensweisen. Obwohl für effektiveren Sex entstanden, kann die Entstehung strukturell und funktionell unterschiedlicher Organismen innerhalb ein und derselben Art Konsequenzen haben, welche den Fortpflanzungserfolg gefährden. Mehr dazu im Kap. 5.

5

Das Individuum schlägt zurück

Sexuelle Selektion dient dem gemeinsamen Erfolg der Befruchtung, indem sie die passenden Partner nach Artzugehörigkeit, Geschlecht und Paarungsbereitschaft auswählt. Die Differenzierung der Gameten in Ei und Spermium sowie die innere Befruchtung führten dennoch zu Konflikten zwischen den Geschlechtern. Unabhängig von der konkreten Rolle ist Sex für beide Geschlechter anstrengend und hat oft unangenehme Konsequenzen. Im Zusammenhang mit den Lebensumständen, aber auch mit dem Aufbau des Erbmaterials hat sexuelle Selektion sehr unterschiedliche Auswirkungen. Eine Auslese besonders vorteilhafter Gene findet dabei jedoch – entgegen mancher Hypothesen – nicht statt. Deshalb kann sexuelle Selektion zwar Gestalt und Verhalten – besonders hinsichtlich der Geschlechtsunterschiede – beeinflussen, aber nicht die Eignung der Lebewesen für ihre ökologischen Nischen verbessern.

Das letzte Kapitel endete mit der Vorstellung des großen Problems sexueller Fortpflanzung: Sie erfordert die Verschmelzung zweier Zellen *unterschiedlicher Herkunft,* denn anders ist die erforderliche Mischung der Allelvielfalt innerhalb einer Art nicht zu erreichen. Aufgrund dieser Notwendigkeit erhielten die zu verschmelzenden Zellen eine Markierung, Paarungstyp genannt, welche sicherstellt, dass sich nicht ausgerechnet jene Gameten vereinigen, welche sich zuvor voneinander getrennt haben.

Gameten unterschiedlichen Paarungstyps sind jedoch nicht verschiedenen Geschlechts, denn sie unterscheiden sich nur hinsichtlich ihres Befruchtungsziels, nicht aber in ihrer Größe oder Bewegungsfähigkeit. Während es nur zwei biologische Geschlechter gibt, können, wie für den Spaltblättling (Abschn. 4.1) beschrieben, sehr viel mehr verschiedene Paarungstypen gebildet werden, denn ihre Rolle besteht nur darin, ihre Abstammung zu erinnern und eine Verschmelzung eng verwandter Zellen auf diese Weise zu verhindern.

© Der/die Autor(en), exklusiv lizenziert durch Springer-Verlag GmbH, DE, ein Teil von Springer Nature 2021
V. Krauß, *Das älteste Glücksspiel,* https://doi.org/10.1007/978-3-662-62585-9_5

Gameten unterschiedlichen Geschlechts jedoch teilen weitere Funktionen untereinander auf: Eier locken an und stellen Reserven für die Nachkommen zur Verfügung, während Spermien meist zahlreiche vorratsarme, kurzzeitig leistungsfähige Schwimmer sind, die diese Eier aufsuchen.

Weder Einzeller noch Pilzhyphen brauchen Geschlechter, denn ihre haploiden Zellen unterschiedlichen Paarungstyps sind selbstständig lebensfähige Organismen. Sie suchen einen Partner, sind aber zugleich zur ungeschlechtlichen Vermehrung fähig. Eine funktionelle Spezialisierung als Eizelle oder Spermium liegt nicht vor. Sexuelles Verhalten wird hier von einer aktuellen Gelegenheit ausgelöst, es ist nicht die ausschließliche Funktion dieser Zellen.

Die **Entstehung mehrzelliger Organismen** mit einer Arbeitsteilung zwischen verschiedenen Zellen wie bei Pflanzen und Tieren war dagegen nicht nur die Voraussetzung, sondern auch die Ursache für die Entstehung echter, d. h. äußerlich unterschiedlicher Geschlechter. Denn je komplexer der Mehrzeller wird, umso mehr widerspricht seine entstehende Arbeitsteilung zwischen seinen zunehmend verschiedenen Zelltypen der Bildung selbstständig lebensfähiger, einzelliger Gameten. Deshalb wird diese für die Sexualität unverzichtbare, einzellige Lebensphase nunmehr vom Mehrzeller mit Vorräten ausgestattet, um den Verlust der eigenständigen Überlebensfähigkeit auszugleichen. Gameten werden damit selbst spezialisierte Zelltypen, welche nun nur noch begrenzte Zeit ohne den Zellverband des Gesamtorganismus überleben können.

Das war die Grundlage für die **Differenzierung von Eizelle und Spermienzelle** aus ursprünglich einheitlichen Gameten und damit für die Evolution der Geschlechter. Eine Eizelle ist die Lösung für ein neues Dilemma: Einerseits müssen die beiden verschmelzenden Gameten genügend Vorräte mitbringen, damit der neue Organismus sich bis in ein eigenständig lebensfähiges Stadium, d. h. in jedem Fall mehrzelliges Stadium entwickeln kann. Andererseits sind so gut bevorratete Zellen auf ihrer Suche nach passenden Verschmelzungspartnern ein lohnendes Ziel für Räuber und zugleich durch ihre Vorräte in ihrer Beweglichkeit gehemmt. Da liegt es nahe, einen der Paarungstypen einen zur Ortsveränderung unfähigen, reich bevorrateten Gameten bilden zu lassen (das Ei), während der andere Paarungstyp viele hochmobile, aber vorratsarme Gameten bildet (die Spermien). Diese Evolution weiblicher und männlicher Gameten ist offenbar für komplexe Mehrzeller ohne Alternative, denn Ei und Spermium sind vermutlich mehrfach unabhängig voneinander bei allen entsprechenden Organismengruppen entstanden. Organismen, die aus mehreren verschiedenen Zelltypen bestehen, waren deshalb wohl gezwungen, zwei verschiedene Formen von Gameten und darauf aufbauend die beiden Geschlechter zu erfinden.

5.1 Was ist sexuelle Selektion?

Wie so oft gebar diese Lösung aber ein neues Problem, auf das in diesem Kapitel näher eingegangen werden soll. Denn im Gegensatz zum Spermium enthält das Ei nicht nur den einfachen Chromosomensatz zur Rekombination, sondern auch die Stoff- und Energievorräte, um die Entwicklung zum Organismus erfolgreich beginnen zu können. Im Kontrast dazu bringt das Spermium keine nennenswerten Vorräte mit, sondern nur sein Genom, muss aber den weiblichen, nunmehr unbeweglichen Gameten aktiv aufsuchen. Seine Mission ist schwieriger und bleibt daher öfter unerfüllt als jene der Eizelle. Zugleich ist die Erzeugung von Eizellen pro Stück deutlich aufwendiger als die Erzeugung von Spermien. Aus diesen Gegensätzen ergeben sich die unterschiedlichen Mengen von Eiern und Spermien: Spermien müssen Massenware sein, während Eier wertvolle Vorräte in die Verschmelzung einbringen und deshalb nicht nur teurer zu produzieren sind, sondern zugleich auch nur in geringerer Anzahl gebraucht werden.

Schon Charles Darwin [44] erkannte, dass sich genau hier ein Konflikt aufzubauen beginnt (Abb. 5.1). Mehrzeller können deutlich mehr Spermien als Eier erzeugen und sich damit potenziell öfter über Spermien als über Eier reproduzieren. Eier sind deswegen begehrt und damit die vergleichsweise sicherere Form der Reproduktion. Diese ungleiche Verteilung der Reproduktionschancen und -sicherheiten zwischen Eiern und Spermien beeinflusste zunächst nur das Aussehen der Gameten und der sie produzierenden Organe, denn ortsgebundene Mehrzeller wie Pflanzen und viele Meerestiere sind nicht in der Lage, ihre Gameten unmittelbar bei der Findung des Paarungspartners zu unterstützen.

Das änderte sich, als nicht nur Larven, sondern auch fortpflanzungsfähige Organismen vieler Tiergruppen aktive Schwimmfähigkeiten entwickelten. Dadurch entstanden vermehrt getrenntgeschlechtliche Individuen, welche nur Eier (Weibchen) oder nur Spermien (Männchen) produzierten. Sie konnten sich gegenseitig zu bestimmten Fortpflanzungszeiten (Laichzeiten) aufsuchen, um die Gametenfindung zu erleichtern. Die Befruchtung findet dann mehr oder weniger unmittelbar nach Ablage der Eier durch das Weibchen im freien Wasser durch das Männchen statt (**äußere Befruchtung**). Dabei zeigt das Männchen ein spezielles Balzverhalten, um das Weibchen zur Ablage seiner Eier zu veranlassen. Diese Balz und ihre Beantwortung durch das Weibchen dient primär der gegenseitigen Erkennung von füreinander geeigneten, d. h. artgleichen, geschlechtsverschiedenen und fortpflanzungsbereiten Partnern. Schlägt diese Partnerfindung fehl – z. B. weil Männchen einer neu eingewanderten Art um die Weibchen einer zuvor im Gebiet bereits heimischen Art erfolgreicher werben als die eigenen –, dann kann das zu einer **sexuell verursachten Verdrängung** der alteingesessenen Art durch den Neuankömmling führen [78]. Es wurde also bereits nachgewiesen, dass Arten durch sexuelle Konkurrenz aussterben oder zumindest aus bestimmten Lebensräumen verschwinden können.

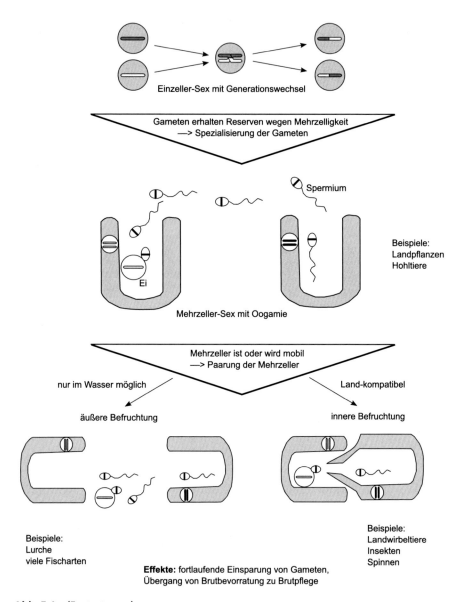

Abb. 5.1 (Fortsetzung)

◄ **Abb. 5.1** (Fortsetzung) **Die Entstehung der Geschlechter.** Die Evolution der sexuellen Fortpflanzung war mit einer zunehmenden Differenzierung zunächst der haploiden und dann auch der diploiden Stadien der Organismen verbunden. Ausgehend von einem einfachen Generationswechsel zwischen haploiden und diploiden Phasen von Einzellern entwickelten sich mit der Evolution mehrzelliger Organismen spezialisierte Gameten (Ei und Spermium). Die Evolution mobiler Tiere begünstigte dann die Getrenntgeschlechtlichkeit, d. h. die Produktion jeweils nur einer der beiden Gametentypen durch ein Individuum. Als verschiedene Abstammungslinien dieser mobilen Tiere zum Landleben übergingen, war das zumindest bei den sogenannten **Trockenlufttieren** (z. B. Reptilien, Vögel, Säugetiere, Insekten und Spinnen) auch mit dem Übergang zur inneren Befruchtung verbunden. Alle diese hier dargestellten evolutionären Schritte verstärkten die sexuelle Selektion. (©Veiko Krauß [2016])

Dieses zur Fortpflanzungssicherung nötige Signal stellt zugleich den **Ausgangspunkt für sexuelle Selektion** dar. Denn das Weibchen reagiert nur auf ein ausreichend deutliches Signal des Männchens mit einer Eiablage. Genügen Erscheinung, Duft oder Verhalten des Männchens nicht, um das Eiablageverhalten des artgleichen Weibchens auszulösen, werden seine Spermien keine Gelegenheit zur Befruchtung bekommen. Dazu muss das Männchen nicht nur in der Lage sein, diese Signale zu senden, es muss auch das artgleiche Weibchen als solches vor der **Balz** erkennen und seine Wahl durch die positive Reaktion der gewählten Partnerin bestätigen. Legt nun das Weibchen Eier ab, obwohl es nicht durch ein artgleiches Männchen dazu veranlasst wurde, sind die Eier nicht nur gelegt, sondern verloren. Ebenso ist ein Spermienpaket verschwendet, wenn die vermeintliche Partnerin des Männchens kein empfangsbereites Weibchen der eigenen Art ist. Eine möglichst unmissverständliche innerartliche Kommunikation – also ein erfolgreicher Signalaustausch zwischen Männchen und Weibchen – ist daher nötig, um die Nachkommenschaft abzusichern.

Dieser Erkennungsvorgang läuft in der Natur nicht ohne Irrtümer ab. Ein Beispiel für die Schwierigkeiten, die bei einem Date auftreten können, lieferte die Entdeckung eines Gens namens *sphinx* bei der **Labor-Taufliege** *Drosophila melanogaster* [39]. Hier läuft der Paarungsvorgang in einer festen Reihenfolge ab: Zunächst stellt und berührt das Männchen das Weibchen *(Tapping)*, dann führt er ihr schnelle, rhythmische und hörbare Flügelbewegungen vor *(Singing)*, dann berührt er mit seinen Mundwerkzeugen ihren Genitalbereich *(Licking)*, darauf beginnt er von hinten sein Abdomen um ihren Hinterleib zu krümmen *(Attempting)*, und schließlich kommt es im Erfolgsfall zur Kopulation.

Werden in einem Beobachtungsglas statt Männchen und Weibchen zwei Männchen eingeschlossen, beginnt zwar ebenfalls das *Tapping*, es wird jedoch bei *D. melanogaster* bereits nach etwa zwei Sekunden abgebrochen. Viel länger (12 Sekunden) braucht ein Männchenpaar der *melanogaster* nächstverwandten

Abb. 5.2 Ein Paar der Taufliege *Drosophila melanogaster*. Oben liegt das Weibchen. Der Hinterleib des Männchens ist im Vergleich zu dem des Weibchens deutlich kleiner und gekrümmter. Außerdem sind seine beiden letzten Segmente oben völlig schwarz gefärbt. (©Veiko Krauß [2020])

Arten *simulans* und *mauritiana,* bevor es den Irrtum erkennt [39]. Der Grund für die geringere Neigung der *D.*-*melanogaster*-Männchen zur Homosexualtät ist das Gen *sphinx,* welches ausschließlich letztere Art besitzt. Wird das Gen durch Mutation entfernt, merkt das *melanogaster*-Männchen erst beim Kopulationsversuch, dass die Genitalien nicht zusammenpassen. Ungeachtet dessen sind solche Mutanten zusammen mit Weibchen uneingeschränkt paarungsfähig und fruchtbar. Sie sind lediglich – wie die Männchen der Schwesterarten – empfänglicher für homosexuelle Ablenkungen. Das erstaunt uns deswegen so sehr, da Menschen relativ einfach die beiden Geschlechter der Taufliegen anhand Körperbau, Größe und Färbung auseinanderhalten können (Abbildung 5.2).

Die Schwesterarten der Labor-Taufliege kommen offenbar auch ohne das *sphinx*-Gen aus. Diese wahllosen Taufliegen lehren uns, dass die Schlüsselreize zur Paarung nur so gut wie nötig und keinesfalls perfekt sein müssen. Da jedoch beide Geschlechter für ihre Fortpflanzung auf das – mindestens hinreichende – Gelingen dieser Kommunikation angewiesen sind, ist diese sexuelle Selektion genannte Form der Auslese bei mobilen Tieren ebenso unvermeidlich wie alle anderen Formen der Selektion. Während andere Verhaltensweisen der Tiere jedoch – neben der Nahrungsaufnahme – darauf gerichtet sind, unauffällig oder unangreifbar zu sein, ist das Balzverhalten als Kontaktaufnahme auf gegenseitige Auffälligkeit angewiesen. Hier wird deutlich, dass die Findung eines Paarungspartners und insbesondere der Wettbewerb um eine möglichst erfolgreiche sexuelle Fortpflanzung das Überleben beider Geschlechter gefährden kann, da sowohl Räuber als auch Parasiten die Beschäftigung beider Geschlechter miteinander für ihre Zwecke nutzen könnten. Mit anderen Worten, Sex ist notwendig und deshalb angenehm, aber auch riskant.

Sexualität hat weitere negative Konsequenzen. So konkurrieren Geschlechtsgenossen untereinander um die Zeugung von Nachkommen, da sie dazu mit mindestens einem andersgeschlechtlichen Artgenossen zusammenwirken müssen. Diese Konkurrenz wird insbesondere dann offensichtlich, wenn wie bei **Schimpansen** *(Pan troglodytes)* oder Taufliegen ein **promiskuitives Paarungssystem** vorliegt, d. h., wenn Weibchen und Männchen sich gewöhnlich mit mehreren verschiedenen Partnern paaren. Die ungewöhnlich großen Hoden männlicher Schimpansen produzieren als Folge dieser sexuellen Freizügigkeit große Spermamengen und verhindern so durch Ausspülen des Eierstocks der Partnerinnen Vaterschaften konkurrierender Männchen.

Taufliegen-Männchen wetteifern ebenfalls gegeneinander, was sich allerdings vor allen auf die erfolgreich umworbenen Weibchen ungünstig auswirkt. In ihrem Sperma sind Proteine enthalten, welche ihre Partnerinnen zu erhöhter Nahrungsaufnahme und Legetätigkeit veranlassen. Diese verstärkte Aktivität verkürzt direkt das Leben der Weibchen. Wenn die Fliegen über Generationen zur Monogamie gezwungen werden, verringert sich die Menge dieser Spermaproteine deutlich. Gleichzeitig werden die Weibchen ruhiger und leben länger [86]. Der Reproduktionserfolg beider Geschlechter bleibt bei dauerhafter Partnerschaft genauso hoch wie in der Konkurrenzsituation. Dieser aus der **Konkurrenz** zwischen Männchen entstandene Konflikt zwischen der Fortpflanzungspotenz der Männchen und Weibchen verkürzt allerdings die Generationsdauer der Taufliegen durch den auf die Weibchen ausgeübten Legedruck. Unter natürlichen Bedingungen kann der durch Konkurrenz ausgeübte Stress darüber hinaus zu einer Reduzierung der durchschnittlichen Fitness der gesamten Population führen.

Die typischen Rollen von Männchen und Weibchen wurden während der Evolution immer dann infrage gestellt, wenn die Vorsorge der Eltern für die Nachkommenschaft über den Vorrat des Eis hinaus ging. Wenn es bei äußerer Befruchtung, wie vor alle bei vielen Fischen, zu Brutpflegeverhalten kommt, so steht es Männchen und Weibchen offen, die Rolle des brutpflegenden Partners zu übernehmen. Wenn – wie etwa beim **Dreistachligen Stichling** *(Gasterosteus aculeatus)* – die Männchen das Gelege und später die Jungfische beschützen, kehren sich die Geschlechterrollen um. Während die Stichlings-Männchen in der Balzphase eine typisch männliche, mit Prachtfärbung und gebautem Nest protzende Rolle spielen, um möglichst mehrere Weibchen zur Ablage ihrer Eier zu veranlassen, sind sie infolgedessen für das Wohlergehen ihrer Sprösslinge bis mehrere Tage nach ihrem Schlupf allein verantwortlich. Bei **äußerer Befruchtung** bleibt es also weitgehend offen, welches Geschlecht eine eventuelle Brutpflege übernimmt, denn die Eier werden ja bereits vor dem Befruchtungsvorgang in die Umwelt abgegeben.

Der Stichling bewies uns außerdem, dass ein **Geschlechtsdimorphismus** nicht unbedingt auf sexuelle Selektion zurückzuführen sein muss. Die rote Färbung der Männchen erreicht nämlich erst dann ihren Höhepunkt, wenn das Nest mit den sich entwickelnden Eiern verteidigt wird [26]. Mehr noch, dieselbe Studie zeigte, dass die Röte des männlichen Rückens für die Entscheidung des Weibchens, ihre Eier abzulegen, gar nicht wichtig ist. Sie zeigt aber den Grad der Dominanz gegenüber anderen Männchen sowie den Erfolg bei der Verteidigung der Eier gegen andere Stichlinge beiderlei Geschlechts an. Es handelt sich also um eine Warnung und nicht um eine Werbung.

Anders bei der **inneren Befruchtung** der landlebenden Wirbeltiere und Gliederfüßer, denn deren Embryonalentwicklung beginnt notwendigerweise im Körper der Mutter. Sie ist deshalb in aller Regel auch für eine eventuelle Brutpflege zuständig. Während also bei äußerer Befruchtung lediglich ein mögliches Prachtkleid des Männchens seiner Eignung als Pflegevater im Wege stehen kann, hat es sich bei innerer Befruchtung zum Zeitpunkt der Eiablage häufig längst auf der Suche nach weiteren Partnerinnen entfernt.

Wassertreter (eine Gattung arktisch verbreiteter Schnepfenvögel) und **Afrikanischer Strauß** *(Struthio camelus)* bilden hier Ausnahmen. Während dies bei Wassertretern auch zur Umkehrung des üblichen Balzverhaltens führt (das prächtigere Weibchen wirbt um das unscheinbare, später allein brutversorgende Männchen), balzt der auffällig schwarzweiße Straußenhahn um die unscheinbar braungrauen Hennen, um sie zu begatten. Dennoch brütet er und nicht sie später die Gelege aus. Bei vielen anderen Vogelarten teilen sich Männchen und Weibchen die Brutpflege, wobei in den meisten Fällen die Weibchen die Hauptlast tragen.

Eine Umkehrung der Geschlechterrollen tritt auch bei einigen **Staublausarten** der Gattung *Neotrogla* auf, die in tiefen Höhlen Brasiliens hauptsächlich von Fledermauskot leben. Tatsächlich handelt es sich bei diesen winzigen Insekten um die einzigen Tiere, deren Weibchen Penisse und deren Männchen Scheiden besitzen [245]. Nach erfolgreicher Werbung penetrieren die Weibchen ihr Männchen nicht weniger als zwei bis drei Tage lang, wobei das Männchen seinen Samen in die Öffnung des weiblichen Penis drückt. Ihm bleibt wahrscheinlich auch nichts anderes übrig, denn der eingedrungene, geschwollene Penis ist so dicht mit Dornen besetzt, dass eine gewaltsame Trennung beider Tiere zur Zerreißung des Männchens führen würde. Das Weibchen leitet diesen Samen wechselweise in zwei Samenbehälter und nutzt sie nicht nur zur Befruchtung der Eier, sondern auch für die eigene Stärkung, was angesichts der weniger nährstoffreichen Hauptnahrungsquelle nachvollziehbar erscheint.

Dagegen sind Umverteilungen der Pflegearbeiten auf das befruchtende Geschlecht bei Insekten oder Spinnen eher ungewöhnlich. Brutpflege ist hier nicht die Regel, aber selten selbst bei einzeln lebenden Insekten anzutreffen. Allerdings sind nur Käfer der Gruppe der Totengräber dafür bekannt, dass beide Geschlechter bei der Brutpflege zusammenarbeiten. Ansonsten bleibt diese Tätigkeit, wenn überhaupt üblich, stets an den Weibchen hängen und kann, wie bei vielen Spinnenarten, buchstäblich verzehrend sein, denn Jungspinnen nutzen nicht selten das schließlich an Erschöpfung sterbende Weibchen als Nahrungsquelle.

Den evolutionären Höhepunkt der Brutpflege haben jedoch die Säugetiere durch Kombination der Lebendgeburt mit der Bereitstellung einer besonderen Jungtiernahrung erreicht. Die resultierende, oft recht lange Abhängigkeit von den Eltern fällt in der Regel allein auf die Mütter zurück, da die relativ lange Schwangerschaft den Männchen die Zeit gibt, das Weite zu suchen. Andererseits hat dieses evolutionäre Erbe des langen Zusammenlebens von Mutter und Kind wahrscheinlich die Entstehung von gemeinschaftlichen Lebensformen bei Säugern gefördert.

All diese hier nur sehr kurz angerissenen, unterschiedlichen Geschlechterrollen bei Partnerfindung und Aufzucht der Nachkommen haben offensichtlich bei vielen Tierarten zu geschlechtsspezifischem Aussehen und Verhalten geführt. Sexuelle Selektion ist daher in der Regel für das oft sehr unterschiedliche Aussehen der Geschlechter verantwortlich. Das bedeutet jedoch auch, dass dieses geschlechtsspezifische Aussehen und Verhalten evolutionär aufeinander abgestimmt wurde. Beim **Reismehlkäfer** *(Tribolium castaneum),* einem Vorratsschädling und Modellobjekt der Entwicklungsbiologie, passen wie bei vielen Tieren mit innerer Befruchtung weibliche und männliche Geschlechtsorgane wie Schloss und Schlüssel zusammen. Kürzlich konnte nachgewiesen werden, dass die Form seiner Genitalien nicht, wie zuweilen angenommen, einseitig von der Form des männlichen Organs bestimmt wird, sondern einer gegenseitigen Auslese auf erfolgreiche Befruchtung und damit auch auf eine artgerechte Paarung unterliegt [87]. Sexuelle Selektion liest also die weniger gut zueinander passenden aus, unabhängig vom Geschlecht.

Ist sie jedoch darüber hinaus wesentlich für den Verlauf und damit für die Ergebnisse der Evolution verantwortlich? Ist sie nur eine besondere Erscheinungsform der natürlichen Selektion, oder wirkt sie dieser entgegen? Diese Fragen werden uns in den folgenden Abschnitten dieses Kapitels beschäftigen, welche sich mit verschiedenen Hypothesen über die Wirkung sexueller Selektion auseinandersetzen.

5.2   Wie das Leben so die Liebe

Die Vielfalt sexuellen Verhaltens bei Tieren ist sehr groß, wird aber ganz wesentlich durch ihre Lebensweise geprägt. Mit anderen Worten, das Fortpflanzungsgeschehen passt sich verändernden Lebensläufen an. Viele Besonderheiten des Paarungsverhaltens entstanden so mehr oder weniger zwanglos aus Lebensraumpräferenzen, Fressverhalten oder aus den Ansprüchen der Nachkommenschaft. Im letzten Abschnitt wurde versucht zu begründen, warum das Sexualverhalten sich erst bei **Trockenlufttieren** – also bei Spinnen, Insekten, Reptilien, Vögeln und Säugetieren – voll entfalten konnte. Hier soll nun anhand gut untersuchter Beispiele die Vielfalt dieses Verhaltens und sein Zusammenhang mit den allgemeinen Lebensumständen beschrieben werden.

Die heimische **Wespen- oder Zebraspinne** (*Argiope bruennichi*, Abbildung 5.3) ist ein konsequenter Fleischfresser und Einzelgänger mit sesshafter Lebensweise. Alle Spinnen vollziehen eine innere Befruchtung, sodass die Weibchen energiereiche Eier bereitstellen müssen. Nach einer inneren Befruchtung bieten die Weibchen zudem generell den sich entwickelnden Embryonen noch für eine bestimmte Zeit einen geschützten Entwicklungsraum und suchen einen geeigneten Platz für die Eiablage aus. Die Morgengabe des Männchens in Gestalt einer Spermaportion fällt dagegen nicht sehr groß aus, auch weil ihre Männchen dieses Sperma vor der Begattung selbst aus ihren Geschlechtsöffnungen entnehmen und in spezialisierte Mundwerkzeuge – die **Pedipalpen** – umfüllen. Diese Mundwerkzeuge wirken für den menschlichen Betrachter wie winzige Boxhandschuhe und machen die Geschlechtserkennung bei erwachsenen Spinnen für uns sehr einfach. Sie dienen einer sehr zielgerichteten Spermaübergabe in die ebenfalls paarigen Geschlechtsöffnungen der Weibchen. Da sich Wespenspinnen wie beinahe alle Kreuzspinnen nur mithilfe eines an einem bestimmten Ort aufgespannten Spinnennetzes ernähren können, verbleiben die Weibchen in ihren Netzen, während die viel kleineren, geschlechtsreifen Männchen hungernd nach ihnen suchen. Reife Weibchen geben zudem ein Pheromon ab, welches Männchen anlockt.

Wanderung und insbesondere die Paarung sind für das Männchen lebensgefährlich. Kritischer Augenblick der Paarung ist der Versuch des Männchens, seine mit Samenflüssigkeit gefüllten Pedipalpen in eine der beiden Öffnungen auf der Bauchseite des Weibchens einzuführen. Ein geschlechtsreifes Weibchen kann je ein Samenpaket in je eine ihrer beiden paarig angelegten Geschlechts-

Abb. 5.3 Unterseite eines im Netz hängenden Weibchens der Wespenspinne *(Argiope bruennichi)*. Ihre Geschlechtsöffnung befindet sich direkt hinter der Hüfte der Hinterbeine an der Basis des ovalen Hinterleibs. (©Veiko Krauß [2020])

öffnungen aufnehmen. Ist dem aktuellen Paarungspartner ein anderes Männchen zuvorgekommen, kann es sein, dass es die bereits durch die in der Regel bei einer erfolgreichen Besamung abgebrochenen Mundwerkzeuge dieses Männchens blockierte Öffnung wählt und deshalb erfolglos bleibt. Erschwerend kommt hinzu, dass das Weibchen bei der zweiten Begattung im Unterschied zur ersten häufig das begattende Männchen frisst [218].

Das klingt tragisch, macht aber für das Männchen in der Regel keinen großen Unterschied: Es überlebt eine zweite Begattung – gleich ob desselben oder eines weiteren Weibchens – ohnehin nicht lange und stirbt oft noch am Weibchen. Die oft fatalen Folgen des Zuspätkommens machen verständlich, dass Männchen häufig Weibchen aufsuchen, die noch nicht völlig geschlechtsreif sind [218]. Sie warten dann ab, bis diese Weibchen ihre letzte Häutung beginnen, und begatten sie, während der neue Chitinpanzer des Weibchen samt ihrer Mundwerkzeuge noch weich ist. Das Weibchen ist in dieser Zeit hilflos und zudem auf jeden Fall noch jungfräulich. Ungeklärt ist, warum diese Männchen meist dennoch einen zweiten Begattungsversuch bei einem zweiten Weibchen unternehmen, obwohl auch die zweite Geschlechtsöffnung der zuerst gewählten Jungfrau noch unbelegt ist und sie so ohne Risiko ihre Nachkommenschaft noch vergrößern könnten. Ihre Suche nach einem zweiten Weibchen kann das nicht ersetzen, denn kurz vor der Häutung stehende Weibchen geben noch keine Pheromone ab und sind deshalb schwer zu finden, während die reifen, duftenden Weibchen, falls bereits begattet, oft nicht mehr sexuell empfänglich sind und daher bloße Todesfallen darstellen.

Dieser für das Männchen letztlich so oder so fatale Sex kann nur richtig bewertet werden, wenn berücksichtigt wird, dass Wespenspinnen wie die Mehrzahl der Spinnenarten sich nur einmal im Leben fortpflanzen. Das Männchen kann also keine weitere Nachkommenschaft zeugen, wenn es zwei Besamungen – erfolgreich oder nicht – versucht hat. Auch für das Weibchen ist der erste Fortpflanzungsversuch der letzte. Spinnenweibchen lassen sich, wie bereits erwähnt, häufig von ihrer Nachkommenschaft fressen. Sie sterben also mitunter nicht nur für, sondern auch durch ihre Kinder!

Die Paarung der ebenfalls heimischen **Raubspinnen** *(Pisaura mirabilis,* Abbildung 5.4) unterscheidet sich deutlich von der der Wespenspinnen. Erwachsene Raubspinnen sind Lauerjäger ohne Netz, sie springen daher noch voll bewegliche Beute an. Möglicherweise war dies die wesentliche Ursache, weswegen das Männchen in der Regel ein Brautgeschenk mitbringt [212]. Nimmt das Männchen ein Weibchen wahr, legt es das mitgebrachte, eingesponnene Beutetier direkt vor sich hin. Die positive Reaktion des Weibchens besteht im Einschlagen ihrer Giftklauen in die Beute. Während das Weibchen an der Beute frisst, führt das Männchen eine seiner spermiengefüllten Pedipalpen in eine der beiden Geschlechtsöffnungen am Unterleib des Weibchens ein.

Abb. 5.4 Lauerndes Weibchen der Raubspinne *(Pisaura mirabilis).* (©Veiko Krauß [2020])

Bringt das Männchen kein Brautgeschenk mit, kommt es – in der Regel vor der Begattung – zu Kannibalismus [212]. Fast immer ist dabei das etwas kleinere Männchen das Opfer. Es scheint, als ob der Übergang zwischen Beutefang- und Paarungsverhalten auch bei Raubspinnen fließend ist. Dennoch kommt ein fataler Ausgang des Paarungsversuchs seltener als bei Wespenspinnen vor. Das Brautgeschenk hat offenbar mehrere Funktionen: Verhinderung von Kannibalismus, Paarungsverlängerung zur Erhöhung der Befruchtungsleistung *und* eine Verbesserung der Nährstoffversorgung der Eier [2].

Sehr ähnlich wie bei den Wespenspinnen sind die Männchen der **Taufliegen** (Gattung *Drosophila*) wesentlich kleiner und etwa nur halb so schwer wie ihre Weibchen. Auch hier treffen sich die Geschlechter praktischerweise am Futterplatz. Taufliegen fressen vor allem Hefepilze, welche sich an reifen und besonders an bereits geplatzten Früchten schnell entwickeln können. Bedingt durch ihre Art der Ernährung, kann das Weibchen dem Männchen trotz des Größenunterschieds nicht gefährlich werden.

Selbst in Mitteleuropa gibt es zahlreiche verschiedene Taufliegenarten, welche nicht nur für uns nicht leicht zu unterscheiden sind. Möglicherweise deshalb führen die Männchen vor ihren potenziellen Partnerinnen eine Art Tanz mit artcharakteristischen Abfolgen schneller Flügelbewegungen auf. Dieser Tanz ist hörbar, sodass er auch Gesang genannt wird. Anschließend verfolgt das Männchen das Weibchen und versucht unter Aufreiten eine Begattung. Entspricht der Tanz nicht den Vorstellungen des Weibchens oder ist der Samenbehälter im Hinterleib des Weibchens gefüllt, wehrt sie die Begattung ab. Das Verhalten des Weibchens hängt dabei sehr vom Männchenangebot ab, denn im Zuchtglas eines Experimentators gelingt nicht selten auch die Kreuzung verschiedener, nahe verwandter Arten, vor allem dann, wenn das entsprechende Weibchen arteigene Männchen gar nicht kennt.

Im Unterschied zur Wespenspinne paaren sich Taufliegen über Wochen immer wieder. Parallel dazu legen die Weibchen an ihrer eigenen Futterstelle ständig die oft noch binnen 24 Stunden schlüpfenden Eier ab. Wie bei vielen anderen Tieren ist der Fortpflanzungserfolg der Männchen sehr unterschiedlich, während die Weibchen bei ausreichendem Spermiennachschub bis zu 100 befruchtete Eier pro Tag ablegen können [4]. Ein Weibchen der Art *Drosophila melanogaster* kann während seines Lebens mehr als 2000 Eier produzieren. Einzelne Männchen schaffen es, bis zu 14.000 dieser Eier zu befruchten. Die abgelegten Eier sind mit einem Hundertstel Kubikmillimeter erstaunlich groß für die nur wenige Millimeter langen Tiere. Das Weibchen gewährleistet ihren Nachkommen also einen guten Start, kümmert sich aber nach der Ablage nicht mehr um sie.

Nachkommen eines Weibchens stammen in der Regel von mehreren Vätern ab [28]. Diese Promiskuität führt dazu, dass auch eine erfolgreiche Begattung nicht unbedingt zur Zeugung von Nachkommen durch das Männchen führt. Spermien bleiben im Weibchen mehrere Wochen zeugungsfähig. Andererseits paaren sich viele Arten mehrmals täglich. Eine wichtige Ursache für dieses Verhalten ist wahrscheinlich der Gigantismus der männlichen Gameten aller Taufliegenarten. Bei nicht wenigen Formen übertreffen sie sogar die Länge der Eier. Die Weibchen sollten sich also möglichst oft paaren, um alle ihre Eier befruchten zu können, denn einzelne Ejakulate der Männchen können nur relativ wenige dieser riesigen Spermien liefern.

Die tierischen Rekordhalter in der Disziplin „Relative Spermiengröße", Männchen der Taufliegenart *Drosophila bifurca*, bilden Gameten, welche mit durchschnittlich 58 Millimeter etwa 1000-mal länger als ein menschliches Spermium und sogar 20-mal länger als ihr eigener Körper sind [168]. Männchen dieser Art benötigen dazu Hoden, die allein 11% ihrer Körpermasse repräsentieren. Erstaunlicherweise schaffen sie es, täglich etwa 200 dieser gigantischen Spermien zu bilden. Sie sind damit deutlich weniger fruchtbar als die bekannte Labor-Taufliegenart *D. melanogaster*, deren Männchen es durchschnittlich immerhin auf etwa 1700, aber „nur" 2 mm lange Gameten bringen [15]. Durch die Länge ihres Schwanzes sind diese Gameten, wenn sie in die Spermienbehälter des Weibchens eingedrungen sind, nur schwer durch spätere Samenergüsse anderer Männchen aus diesen zu entfernen, was wahrscheinlich die Ursache für ihren sehr hohen, individuellen Befruchtungserfolg und zugleich auch für die ungewöhnliche Länge dieser Geschlechtszellen ist [130]. Sexuelle Selektion erzeugte hier also keine prachtvollen Ornamente oder eindrucksvolle Bewaffnungen, sondern wirkte sich auf Form und Größe der Gameten aus.

Spermienkonkurrenz zwischen verschiedenen Männchen und Spermienwahl durch das Weibchen sind – zumindest bei Taufliegen – praktisch nicht zu trennen. Die langgestreckten, verschlungenen Spermienbehälter des Weibchens machen es den Spermien recht schwer, sich in ihnen zu verankern. Kürzere können deshalb leichter ausgespült werden, und nur große, kräftige Männchen sind in der Lage, entsprechend lange Spermien zu bilden. Entgegen den Ergebnissen älterer Laboruntersuchungen verkürzen wiederholte Begattungen das Leben der Weibchen nicht, erhöhen aber die Zahl und die Vitalität ihrer Nachkommen [28]. Nur jungfräuliche Männchen neigen zu aggressivem, bedrängendem Paarungsverhalten. Ältere Männer dagegen scheinen bereits um den Wert ihrer Gameten zu wissen, die bei Weitem bessere Befruchtungschancen als menschliche Spermien haben. Denn in allen größeren und zugleich sich mit mehreren Männchen paarenden Säugerweibchen entscheidet die Menge des Ejakulats, also die Zahl und nicht die Größe der

Spermien über den relativen Erfolg der Männchen [129]. Dieser Unterschied zu kleineren Tieren hängt wahrscheinlich von der mit der Körpergröße zunehmenden relativen Längen- und Volumendifferenz zwischen den männlichen Gameten einerseits und den weiblichen Geschlechtsorganen andererseits ab.

Der Befruchtungserfolg der Spermien wird jedoch nicht nur durch ihre Größe oder Zahl, sondern auch durch Geschwindigkeit und Zielstrebigkeit ihrer Bewegung bestimmt. Dabei finden schnelle Spermien selten den kürzesten Weg, was Untersuchungen zum Verhältnis zwischen Geschwindigkeit und Zielstrebigkeit spannend gestaltet. Nordamerikanische Mäuse der Gattung *Peromyscus* produzieren Spermien, die sich auf dem Weg zum Ei als Gruppen aneinanderheften (Abbildung 5.5). Das bremst zwar ihre Geschwindigkeit, hält sie aber auf dem richtigen Kurs [59]. Zu große Gruppen sind jedoch zu langsam, um ihr zuverlässig angesteuertes Ziel noch rechtzeitig zu erreichen. Experimentell wurde bestimmt, dass die optimale Gruppengröße aus sieben Spermien besteht. Tatsächlich schwankt die Gruppengröße bei der **Hirschmaus** *(Peromyscus maniculatus)* zwischen 5 und 7 sowie bei der nah verwandten **Küstenmaus** *(Peromyscus polionotus)* zwischen 3 und 9 [59]. Die Autoren der Studie vermuteten, dass die höhere Schwankung bei der Küstenmaus mit ihrer Monogamie zu tun hat: Die Spermien des Auserwählten müssen sich nicht gegen jene der Nebenbuhler durchsetzen, wie das bei der Gruppenpaarung der Hirschmäuse der Fall ist.

Diese Details des Geschlechtslebens muten paradiesisch an, vergleicht man es mit dem entsprechenden Verhalten manch anderer Tiere. Ein extremes Beispiel sind die **Fächerflügler** (Strepsiptera), eine Gruppe schmarotzender Insekten. Ihre Larven wachsen zwischen den Hinterleibsegmenten anderer Insekten heran. Eine einheimische Art dieser ungewöhnlichen Tiere *(Stylops ovinae)* bewohnt Sandbienen *(Andrena vaga)*. Letztere gehören zu den einzeln lebenden Bienenformen. Schon an den ersten sonnig-warmen Tagen des Spätwinters gehen sie auf Pollensuche. Parasitierte Bienenweibchen beginnen ihre Aktivität in der Regel noch etwas früher als ihre fächerflügler-freien Artgenossinnen. Dabei schlüpfen die über den Winter verpuppten Parasiten-Männchen. Da diese Männchen zwar geflügelt sind, aber nicht über Mundöffnungen zur Nahrungsaufnahme verfügen, bleiben ihnen nur wenige Stunden, um sich mit Weibchen ihrer Art zu paaren.

Pheromone leiten die Männchen zu den Fächerflügler-Weibchen, welche ihre Sandbiene nie verlassen. Zudem ragt nur das Kopf-Brust-Stück der larvenartig wirkenden Tiere aus den Hinterleibssegmenten der Biene (Abbildung 5.6). Fächerflügler-Männchen stechen daher notgedrungen mit ihren kanülenförmigem Begattungsorgan seitlich in das Vorderteil der Weibchen, um ihre Spermien anschließend in die Körperhöhle ihrer Partnerinnen zu pumpen. Die

Weibchen haben keine Möglichkeit, sich gegen diese Begattung zu wehren. Der Vorgang wird treffend traumatische Begattung genannt und kommt in ähnlicher Form auch bei Bettwanzen und einer ganzen Reihe weiterer Tierarten vor [116]. Sowohl Weibchen als auch Männchen nehmen oft kurz nacheinander an mehreren solcher Begattungen teil [165]. Obwohl wenige Sekunden genügen, um alle Eier des Weibchens zu befruchten, dauern die Begattungen bis zu einer halben Stunde. Nicht selten begattet dasselbe Männchen das Weibchen ein zweites Mal. Die Verletzungen des Weibchens werden dabei durch einen chitin-gepanzerten Begattungskanal gemildert, welcher zugleich die Spermien leitet [165].

Weibliche Geschlechtsorgane fehlen fast völlig. Die Eier treiben frei in der Flüssigkeit der Körperhöhle. Nur ein Brutkanal zur Ausleitung der geburtsreifen Larven existiert. Das Weibchen wird durch ihre zahlreichen, sehr beweglichen Nachkommen allmählich aufgefressen. Die lauffähigen Larven werden durch die Biene auf verschiedene Blüten verteilt und warten dort auf andere Bienen, welche die Parasiten unfreiwillig in ihre Brutröhren einschleppen. Dort dringen die Fächerflügler in die Larven dieser Biene ein, welche bis ins folgende Jahr meist einen, machmal aber auch mehrere dieser Parasiten tragen werden. Die parasitierten Bienen sind selbst unfruchtbar, aber langlebig

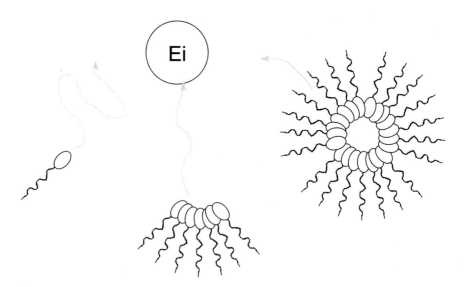

Abb. 5.5 In Abhängigkeit von der Größe ihrer Gruppe kommen Spermien der Hirschmäuse *(Peromyscus maniculatus)* unterschiedlich schnell zur Befruchtung [59]. Während einzelne Spermien Orientierungsprobleme haben, bremsen sich große Spermiengruppen gegenseitig aus. Eine kleine Spermiengruppe, im Idealfall aus sieben Zellen bestehend, kann das Ei am schnellsten erreichen. (©Veiko Krauß [2018])

Abb. 5.6 Der Kopf eines Weibchens des Fächerflüglers *Stylops ovinae* ragt aus den Hinterleibssegmenten einer Sandbiene *(Andrena vaga)*. (©Veiko Krauß [2020])

und verbreiten die Fächerflügler durch viele Blütenbesuche. Insgesamt ist die Fortpflanzungsbiologie der Fächerflügler bis in viele Details hinein eine logische Konsequenz ihrer Lebensweise als vergleichsweise riesige Ektoparasiten anderer Insektenarten.

Schnecken dagegen sind – wie auch freilebende Plattwürmer, Planarien genannt, und Regenwürmer – sexuell wesentlich flexibler als die Mehrzahl der landbewohnenden Tiere. Ihr zwittriges Geschlechtsorgan gestattet es, sich je nach konkreter Paarungssituation männlich oder weiblich zu verhalten. Ihre sexuelle Orientierung hängt vor allem vom augenblicklichen Stand der Samenproduktion ab [100]. Wenn sie lange keinen Samen abgeben konnten, paaren sie bevorzugt als Männchen. Die ersten Minuten der Paarung heimischer **Spitzschlammschnecken** *(Lymnaea stagnalis)* entscheiden darüber, wer sich als Männchen und wer sich als Weibchen verhält. Anders als bei der Weinbergschnecke erfolgt hier kein Wechsel der Geschlechterrolle innerhalb der gleichen Paarung, d. h., der Samen wird hier nicht gegenseitig ausgetauscht wie bei Regenwürmern oder bei anderen, zwittrigen Schnecken.

Schnecken paaren sich mehrfach vor einer Eiablage. Dabei können sie eine große Menge Samenflüssigkeit abgeben bzw. aufnehmen, da ein hoher Anteil gar nicht zur Befruchtung verwendet, sondern verdaut wird. Das männlich agierende Tier gibt dabei arttypisch geformte Liebespfeile aus Kalk ab, welche die Empfängnis beim sich weiblich verhaltenden Tier fördern [125]. Die so zugefügten Verletzungen verheilen meist schnell, können aber selten auch ernsthaft sein. Bei Spitzschlammschnecken wird so nicht nur die bestimmungsgemäße Verwendung des Samens gefördert: Liebespfeile verweiblichen das empfangende Tier zunehmend [100], sodass es allmählich auf diese Rolle festgelegt wird.

Liebespfeile können wie das Penisfechten zwittriger Plattwürmer als unmittelbare Auswirkung des **sexuellen Konfliktes** interpretiert werden [175]. Allerdings heißt das keinesfalls, dass das Agieren als Männchen für Hermaphroditen oder Zwitter immer ein Vorteil ist. Bei einer solchen Sichtweise würde außer Acht gelassen, dass der Fortpflanzungserfolg einer Samenportion viel geringer ist als die eines Geleges. Außerdem kümmern sich Schnecken nach der Ablage ihrer Eier nicht mehr um den Nachwuchs. Paaren sich zunächst männlich agierende Spitzschlammschnecken innerhalb weniger Tage erneut, ist die Wahrscheinlichkeit erhöht, dass sie Samen empfangen statt ihn abzugeben, da die Bildung einer vollen Samenladung mehrere Tage benötigt [100]. Der große Vorteil zwittrigen Verhaltens liegt in der Fruchtbarkeit jeder Paarung zweier Individuen: So ist eine Fortpflanzung bei ausreichender Bestandsdichte fast immer gesichert, und das Geschlechtsverhältnis korrigiert sich flexibel von selbst. Offenbar ist dies vor allem für eingeschränkt mobile Tiere günstig, denn bei den ähnlich großen, ebenfalls landbewohnenden Insekten und Spinnen gibt es keine Zwitter.

Ein den zwittrigen Schnecken ähnliches Paarungsverhalten zeigen dagegen die ebenfalls nur eingeschränkt mobilen, frei lebenden Plattwürmer der Gattung *Macrostomum*. Die Tiere sind **Hermaphroditen,** bilden also im Gegensatz zu **Zwittern** getrennte männliche und weibliche Geschlechtsorgane aus. Normalerweise befruchten sie sich gegenseitig. Die Lage beider Geschlechtsöffnungen zueinander verhindert Selbstbefruchtung. Die Art *Macrostomum hystrix* hat jedoch eine Befruchtungstechnik entwickelt, die dieses Hindernis umgehen kann: Ihr Penis sticht einfach in die Haut des hinteren Kopfes ein und injiziert so erfolgreich seine Spermien in den Paarungspartner [176]. Dies kann gegenseitig, aber beim Fehlen eines Partners auch einseitig erfolgen. Der Wurm befruchtet sich im letzteren Falle selbst, indem er seinen stilettförmigen Penis in den eigenen Kopf sticht. Was das Tier zu diesem sadomasochistisch anmutenden Verhalten treibt, ist nicht bekannt.

Eine ganz andere Flexibilität des Fortpflanzungsverhaltens wird durch **sexuelle Selektion** bei den **Schnecken-Buntbarschen** der großen afrikanischen Seen erzeugt. Reife Männchen von *Lamprologus callipterus*, welche das

Gewicht der Weibchen bis zu 15-mal übertreffen können, sammeln für die geschützte Ablage der Eier nötige, leere Schneckengehäuse, legen sie in der Nähe schützender Felsen ab und verteidigen diese Gehäusesammlung gegen konkurrierende Männchen. Die Kontrolle dieser Brutplätze ermöglicht es ihnen, die Weibchen zur Eiablage zu veranlassen. Ihre Körpergröße erleichtert den Transport und die Beherrschung der Schneckenhäuser, schließt aber zugleich aus, dass sie für die Besamung den eierlegenden Weibchen in das Schneckengehäuse folgen können. Sie geben deshalb ihre zahlreichen Spermien vor oder über dem Eingang des Gehäuses ab, in dem das Weibchen zur Eiablage verweilt. Während der Besamung besteht also nicht einmal Sichtkontakt zwischen den Geschlechtern.

Diesen kraftstrotzenden, aber schwerfälligen Riesen stehen andere Männchen derselben Art gegenüber, welche ihre Samen auf alternative Art und Weise ans Ei bringen. Junge Männchen, welche noch wesentlich kleiner sind, spritzen ihre Samenflüssigkeit schnell unmittelbar am Eingang des Schneckenhauses ab, wenn das schalenbesitzende Männchen kurz abwesend ist. Daneben gibt es Zwergmännchen, welche zeitlebens deutlich kleiner als selbst die Weibchen bleiben und dadurch niemals ein zur Brut geeignetes Schneckengehäuse erobern oder gar transportieren können. Sie versuchen das auch gar nicht, sondern schlüpfen vor oder nach dem Weibchen in das Haus eines Riesen, wenn der Eingang gerade unbewacht ist. Auf diese Weise können sie unmittelbar über dem Gelege absamen. Allerdings befruchten sie auf diese Weise regelmäßig nur etwa 1% der Eier der Population, da sie in die Mehrheit der bewachten Gehäuse nicht eindringen können [241] und weil ihre Hoden ebenso wie ihr ganzer Körper nur zwergenhaft ausgebildet sind. Dafür beteiligen sich nicht selten mehrere Zwergmännchen an der Besamung eines Geleges.

Auf diese Weise existiert diese Art der Schnecken-Buntbarsche in drei Formen: Weibchen, Riesenmännchen und Zwergmännchen. Taborsky und Mitarbeiter [241] sind experimentell der Frage nachgegangen, auf welche Weise sich die beiden deutlich unterschiedlichen Männchengrößen stets aufs Neue entwickeln können. Die Antwort ist ebenso einfach wie faszinierend: Das männchenbestimmende Y-Chromosom trägt bei diesen Fischen zugleich ein Gen, welches in zwei Formen (**Allelen**) auftritt: Ein Allel erzeugt ein langanhaltendes Wachstum, während das andere die frühe Einstellung des Wachstums verursacht. Riesenmännchen zeugen also nur Weibchen und Riesensöhne, während Zwergmännchen nur Weibchen und Zwerge hervorbringen können. Auf diese Weise wird die Größe des Weibchens durch den **Dimorphismus** der Männchen nicht direkt beeinflusst, denn Weibchen tragen ja kein Y-Chromosom.

Auslöser der Selektion der Männchen auf zwei sehr unterschiedliche Körpergrößen ist hier also ein bewährtes Element der Brutfürsorge: Ohne die Nutzung von Schneckengehäusen zur Eiablage wäre dieser auffällige Unterschied nicht entstanden. **Sexuelle Selektion** ist hier von der Art des Schutzes der Nachkommenschaft abhängig. Die Wechselwirkung von internen (Y-chromosomale Geschlechtsbestimmung) und externen (transportable, feste Höhlen für die Eier) Faktoren, welche beide für das Ergebnis dieser sexuellen Auslese – den Größendimorphismus – verantwortlich sind, wird hier sehr deutlich.

Auch eine unzuverlässige, stark schwankende Qualität des Lebensraums kann im Zusammenhang mit Leistungsmerkmalen der Organismen zu besonderen Folgen hinsichtlich der sexuellen Selektion führen. **Graubrust-Standläufer** (*Calidris melanotos*) gehören zu den Limikolen, sehr schlanken, überaus fluggewandten Vögeln, welche vornehmlich die Ufer von Gewässern aller Größen einschließlich von Sumpfgebieten bewohnen. Zeitweise starke Trockenheit, Kälte oder Schnee können viele dieser Feuchtgebiete zeitweilig unbewohnbar machen. Limikolen weichen diesem Problem durch Wanderungen aus. Graubrust-Standläufer bewohnen die Tundren Kanadas, Alaskas und Sibiriens, verbringen den Winter aber weitab davon in Südamerika und Ostasien. Im kurzen arktischen Sommer brüten die Weibchen weitgehend allein. Männchen besetzen wenige Tage bis maximal einen Monat lang ein Territorium in der Nähe der Weibchen, wo sie balzen und sich mit interessierten Weibchen paaren. Die Helligkeit des Polarsommers und reiche Verfügbarkeit kleiner wirbelloser Tiere als Nahrung ermöglichen täglich 24 Stunden Aktivität. Die Männchen, die mit dem wenigsten Schlaf auskommen, haben die meisten Nachkommen, da sie sich mit mehreren der ansässigen Weibchen paaren können [98]. Auch die Weibchen erhören nicht selten mehrere Männchen.

Die Ausrüstung der Tiere mit kleinen Sendern unter Verwendung von Satelliten ergab, dass sich Graubrust-Strandläufer-Männchen nicht auf ein Territorium beschränken. Im Gegenteil flogen sie in nur einem Polarsommer einen wesentlichen Teil des gesamten Vorkommensgebietes der Art ab, immer auf der Suche nach paarungswilligen Weibchen. Während der Brutsaison legten die Männchen auf diese Weise im Durchschnitt 3000, im Einzelfall sogar mehr als 13.000 Kilometer zurück und nutzten dabei bis zu 24 Balzplätze. Einzig eine größere Zahl von Weibchen kann die Männchen länger an einem Ort halten [98]. Ein Männchen aus Alaska besuchte die Jamal-Halbinsel in Westsibirien mit guten Chancen, sowohl dort als auch im heimischen Alaska Nachkommen zu hinterlassen. Dabei ist der Ausdruck „Heimat" vermutlich irreführend, denn Männchen und Weibchen kehren in den Folgejahren nur selten zu den Orten zurück, wo sie sich im Jahr vorher erfolgreich fortgepflanzt haben. Folgerichtig durchmischt sich der Allelbestand der gesamten Population in idealer Art und Weise: Die Graubrust-Strandläufer Westsibiriens sollten sich nicht von jenen der Hudsonbucht unterscheiden: Sie leben nicht nur in sehr ähnlichen Umwelten, sondern sind aller Wahrscheinlichkeit nach nahe miteinander verwandt. Das sexuelle Verlangen der Männchen schafft zusammen mit der durch ihre Lebensbedingungen geförderten Mobilität eine große Familie!

Ein weiteres Beispiel zeigt uns dagegen, dass **sexuelle Selektion** auch die allgemeine physische Leistungsfähigkeit aller Angehörigen einer Art beeinflussen kann. **Gabelböcke** (*Antilocapra americana*) sind schnelle und zugleich ausdauernde nordamerikanische Paarhufer. Einst ähnlich intensiv wie der Bison als wichtiges Jagdwild der Ureinwohner bejagt, sind heute ihre Bestände wieder angewachsen. Männchen unterscheiden sich von den Weibchen durch ihre Größe, den Besitz größerer Hörner und eine schwarze Gesichtsmaske. Zur Paarungszeit bilden sie kleine Reviere, deren Grenzen sie markieren und gegen andere Männchen verteidigen. Weibchen pendeln in diesen wenigen Wochen ihrer jährlichen Fruchtbarkeit zwischen den Revieren verschiedener Männchen, sich dabei nicht selten mehrfach in Reichweite eines bestimmten Männchens aufhaltend. Die Männchen begatten Weibchen, welche sie in ihrer Reichweite antreffen. Sie versuchen auch, Weibchen am Verlassen ihres Reviers zu hindern. In trockenen, futterarmen Gebieten unterbleibt die Revierbildung. Dort versuchen die Männchen, möglichst viele Weibchen anzuziehen und zusammenzuhalten, während die gesamte Gruppe äsend weiterzieht.

Es zeigte sich, dass die Vaterschaft unter den sexuell aktiven Männchen ziemlich ungleich verteilt ist (Abbildung 5.7), im Kontrast zu einer regelmäßigen, jährlichen Geburtenrate von ein bis zwei, selten drei Kälbern je Weibchen. Es wurde nicht untersucht, ob dies an der unterschiedlichen Aufenthaltsdauer von Weibchen in den verschiedenen Revieren, an einer unterschiedlichen Zahl von Begattungen oder vielleicht an der unterschiedlichen Fruchtbarkeit der Männchen gelegen hat. Interessanterweise hatten die Nachkommen der erfolgreicheren Männchen jedoch zugleich eine höhere Überlebenswahrscheinlichkeit und mussten weniger lang gesäugt werden [25].

Hier scheint es, als ob sexuelle Selektion sehr ähnliche Wirkungen wie natürliche Selektion haben kann, wobei jedoch offen bleibt, auf welcher Ebene die Zeugungen selektiert worden sind. Auch alle äußerlichen Geschlechtsunterschiede können sowohl auf die Konkurrenz zwischen den Männchen, auf die (hier relativ schwache) Kontrolle der Weibchen durch die Männchen als auch auf Zuchtwahl durch die Weibchen zurückzuführen sein. Sexuelle Selektion ist also nicht immer im Kontrast zur natürlichen Selektion zu sehen. Sie kann auch wie hier in der gleichen Richtung wirken.

Das könnte sogar das Rätsel der bemerkenswerten, ausdauernden Schnelligkeit der Gabelböcke erklären. Sie sind in der Lage, eine Maximalgeschwindigkeit von 86,5 km/h zu erreichen und elf Kilometer in nur zehn Minuten zurückzulegen. Nach bisheriger Kenntnis kann kein anderes Tier so lange so

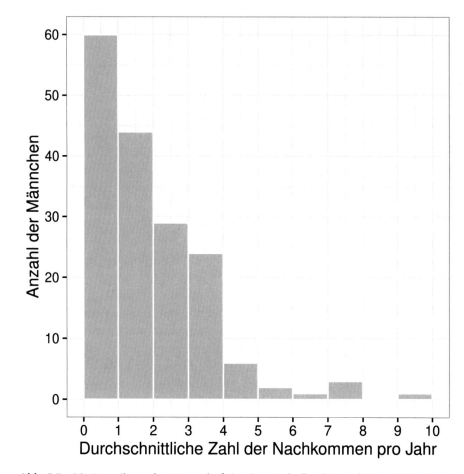

Abb. 5.7 Die Verteilung der Vaterschaft in einer Gabelbock-Population in Nordwest-Montana, USA [25]. Es wurden nur fortpflanzungsfähige Männchen einbezogen. (©Veiko Krauß [2016])

schnell laufen. Ungeklärt ist bisher, wie sich diese außergewöhnliche, aber energiefressende Fähigkeit ausgebildet und erhalten hat. Keines der Raubtiere Nordamerikas ist annähernd so schnell oder so ausdauernd. Es scheint, als ob nur andere Gabelböcke einen Gabelbock entsprechend fordern können – anlässlich der jährlichen Paarungszeit. Diese Lauffähigkeiten können daher auch Ergebnis der sexuellen Evolution gewesen sein. Möglicherweise hat die umfassende Beanspruchung des Organismus durch den Ausdauerlauf verhindert, dass diese Fähigkeit nur beim männlichen Geschlecht gefördert wurde. So wurden wohl auch die Töchter der erfolgreichen Väter schneller.

Ein Laborexperiment an **Schwarzbäuchigen Taufliegen** *(Drosophila melanogaster)* erweitert diese anhand der Gabelböcke zu ziehenden Schlussfolgerungen. Sharp und Agrawal [191] züchteten aus Taufliegen-Populationen durch fortgesetzte, 52-mal aufeinanderfolgende Paarung einzelner Brüder und Schwestern sogenannte Mutationsakkumulationslinien. Fliegen solcher Linien können aufgrund der in geschützter Laborumgebung angereicherten Mutationen deutlich weniger Nachkommen zeugen als ihre in größeren Gemeinschaften und ohne Inzucht gehaltenen Artgenossen, haben also eine verringerte Fitness. Bei der Messung dieser Nachkommenzahl stellte es sich heraus, dass Männchen mit durchschnittlich 55% einen deutlich höheren Fitnessverlust verkraften mussten als die Weibchen der gleichen Linien (40%). Das ergibt sich aus der bei Taufliegen wie bei den meisten Tieren stärkeren sexuellen Konkurrenz zwischen Männchen als zwischen Weibchen und bedeutet, dass nachteilige Mutationen in der männlichen Linie schneller verlorengehen, allerdings zusammen mit einem größeren Anteil der an sie gekoppelten günstigen Allele, als das im weiblichen Geschlecht der Fall ist. **Sexuelle Selektion** verschärft also die Selektion: Diese Beschleunigung der Evolution fördert günstige Veränderungen bei Arten mit hohem Vermehrungspotenzial und großen Populationen, kann aber bei selteneren Arten zu vermehrten Verlusten vorteilhafter Allele aus der Population führen.

Die Auswirkungen sexueller Selektion sind also wie jene der natürlichen Selektion sehr vielfältig und hängen stark von der konkreten Lebensweise der Art ab. Männchen sind nicht notwendigerweise das starke Geschlecht, sie können unter Umständen sogar das schwache und das starke zugleich sein, wie bei den beschriebenen Schnecken-Buntbarschen. Kannibalismus zwischen Paarungspartnern dient nicht immer dem Fortpflanzungserfolg, wie mitunter durch offenbar eher hungrige als paarungsbereite Männchen verspeiste Raubspinnen-Weibchen beweisen. Eingeschränkte Mobilität kann zur geschlechtlichen Flexibilität führen, wie eine vergleichende Studie an Mehrzellern bewies [56]. Und schließlich kann sexuelle Selektion, wenn sie allgemeine körperliche Leistungsfähigkeit fördert, auch beide Geschlechter ähnlich beeinflussen, weil entsprechende Merkmale zu viele genetische Veränderungen erfordern, um auf ein Geschlecht beschränkt zu bleiben. Das heißt, sexuelle Selektion fördert nicht unbedingt die Unterschiedlichkeit beider Geschlechter, also den **Geschlechtsdimorphismus.** Damit ähnelt sie in ihren Auswirkungen einer auf das Überleben gerichteten Selektion und ist nur schwer von dieser zu trennen.

Aufbauend auf diesem Wissen um die sehr verschiedenen Folgen sexueller Selektion wird sich der Abschn. 5.3 mit bekannten Hypothesen über ihre Wirkung befassen. Dabei ist von besonderem Interesse, auf welchen Voraussetzungen diese Hypothesen aufbauen und in welchem Umfang sie sich bestätigt haben.

5.3   Hypothesen zur Wahl des Sexualpartners

Sexuelle Auslese wird auch sexuelle Zuchtwahl genannt. Das erinnert – trotz der meist eher kurzen Paarung – an das bekannte Sprichwort „Drum prüfe, wer sich ewig bindet" und verdeutlicht die zentrale Bedeutung der Partnerwahl für die Reproduktion aller Organismen, welche sich im Wesentlichen sexuell fortpflanzen. Im Abschn. 5.1 wurde dargelegt, worauf es beim Finden des Fortpflanzungspartners in erster Linie ankommt: Er muss artgleich, vom anderen Geschlecht und fortpflanzungsbereit sein. Da beide Geschlechter sich nur reproduzieren können, wenn diese drei Bedingungen erfüllt sind und wenn beide Partner ihre Eignung füreinander im Findungsprozess miteinander wechselwirkend erkennen können, gibt es eine Auslese zugunsten möglichst unmissverständlicher art-, geschlechts- und bereitschaftsspezifischer Signale.

Diese Signalisierung sexueller Bereitschaft liegt der ältesten **Theorie zur Entstehung des Geschlechtsdimorphismus** zugrunde, welche dem Mitbegründer der Populationsgenetik, Ronald A. Fisher, zugeschrieben wird. Sie ist als **Selbstläufer-Hypothese** (englisch: Runaway oder Sexy Son Hypothesis) bekannt. Nach ihr verstärkt sich das sexuelle Bereitschaftssignal während der Evolution selbst (Abbildung 5.8). Fisher argumentierte [61], dass auf diese Weise die Entstehung starker Sexualdimorphismen wie etwa die des Pfauenschwanzes oder, allgemeiner, die des auffälligen Balzgefieders männlicher Hühnervögel erklärbar wären. Durch die Kombination eines artspezifischen Aussehens mit einem ebenfalls artspezifischen Balzverhalten – bei dem das Prachtgefieder präsentiert wird – wird Art, Geschlecht und Fortpflanzungsbereitschaft durch die Hähne unübersehbar demonstriert.

Diese aufwendige Werbung wird durch eher tarnfarbene Hennen hervorgerufen und tendenziell verstärkt, weil diese sich ihre Paarungspartner aussuchen können und dabei die Sender der eindeutigeren Signale bevorzugen. Diese Tendenz wird von der **Sensory-Drive-Hypothese** (bedeutet etwa Hypothese der Veränderung durch Wahrnehmung) [54, 181] durch die besonders gute Wahrnehmbarkeit jener Signale durch die Weibchen erklärt. Im Verhältnis zu uns glänzen Vögel in erster Linie mit Gehör und Sehkraft, während ihr Geruchssinn meist unterentwickelt ist. Aus diesem Grund erfolgt die Werbung bei ihnen vor allem optisch und akustisch, während Säuger viel stärker über Gerüche kommunizieren.

Aufschlussreich ist es, dass die Hähne hinsichtlich ihrer Partnerinnen nicht so wählerisch sind. Kreuzungen zwischen Auer- und Birkhuhn sind in freier Wildbahn bei gemeinsamem Vorkommen häufig genug, dass für sie die eigenständige Bezeichnung **Rackelhuhn** geprägt wurde. Wie zu erwarten, sind solche Rackelhühner nur ausnahmsweise fruchtbar. Ihre Entstehung ist

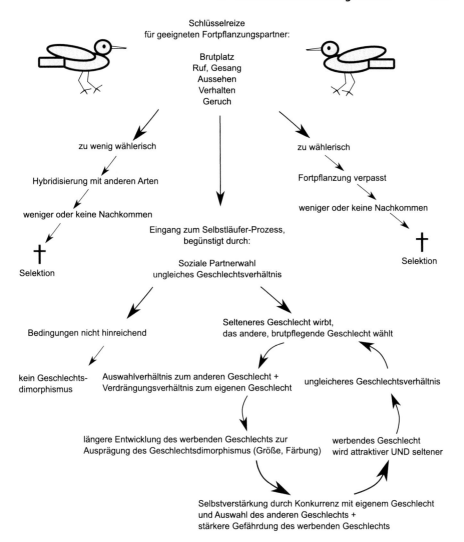

Abb. 5.8 Ablauf des Fisher'schen Selbstläufer-Prozesses der sexuellen Selektion. Dargestellt sind nur die wichtigsten, allgemeingültigen Faktoren dieses sich selbst verstärkenden Evolutionsvorgangs. Schwangerschaft und Stillvorgang verhindern z. B., dass weibliche Säugetiere die Rolle des werbenden Paarungspartners wie mitunter bei Vögeln übernehmen können. Selbstverständlich wird der dargestellte Kreislauf der Selbstverstärkung durch die Notwendigkeit erfolgreicher Reproduktion in seinen Auswirkungen beschränkt, d. h., die natürliche Auslese hemmt in der Regel die sexuelle Selektion. (©Veiko Krauß [2016])

also fortpflanzungstechnisch fatal und hat wohl vor allem damit zu tun, dass alle Rauhfußhühner in Mitteleuropa heute sehr selten geworden sind. In Ermangelung artgleicher Partner paaren sich selbst Birkhennen mit Auerhähnen, obwohl eine Verwechslung der Männchen beider Arten ausgeschlossen scheint.

Voraussetzung für den sehr deutlichen Geschlechtsdimorphismus bei Hühnervögeln ist der besonders hohe Anteil des Weibchens am Erfolg der Fortpflanzung. Das Männchen liefert nur Sperma, das Weibchen die Eier, das Nest und den Schutz für die Jungvögel. Hinzu kommt, dass das Männchen eine Paarung trotz überlegener Körperkraft nicht erzwingen kann: Hühnervögel haben keinen Penis, sondern übertragen das Sperma zwischen zwei eng aneinander gepressten Körperöffnungen, den Kloaken. Zur Befruchtung ist daher der Konsens der Partner unbedingt erforderlich.

Deshalb müssen Männchen intensiv werben, während Weibchen sehr wählerisch sind. Pfaue nutzen dazu wie auch viele Rauhfußhühner besondere Balzplätze (**Leks** genannt), wo verschiedene Männchen gleichzeitig balzen und so leicht zu vergleichen sind. Auf diese Weise erreichen eindrucksvolle Hähne der Prärie- oder Beifußhühner deutlich mehr Begattungen als ihre weniger imposanten Konkurrenten. Letztere können jedoch von den überlegenen Geschlechtsgenossen nicht gänzlich von der Befruchtung ausgeschlossen werden. Zudem ist nicht klar, in welchem Umfang dieser unterschiedliche Erfolg von Alter und Tagesform abhängig ist.

Beim Pfau kann die sexuelle Zuchtwahl bis in die jüngste Zeit eine wesentliche Rolle bei der Verhinderung von Bastardierungen gespielt haben. In Gefangenschaft lassen sich die beiden Pfauenarten Indiens, der **Blaue Pfau** *(Pavo cristatus)* und der **Grüne Pfau** *(Pavo muticus),* relativ leicht kreuzen. Die Kreuzung selbst ist ebenfalls fruchtbar, tritt aber in freier Wildbahn trotz einer zumindest noch in historischer Zeit vorhandenen Überschneidung des Vorkommens beider Arten gewöhnlich nicht auf. Bisherige Experimente haben allerdings noch nicht zeigen können, welche Elemente des männlichen Prachtgefieders oder des weiblichen Verhaltens dafür entscheidend sind.

Die **Selbstläufer-Hypothese** geht davon aus, dass sich prächtige Erscheinung und auffälliges Verhalten eines Paarungspartners und das Auswahlverhalten des anderen Geschlechts gegenseitig fördern. Die Nachkommen werden entsprechend ihres jeweiligen Geschlechts Aussehen und Verhalten erben. Daher wird die Hypothese auch als **Sexy-Son-Hypothese** bezeichnet. Umweltabhängige Variation wird dazu führen, dass die Ausprägung der genetischen Anlagen für Aussehen und Verhalten verschieden intensiv ist. Hunger, Krankheiten und Verletzungen können Aussehen und Balzverhalten der Männchen sowohl hinsichtlich ihrer Intensität als auch ihrer arttypischen Ausprägung beeinträchtigen. Geringe Bestandsdichten können umgekehrt zur Akzeptanz artfremder

Paarungen bei Weibchen führen, wenn diese nicht ausreichend wählerisch sind. Eine Selektion auf erfolgreiche Fortpflanzung wird deshalb Signalsendung und -empfang zugunsten einer möglichst 100%ig erfolgreichen Verständigung verbessern. Wenn dann Weibchen durch mehrere Männchen ihrer Art angebalzt werden, ist es nicht verwunderlich, dass sie sich mehrheitlich für das stärkere und eindeutigere Signal entscheiden.

Fisher [60] ging davon aus, dass dieser selektiv getriebene Prozess der Verstärkung von Werbung und Auswahl genau dann zum Stillstand kommt, wenn durch ein exzessives Balzkleid oder -verhalten des Männchens sein Überleben zu stark beeinträchtigt wird. Infolgedessen wird sich ein dynamisches Gleichgewicht zwischen sexueller Auslese und der Selektion aufs Überleben einstellen. Dies kommt zum Beispiel darin zum Ausdruck, dass die Weibchen afrikanischer **Witwenvögel** Männchen mit künstlich stark über das normale Maß verlängerten Schwänzen gegenüber Männchen mit normal geschlechtstypisch langen Schwänzen deutlich bevorzugen [174]. In üblicher Weise ausgestattete Männchen sind demnach nicht in der Lage, den weiblichen Ansprüchen völlig zu entsprechen, was sich aber nicht fatal auswirkt, weil die Weibchen nur den Besten wählen, den sie tatsächlich kriegen können. Sie sind glücklicherweise nicht auf einen Traummann fixiert.

In diesem Zusammenhang muss betont werden, dass farbintensive Federkleider nicht notwendigerweise durch sexuelle Selektion entstanden sind. Fast 6000 Vogelarten, d. h. mehr als die Hälfte aller Vögel, gehören der weltweit verbreiteten Gruppe der Sperlingsvögel an. Besonders in den Tropen, aber auch in gemäßigten Breiten leben viele Sperlingsvogelarten mit prächtigem Gefieder, welches völlig geschlechtsunabhängig gefärbt ist. Einige davon sollten allgemein bekannt sein, z. B. die Kohl- und die Blaumeisen, welche zu den in Mitteleuropa häufigsten Singvögeln zählen. Eine aktuelle Studie der Gefiederfarben beider Geschlechter in dieser farblich emanzipierten Gruppe von Vogelarten [40] fand heraus, dass bunte Männchen oft auch bunte Weibchen haben. Nur bei einer Minderheit der Vogelarten bestehen zwischen Männchen und Weibchen wesentliche Färbungsunterschiede, wobei meist, aber wie schon erwähnt nicht immer die Männer das auffälligere Geschlecht sind.

Eine Ursache für die in beiden Geschlechtern vorhandene Tendenz zur Buntheit ist im typischen Revierverhalten der Sperlingsvögel zu suchen: Ähnlich wie der Gesang – welcher oft ebenfalls von beiden Geschlechtern ausgeübt werden kann – dient das prächtige Gefieder als Signal an Artgenossen, dass ein Lebensraum samt Nahrung und Schlafplatz beansprucht wird. Signale solcher Art bilden sich auf der Grundlage der innerartlichen Konkurrenz um lebensnotwendige Ressourcen heraus. Eine solche Form der Auslese wird **soziale Selektion** genannt. Die bunte Färbung ist also eine Folge der Kommunikation von Konkurrenz, welche direkte Auseinandersetzungen vermeiden hilft. Sexuelle Selektion bewirkt dann bei manchen Arten unter sozialer Selektion einen unerwarteten Effekt: Sie stellt gemeinsam mit der natürlichen Selektion den Färbungsunterschied zwischen den Geschlechtern wieder her, indem sie das brutpflegende Geschlecht (meist das weibliche) zur besseren Unterscheidung vom hauptsächlich revierverteidigenden Partner mit Tarnfarben versieht. Sehr unterschiedliche Formen der Auslese (natürliche, sexuelle und soziale) wirken so gleichsinnig oder einander entgegengesetzt auf dieselben Arten ein. Schönheit muss also nicht unbedingt anziehend wirken, sondern kann selbstverständlich auch Unnahbarkeit ausstrahlen. Das eine schließt das andere ja auch nicht aus.

Die Fisher'sche Selbstläufer-Hypothese ist allgemein bekannt, wird aber in der Literatur recht verschieden dargestellt. Die hier vorgestellte Form folgt Ernst Mayrs Interpretation der Hypothese [143]. Nach Cockburn [33] und Voland [223] ging Fisher von einer völlig willkürlichen Vorliebe der Weibchen für bestimmte Elemente der Erscheinung und des Verhaltens der Männchen aus. Auch Fisher selbst erwähnte keine art-, geschlechts- oder bereitschaftsspezifischen Signale als möglichen Ausgangspunkt der Selektion. Er schrieb jedoch [60]:

> *So that in selecting a mate from a number of different competitors, it is important to select that one which is most likely to produce successful children. ... Consider, than, what happens when a clearly-marked pattern of bright feathers affords, in a certain species of birds, a fairly good index of natural superiority. A tendency to select those suitors in which the feature is best developed is than a profitable instinct for the female bird, and the taste for this „point" becomes firmly established among the female instincts.*
>
> Wenn ein Partner unter einer Anzahl verschiedener Konkurrenten ausgewählt wird, ist es wichtig auszuwählen, welcher am wahrscheinlichsten erfolgreiche Kinder zeugt. ... Folgendes passiert, wenn ein deutlich unterscheidbares Muster auffälliger Federn in einer bestimmten Art ein relativ zuverlässiges Anzeichen für natürliche Überlegenheit wird. Eine Tendenz, das Männchen mit dem am besten ausgeprägten Muster auszuwählen, ist dann ein lohnender Instinkt für die weiblichen Vögel, und diese Präferenz wird im weiblichen Instinkt fest verankert. [Übersetzung des Autors]

Was Fisher hier als Ausgangspunkt für den Selbstläufer-Effekt betrachtet, ist eine angenommene Neigung der Weibchen, Merkmale des Männchens zu bevorzugen, welche eine besonders hohe Überlebensfähigkeit des Männchens anzeigen sollen. Weibchen, welche solche Merkmale bevorzugen, sollten demnach durch diese Bevorzugung besonders zahlreich überlebende Kinder haben. Diese Nachkommen wiederum sollten dann als Männchen diese väterlichen

Merkmale erben. Als Weibchen sollten sie die Neigung der Mütter teilen, diese väterlichen Merkmale bei ihrer zukünftigen Partnersuche zu bevorzugen.

Fisher entwickelte also nicht die oben vorgestellte Selbstläufer-Hypothese, sondern eine Misch-Vorstellung aus der **Gute-Gene-Hypothese** und der Selbstläufer-Hypothese, wobei er offensichtlich annahm, dass Weibchen die besondere Überlebensfähigkeit der Männchen nicht von vornherein richtig einschätzen können. Er meinte aber, dass nur diejenigen Weibchen sich erfolgreich fortpflanzen können, welche die Überlebensfähigkeiten ihrer Partner indirekt anhand fitnessanzeigender Merkmale zu erkennen in der Lage sind. Im weiteren Verlauf der Selektion würden nach Fisher allerdings diese Merkmale durch Übertreibung ihre fitnessanzeigende Funktion verlieren, jedoch immer noch von den Weibchen bevorzugt werden, bis offenbar Weibchen entstehen, welche einen aktuell zuverlässigeren Fitnessanzeiger finden und dann dieses Merkmal (vielleicht auch zusammen mit den früher schon bevorzugten) selektieren.

Fisher übersah bei der Entwicklung dieser Hypothese – ganz wie seine Nachfolger – die offene Frage, auf welche Weise Weibchen denn ausgelesen werden könnten, die in der Lage wären, die Höhe der Fitness des Männchens realistisch einzuschätzen. Auf dieses ganz und gar nicht triviale Problem müssen wir später zurückkommen. Zunächst jedoch ist festzuhalten, dass auch Fischers originales Selbstläufer-Modell – also die gerade genannte Mischvorstellung – zur Ausbildung deutlicher Geschlechtsunterschiede führt, welche in der Regel verbunden sind mit einer besonders prächtigen Färbung, einem exakt strukturierten Gesang oder einem besonders intensiven Balzverhalten. Diese Art des Wettbewerbs um den Paarungserfolg kann zugleich eine wesentliche Verringerung der weiteren Überlebensfähigkeit des Männchens bedeuten, vor allem durch körperliche Erschöpfung und eine damit verbundene, erhöhte Anfälligkeit gegenüber Räubern, Parasiten oder Nahrungsmangel. Mehr Nachkommen jetzt stehen aus diesen Gründen weniger Nachkommen später gegenüber. Dieses Verhalten also, obwohl häufig als Anzeichen für „gute Gene" interpretiert, führt zu einem höheren Paarungserfolg der Männchen, ist jedoch verbunden mit einer kürzeren Lebensdauer.

Die heute bekannteste Variante der Vorstellung einer Auslese „guter Gene" des werbenden Geschlechts durch das wählende Geschlecht ist unter dem Namen **Handikap-Hypothese** bekannt geworden [97, 223, 249]. Das werbende Geschlecht belastet nach diesem Modell seine Fitness, indem es ein für das eigene Überleben nachteiliges Merkmal zeigt, um seine gute genetische Qualität dem auswählenden Geschlecht zu signalisieren (Abbildung 5.9). Es kann sich nur dann erfolgreich paaren, wenn es trotz dieses Merkmals zeugungsfähig bis zur Paarung überlebt. Das werbende Geschlecht teilt also dem

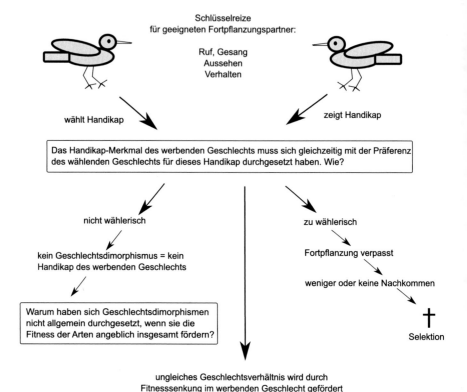

Abb. 5.9 Die Handikap-Hypothese der sexuellen Selektion. Eingerahmt wurden die Schwachpunkte dieses Modells. (©Veiko Krauß [2016])

auswählenden Geschlecht mit: „Sieh her, ich bin laut, bunt und aggressiv gegen meine Mitbewerber, dennoch lebe ich noch, also werden unsere Kinder besser gedeihen als jene, die Du mit meinem Konkurrenten haben könntest!" Dabei wird davon ausgegangen, dass das Handikap-Merkmal in dem Maße das Männchen belastet, wie dieses es sich leisten kann, ohne sein Überleben zu gefährden, sodass das Weibchen die Überlebensfitness des Männchens direkt an dessen Auftreten messen kann. Solche fitnesssignalisierenden Merkmale des Männchens seien ehrlich, weil ein schwächeres Männchen kein starkes Handikap-Merkmal entwickeln kann, d. h., die Stärke der Merkmalsausprägung entspricht genau dem Wert einer angenommenen, mehr oder weniger stark ausgeprägten „Basalfitness" des Männchens [76, 249].

Die anhaltende Popularität der beschriebenen Handikap-Hypothese erstaunt, da es zahlreiche stichhaltige Argumente gegen seine Anwendbarkeit gibt. So hat zwar Grafen [76] die Hypothese mit einem lange anerkannten mathematischen Modell gestützt. Neuere Modelle, welche auch weitere wichtige Faktoren wie die relative, individuelle Gefährdung durch Balzaktivitäten, die Zahl später noch zu erwartender Paarungsgelegenheiten und den notwendigerweise unterschiedlichen Status der Individualentwicklung geschlechtsreifer Männchen (Jugend gegenüber Vollreife) berücksichtigen, kommen in Abhängigkeit von diesen und weiteren Bedingungen allerdings auf sehr unterschiedlich große Auswirkungen dieser Handikaps auf das Überleben der Männchen [55]. So sind optische und akustische Signale nur dann gefährlich für den Urheber, wenn sie ohne Rücksicht auf die Anwesenheit von Räubern oder Konkurrenten geäußert werden. Daher können Weibchen aus dem werbenden Auftreten der Männchen keineswegs ermessen, wie stark die Männchen durch Aussehen und Balzverhalten gefährdet sind.

Aus aktuellen Modellen des Handikap-Prinzips ergibt sich darüber hinaus, dass attraktivere Männchen sich aus zwei völlig verschiedenen Gründen gegenüber Räubern vorsichtiger als ihre weniger schönen Rivalen verhalten können: einerseits, weil sie durch ihre Auffälligkeit stärker gefährdet sind, andererseits aber auch, weil es für sie später noch viele Paarungschancen geben wird, während ihre unscheinbaren Konkurrenten ungeachtet ihrer Selbstgefährdung jede Gelegenheit zur Befriedigung ihrer Triebe nutzen sollten [55].

Szamado und Penn [207] stellten aus diesen Gründen zusammenfassend fest, dass die Handikap-Hypothese bisher weder durch Modelle noch durch konkrete Studien zur sexuellen Selektion bestätigt werden konnte. So wurde im Ergebnis einer zusammenfassenden Untersuchung von 38 verschiedenen Studien, die insgesamt 21 verschiedene Tierarten betrafen, festgestellt, dass die Qualität der Samenergüsse (nach Zahl, Größe, Schwimmgeschwindigkeit und Überlebensfähigkeit der Spermien) nicht signifikant mit der Ausprägung sekundärer männlicher Geschlechtsmerkmale zusammenhing [142]. Mit anderen Worten, besonders maskulin wirkende Männchen waren keinesfalls fruchtbarer als ihre weniger attraktiven Geschlechtsgenossen.

Männliche Schönheit muss also auch im Tierreich weder ein Überlebenshindernis noch ein Hinweis auf hohe Potenz sein. Sie zeigt jedoch besonders deutlich Art, Geschlecht und Fortpflanzungsbereitschaft an und verbessert deshalb sicher die Chancen auf Sex und Nachwuchs. Darüber hinausgehende Qualitäten können jedoch durch Schönheit nicht signalisiert werden. Die Handikap-Hypothese ist damit praktisch widerlegt.

Es gibt noch eine andere Variante der „Gute-Gene"-Hypothese, welche gegenwärtig populär ist: die **Hamilton-Zuk-Vermutung** [81]. Sie geht nicht davon aus, dass das werbende, typischerweise männliche Geschlecht vorteilhafte Allele bewirbt, sondern davon, dass es durch seine Attraktivität eine überlegene Gesundheit demonstriert. Es müssten demnach Gene beworben werden, die für die Immunantwort zuständig sind. Da verschiedene bakterielle oder eukaryotische Einzeller sowie tierische Parasiten als Krankheitserreger unterschiedlich stark auf verschiedene Allele der Immungene reagieren und eine ständig wechselnde Häufigkeit und genetische Ausstattung aufweisen, gibt es keine Immunallele, welche *grundsätzlich* einen besseren Gesundheitszustand als andere verursachen. Vielfalt und schneller Wechsel sind – im Gegensatz zur eher stetigen und langsamen Evolution anderer Allele – die auffallende Besonderheit der Evolution der Immungene. Früher häufige, gegenwärtig aber seltene Allele können in Zukunft wieder häufiger werden, weil gegen sie empfindliche Parasiten in der Zeit ihrer Seltenheit prächtig gedeihen und deshalb in Zukunft wieder zahlreich auftreten können. Tatsächlich ist es inzwischen gut belegt, dass Sexualität gerade für den Erhalt der Vielfalt dieser Immunallele bei Tieren und bei Pflanzen sehr wichtig ist [101]. Sex kann alte, aber immer wieder erfolgreiche Immun-Genvarianten über Millionen von Jahren erhalten, während Mutationen zugleich für die Entstehung der ebenfalls unverzichtbaren neuen Varianten sorgen.

Gerade wegen dieses ständig wechselnden Wertes bestimmter Immun-Genvarianten glaubte man, mit der Hamilton-Zuk-Hypothese ein Problem aller Modelle sexueller Selektion zu lösen, welches darin bestehen soll, dass die Attraktivität der Männchen trotz fortwährender Auslese ihrer maskulinen Schönheit sehr unterschiedlich bleibt [19]. Dieser Widerspruch ist unter den Anhängern von „Gute-Gene"-Hypothesen als **Lek-Paradox** bekannt. Wenn Attraktivität vor allem von der Widerstandskraft gegenüber Krankheiten abhängig sein sollte, würde sich dieses Paradox auflösen, da ja dann der Erhalt der Schönheit nur durch permanente genetische Veränderung (unter Einschluss der Rückkehr zu älteren Allelen) zu erreichen wäre. Wenn Immunität also schön machen würde, würden im Umkehrschluss die männlichen Nachkommen einstmals bevorzugter Männchen zwischenzeitlich weniger attraktiv und infolgedessen auch weniger zahlreich werden, weil die gleichen Immunallele im Laufe der Evolution ihren Wert ständig ändern.

In Wahrheit jedoch ist das Lek-Paradox gar kein Problem, sondern ein logischer Widerspruch zwischen einer unzutreffenden Vorstellung und der Realität. Denn der Umfang phänotypischer Variation bleibt in einer gleichbleibend großen Population erhalten, wenn sich Selektionsrichtung, Mutations- und Rekombinationsrate nicht wesentlich verändern. Gründe dafür sind die kombinierten und anhaltenden Auswirkungen leicht nachteiliger und deshalb schlecht auslesbarer Allele, auftretender schädlicher Neumutationen sowie von nachteiligen Allelen, welche genetisch eng an vorteilhafte Allele gebunden sind und aus letzterem Grund schwer auslesbar sind. Es gibt keinen Grund, warum das bei sexueller Selektion anders sein sollte, zumal die Attraktivität – wie jedes andere Merkmal – nicht nur durch den Genotyp, sondern auch durch die Umwelt und das Alter des Individuums bestimmt wird. Die Erhaltung der Variabilität ist also in jedem Fall gegeben und kann nicht als Argument zugunsten der Hamilton-Zuk-Hypothese verwendet werden. Ein Beleg für diese Erhaltung genetischer Vielfalt trotz starker sexueller Selektion stellen die Ergebnisse eines Experiments dar, welches an wilden **Bachforellen** *(Salmo trutta fario)* zweier verschiedener Schweizer Populationen durchgeführt wurde [93]. Bachforellen-Männchen imponieren, drohen und kämpfen untereinander um die Möglichkeit, den Laich der Weibchen besamen zu können. In einer künstlichen Unterwasserarena wurde der Erfolg zufällig ausgewählter Männchen in diesen Auseinandersetzungen gemessen und per späterem genetischem Test mit dem Anteil an der Nachkommenschaft ins Verhältnis gesetzt. Es zeigte sich, dass der Kampferfolg proportional mit Alter, Länge und Gewicht der Männchen zunahm. Der Anteil des dabei befruchteten Laiches, aus dem später tatsächlich Forellenlarven schlüpften, hatte jedoch nichts mit der männlichen Stärke der Väter zu tun. Auch die Messung der Überlebensrate dieser Kinder nach immerhin 20 Monaten ergab keinen Zusammenhang zwischen dieser Stärke und dem Erreichen des Erwachsenenalters durch die Nachkommen. Wenn ein Forellen-Männchen alt genug wird, kann es sich schließlich fortpflanzen. Sexuelle Auslese wirkt hier also in Übereinstimmung mit der natürlichen Selektion und tritt nicht als eigenständiger Einfluss auf die genetische Vielfalt der Nachkommen in Erscheinung.

Wie das Handikap-Modell hatte auch das **Hamilton-Zuk-Konzept** inzwischen mehr als 30 Jahre Zeit, um bestätigt zu werden. Die Ergebnisse waren bisher so ernüchternd, dass Marlene Zuk – die Miturheberin dieses Modells – schließlich [7] feststellte:

Fundamentally, Hamilton and Zuk's hypothesis relies on the assumption that change in host and parasite genotypic frequencies over time will conform to a „permanently dynamical" scenario like that exhibited by stable predator-prey limit cycles [...]. We argue that crucial evidence pertaining to such cyclical co-adaptation of hosts' and parasites' genotypes is sorely lacking.

Grundsätzlich beruht die Hamilton-Zuk-Hypothese auf der Annahme, dass Genotyphäufigkeiten von Wirten und ihren Parasiten ähnlich permanent wechseln, wie es bei Räuber-Beute-Häufigkeits-Zyklen der Fall ist [...]. Wir meinen, dass ein überzeugender Beleg für diese zyklische Ko-Aadaption der Wirte und Parasiten bisher fehlt. [Sinngemäße Übersetzung des Autors]

Dieser resignativen Aussage kann nur zugestimmt werden. Ältere Analysen des Hamilton-Zuk-Modells beschränkten sich häufig auf die Untersuchung von Zusammenhängen zwischen der Parasitenlast und der Attraktivität des werbenden Geschlechts. Obwohl eine abnehmende Parasitenlast nicht immer mit zunehmender Attraktivität einherging, wurden diese Studien oft als Bestätigung der Hypothese gewertet [97, 223]. Erst in den letzten Jahren führte eine verbesserte Methodik dazu, dass einige Arbeiten publiziert werden konnten, welche den Paarungserfolg zusammen mit der Attraktivität des werbenden Geschlechts, seiner Parasitenlast und der Variabilität seiner Immungene analysierten. Sie fanden z. B. an Stichlingen und Rothirschen statt [21, 52]. Keine dieser im Gegensatz zu früheren Studien deutlich aussagefähigeren Untersuchungen unterstützte alle wesentlichen Vorhersagen der Hamilton-Zuk-Hypothese (Abb. 5.10). So stellten Buczek et al. [21] bei polnischen Rothirschen fest, dass stark parasitierte Hirsche konträr zu den Erwartungen ein stärkeres Geweih als weniger stark parasitierte entwickeln. Offenbar erhöhte sich der Befall mit zunehmenden Alter der Hirsche. Zugleich nahm die Attraktivität dieser Tiere erstaunlicherweise ebenfalls zu.

Außer der Handikap-und der Hamilton-Zuk-Hypothese gibt es noch zahlreiche weitere Varianten der Vorstellung, dass das wählende Geschlecht stets einen Fortpflanzungspartner mit möglichst vorteilhafter Allelausstattung bevorzugt. Es spielt daher leider nur eine untergeordnete Rolle, wie viele dieser Ansichten bisher schon durch Studien widerlegt werden konnten. An ihrer Stelle werden immer neue **Gute-Gene-Hypothesen** vorgeschlagen. Es ist daher weder möglich noch sinnvoll, jedes dieser Modelle empirisch testen zu wollen. Stattdessen ist es aufschlussreich, die oft nicht ausdrücklich benannten Voraussetzungen all dieser Konzepte zutage zu fördern.

Wir haben bereits (Abschn. 5.1) festgestellt, dass individuelle Mobilität und Fremdbefruchtung notwendige Voraussetzungen für Partnerwahl und innergeschlechtliche Konkurrenz sind. Besonders verbreitet ist sexuelle Selektion bei Wirbeltieren, Insekten und Spinnen. Zwar liegen bei all diesen Tieren Geschlechtsorgane vor, **Geschlechtsdimorphismen,** welche über diese Unterschiede hinausreichen, sind jedoch stets nur bei einem Teil der hier vorhandenen Artenvielfalt zu finden. Das Geschlecht einer deutlichen Mehrheit der Insektenarten sowie vieler Vogel- und Säugerarten ist nur bei eingehender Betrachtung der äußerlich sichtbaren Teile der primären Geschlechtsorgane zu bestimmen. Sekundäre Unterschiede, d. h. Geschlechtsmerkmale, welche nicht den unmittelbaren Fortpflanzungsfunktionen dienen, sind entweder unauffällig oder fehlen ganz. Offensichtlich fand bei diesen Arten keine **sexuelle Selektion** im engeren Sinne (Auswahl des Partners bzw. Konkurrenz zwischen Vertretern des werbenden Geschlechts) statt. Wenn diese Form des Wettbewerbs um Fortpflanzungspartner jedoch tatsächlich die allgemeine Fitness der Art über die Wirkung der ohnehin bestehenden natürlichen Selektion hinaus fördern soll, warum hat sie sich dann nicht allgemein durchgesetzt? Dieser

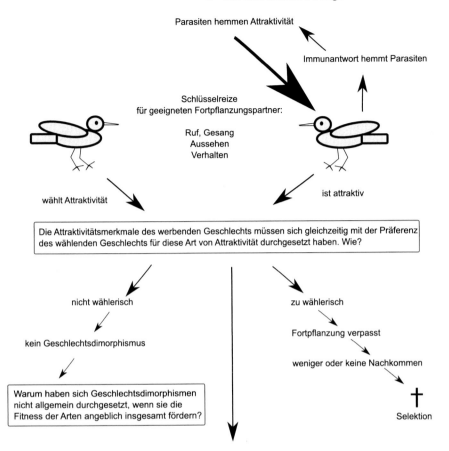

Abb. 5.10 Vorhersagen der Hamilton-Zuk-Hypothese der sexuellen Selektion. Einge-rahmt wurden die Schwachpunkte dieses Modells, welche zugleich die allgemeinen Schwachpunkte aller „Gute-Gene"-Hypothesen darstellen. (©Veiko Krauß [2016])

auf der Hand liegende Widerspruch wird von Befürwortern von Gute-Gene-Modellen ignoriert.

Ein zweites Problem für Gute-Gene-Hypothesen ist die offene Frage, was das wählende Geschlecht – also im Regelfall das Weibchen – veranlassen *und* ermöglichen könnte, sich einen Partner mit gegenüber seinen Mitbewerbern überlegenen Fitnesseigenschaften aussuchen zu wollen und sogar aussuchen zu können. Woher will das Weibchen wissen, welches Männchen besonders gut überleben kann, oder, wenn die Handikap-Variante der Hypothese gültig sein soll, welches Männchen einen besonders schweren Überlebenskampf erfolgreich bestanden hat? Mit anderen Worten, würden die schönsten Männer wirklich am längsten leben, wenn sie nicht so überaus prächtig wären? Um eine besondere Fruchtbarkeit des Männchens kann es ja dabei nicht gehen, denn ob das Männchen fruchtbar sein wird, entscheiden ja im Wesentlichen die Weibchen. Hier gibt es allerdings eine sehr wichtige Ausnahme: gelegentlich unvermeidlich auftretende, unfruchtbare Männchen. Im Hinblick auf die Beliebtheit der Gute-Gene-Hypothesen ist es unverständlich, warum keine Studie bisher nachweisen konnte, dass eine vorliegende Sterilität Auswirkungen auf die Attraktivität des Männchens hat. Männchen können offenbar unfruchtbar sein, ohne dass dies Konsequenzen für ihre geschlechtliche Anziehungskraft hat. Das ist im Licht der Gute-Gene-Hypothesen völlig unverständlich, weil entsprechende Fehlpaarungen regelmäßig die Fruchtbarkeit des beteiligten Weibchens gefährden, wenn wie bei vielen Arten Weibchen nur mit einem bis wenigen Männchen je Brutsaison kopulieren.

Fishers **Selbstläufer-Hypothese** hat dagegen einen Ausgangspunkt, welcher automatisch gegeben ist: Artzugehörigkeit, Geschlecht und Paarungsbereitschaft des Partners *müssen* an bestimmten Schlüsselreizen erkannt werden (Abbildung 5.8). Von der Zuverlässigkeit dieser Erkennung hängt ab, ob sich die Art überhaupt fortpflanzen kann. Jedes derzeit existierende Individuum einer sich sexuell fortpflanzenden Art entstammt einer ununterbrochenen Generationenfolge von Organismen, die sich seit der Einführung sexueller Fortpflanzung vor mehr als zwei Milliarden Jahren in mehr oder weniger regelmäßigen Abständen immer wieder erfolgreich als Sexualpartner identifizieren mussten [67].

Gute-Gene-Hypothesen wie die Handikap- und die Hamilton-Zuk-Hypothese dagegen setzen voraus, dass der Paarungspartner die Rolle der natürlichen Selektion übernimmt, denn er soll die genetische Qualität des werbenden Geschlechts entsprechend seiner Fitness bewerten können. Es bleibt nicht nur unklar, *wie* er das tun könnte, sondern auch, *warum* das denn zu erwarten wäre. Schließlich wirkt neben der sexuellen Selektion auch die allgemeine natürliche Selektion auf beide Geschlechter ein. Auch wenn das Weibchen nicht wählerisch ist, kann es deshalb nur durch Männchen befruchtet werden, welche hinreichend Kraft und Lust dazu aufbringen. Wenn Weibchen ein mit der natürlichen Selektion gleichgerichtetes Partnerwahlverhalten zeigen sollten, würde die sexuelle Selektion die natürliche Auslese in dem Maße verstärken, in dem ein wählerisches Weibchen seine eigene Fortpflanzung durch die Ablehnung bestimmter Männchen gefährden würde. Ein solch reproduktionswidriges Verhalten könnte sich nur dann durchsetzen, wenn ein solches Weibchen einigermaßen sicher sein kann, die dem verschmähten Männchen vorenthaltenen Eier noch durch ein genetisch vorzüglicheres Männchen befruchten lassen zu können. Wenn sich nicht zugleich mehrere Männchen zum direkten Vergleich anbieten – was nicht die Regel ist –, wäre das ein großes Risiko, selbst dann, wenn das Weibchen genetische Qualität tatsächlich beurteilen könnte. Natürliche Selektion kann ein erfolgreiches weibliches Wahlverhalten dieser Art nicht erzeugen. Seit mehr als hundert Jahren wird vermutet [60], dass sich diejenigen Weibchen erfolgreicher fortpflanzen würden, welche an bestimmten Merkmalen die besondere Lebenstüchtigkeit von Männchen erkennen könnten und auf diese Weise Partner mit überlegenen Erbeigenschaften aussuchen würden. Das Problem dabei ist: Woher will das Weibchen wissen, ob es im Falle der Ablehnung eines unzureichend bewerteten Männchens noch weitere Bewerber treffen wird? Die Praxis zeigt zudem regelmäßig, dass Weibchen vieler Arten sich mit mehreren Männchen paaren, wenn sie Gelegenheit dazu haben. Nur deshalb kann es wie z. B. bei Taufliegen und vielen Säugetieren zur Konkurrenz zwischen Spermien verschiedener Männchen kommen [129, 130]. Diese häufige Promiskuität der Weibchen aber wurde von vielen Theoretikern der sexuellen Selektion, beginnend mit Charles Darwin und Ronald A. Fisher, vor allem als Verschärfung eines Wettbewerbs und zugleich als Gefahr für „illegitime" Nachkommen gesehen, während die so mögliche Absicherung des Fortpflanzungserfolgs gern übersehen wurde.

Genau hier liegt der eigentliche Ursprung der Hypothesen, welche das wählende Geschlecht als zusätzliche Instanz der Auslese besonders überlebensfähiger Exemplare des werbenden Geschlechts sehen. Nicht gegenseitige Zuneigung, sondern ökonomische Gesichtspunkte beherrschten und beherrschen die Partnerwahl in zahlreichen menschlichen Gesellschaften nicht nur des 19. und des angehenden 20. Jahrhunderts. Sowohl Darwin [44] als auch Fisher [60] waren davon überzeugt, dass die weitere Entwicklung der Menschheit entscheidend von der Aufrechterhaltung einer intensiven Auslese aus ihrer Sicht besonders hochwertiger Mütter und Väter abhängen würde. Darwin diskutierte deshalb für ihn denkbare Maßnahmen zur Steuerung menschlicher Fortpflanzung, und Fisher war ein überzeugter Verfechter sogenannter positiver **Eugenik,** was wir heute mit Menschenzüchtung übersetzen würden. Sie nahmen deshalb den Begriff **„Geschlechtliche Zuchtwahl"** wörtlich und waren sich sicher, dass zumindest Tierweibchen ihre Paarungspartner im Hinblick auf eine hohe Konkurrenzfähigkeit ihrer Nachkommen auswählen würden.

5.4   Genkopplung als Quelle ungewöhnlichen Verhaltens

Sexuelle Konkurrenz, das sollte im letzten Abschnitt klar geworden sein, ist weder notwendig noch folgerichtig. Entscheidend für eine erfolgreiche sexuelle Fortpflanzung ist jedoch die Erkennung von Art, Geschlecht und Paarungsbereitschaft. Umso klarer entsprechende Signale übermittelt werden können, umso wahrscheinlicher wird das Weibchen seinem Paarungstrieb folgen. Häufig ist dafür ein bestimmtes Paarungsverhalten wichtig, welches den gegenseitigen Austausch von entsprechenden Signalen ermöglicht und häufig die Bereitstellung bestimmter Angebote (z.B ein verteidigtes Territorium oder ein Beutetier als Brautgeschenk) durch den Partner einschließt. Das aktuell typische Verhalten einer Art kann auch aus einem solchen Realangebot entstanden, inzwischen aber durch die Evolution zum reinen Ritual abgeschliffen worden sein, welches nur noch der Erkennung des richtigen Partners dient, so wie es z. B. bei Tanzfliegen vorkommt.

Ähnlich wirken der Bau von Nestern und die Verteidigung von Territorien durch Vogelmännchen, da sie mit diesen Angeboten zugleich ihre Eignung als Fortpflanzungspartner für das Weibchen signalisieren. Es handelt sich hier um eine Mehrfachfunktion, wobei das Signal eindeutig aus Elementen der Brutfürsorge hervorgegangen ist. Territorium und Nest sind nur ein Signal und kein anerkannter Besitz des Männchens, dessen Akzeptanz das Weibchen zur Treue verpflichten würde. In dem Maße, wie der Revierbesitzer hinsichtlich seiner Territoriums- und Nestverteidigung nachlässig ist, kommt es trotz der gewöhnlich saisonal festen Verpaarungen von Singvögeln des Öfteren zu Kuckuckseiern.

Ein sehr schönes Beispiel dafür ist die amerikanische **Weißkehlammer** *(Zonotrichia albicollis)* [216, 217]. Diese Ammer gibt es – wie viele andere Vogelarten – in zwei auffällig verschiedenen Farbvarianten: Der Kopf einer der Farbformen trägt bräunliche Streifen, während der Kopf der anderen mit gelben Oberaugenstreifen und einem weißen Mittelstreifen geschmückt ist. Diese Unterschiede sind jedoch keine Geschlechtsunterschiede, sondern trennen offenbar seit Entstehung der Art zwei unterschiedliche Farbphasen, welche beide gleich häufig männlich und weiblich auftreten und die in völlig deckungsgleichen Gebieten des südlichen Kanadas und der nordöstlichen USA vorkommen. Besonders bemerkenswert ist es, dass Paare fast immer verschieden gefärbt sind. Unterschiede ziehen sich also bei der Weißkehlammer an, während gleich und gleich sich nur selten zueinander gesellen (bei nur etwa 1,5% der Paare [217]).

Dazu passt, dass diese seltenen Paarungen gleicher Farbformen einen geringeren Bruterfolg als Mischpaarungen aufweisen. Das hängt unter anderem damit zusammen, dass der weißgestreifte Kopf über einen besonderen Typ des 2.Chromosoms vererbt wird, welcher homozygot zu einer geringen Lebenserwartung führt [216]. Letzteres erklärt jedoch nicht, warum Mischpaarungen weitaus häufiger als zufällig zu erwarten entstehen, denn beide Formen sind insgesamt gleichermaßen fruchtbar, und Weibchen beider Formen bevorzugen im Einzelversuch keine bestimmte Farbphase des Männchens [216]. Es stellte sich letztlich heraus, dass Mischpaare durch die Wechselwirkung des auffällig unterschiedlichen Verhaltens beider Formen zustande kommen. Vermenschlicht gesagt ist die hellgestreifte Phase nämlich nicht nur hübscher, sondern scheint sich, unabhängig vom Geschlecht, auch etwas darauf einzubilden. Hellgestreifte Männchen sind aggressiver, halten sich öfter fern vom Nest auf, lassen dabei ihr Weibchen häufiger allein, sorgen weniger für ihre Brut und kopulieren öfter mit Weibchen benachbarter Revierbesitzer als ihre tarnfarbenen Geschlechtsgenossen [216]. Hellgestreifte Weibchen sind ebenfalls aktiver und fordern ihre Partner weit häufiger zur Kopulation auf als ihre bräunlich gestreiften Geschlechtsgenossinnen, obwohl interessanterweise in beiden Mischpaarungstypen etwa gleich viele Paarungen vollzogen werden. Ihre allgemeine Unruhe äußert sich wahrscheinlich wie bei den Männchen in einer häufigeren Entfernung vom Nest, da etwa jedes zwanzigste Ei in ihren Nestern nicht von ihnen, sondern von nestfremden Weibchen abgelegt wird [216]. Ein solcher Brutparasitismus zwischen Artgenossen ist auch von anderen Vogelarten bekannt, konnte aber bisher nicht bei Nestern tarnfarbener Weibchen der Weißkehlammer gefunden werden.

Insgesamt sind die bunteren Ammern also eher extrovertiert, während die braunköpfigen eine stärkere Ortsbindung aufweisen und mehr Brutpflege leisten. Pikanterweise sind stille Wasser oft tief, denn in Nestern tarnfarbener Weibchen finden sich siebenmal häufiger Nachkommen nestfremder Männchen als in Nestern bunter Weibchen. Insgesamt geht mehr als die Hälfte der tarnfarbenen Weibchen, aber nur etwa 6 % der weißgestreiften fremd. Das liegt vermutlich nicht an den Weibchen, sondern am völlig verschiedenen Verhalten ihrer Partner. Während die weißgestreiften Männchen der tarnfarbenen Weibchen oft weit umherstreifen und gelegentlich fremde Weibchen begatten, werden ihre Weibchen selbst von gleich veranlagten fremden Männchen aufgesucht. Die tarnfarbenen Männchen dagegen versorgen und bewachen ihr gewöhnlich weißgestreiftes Weibchen besser und lassen daher nur wenige Fremdbegattungen zu. Es ist also anzunehmen, dass die überwältigende Mehrheit der Kuckuckskinder in den Nestern hellgestreifter Männchen Nachkommen anderer hellgestreifter Männchen sind, obwohl das bisher leider nicht geprüft wurde. In der Regel sollte der Betrogene also auch ein Betrüger sein.

An der durchschnittlichen Zahl der Kinder ändert sich auf diese Weise nichts, sie finden sich nur in einer unterschiedlichen Zahl von Nestern.

Möglicherweise liegt die Ursache für die üblichen Über-Kreuz-Mischpaarungen darin, dass bei Weißkehlammern der werbende Vogel immer der aktivere und buntere und nicht der männliche oder weibliche ist, während die unauffälligere, stärker ortsgebundene Farbform immer die Rolle des wählenden Geschlechts übernimmt. Unterschiede ziehen sich hier wohl deswegen an, weil jede Präsentation der hellgestreiften Vögel beiderlei Geschlechts Aufmerksamkeit braucht, wenn sie nicht ins Leere laufen will. Diese Aufmerksamkeit scheint in der Regel nur die ruhigere, tarnfarbene Form aufbringen zu können. Eine solche Umkehrung der Geschlechterrollen in der Balz je nach Farbvariante innerhalb einer Art ist – nach bisheriger Kenntnis – einzigartig, zeigt aber, wie evolutionär flexibel das Partnerfindungsverhalten sein kann. Sexuelle Selektion scheint hier weniger mit dem Geschlecht als mit der Farbvariante zu tun zu haben.

Die Weißkehlammer ist jedoch nicht der einzige Vogel, beim dem **Chromosomenmutationen** zu verschiedenen Farb- und zugleich Verhaltensvarianten geführt haben. Ein leider in Deutschland akut vom Aussterben bedrohter Bewohner naturnaher Feuchtgebiete ist der **Kampfläufer** *(Philomachus pugnax)*. Den stets unauffällig graubraun gemusterten Weibchen stehen etwas größere Männchen gegenüber, welche im Brutkleid zahlreiche besonders lange Federn am Kopf und Hals tragen, die einen prächtigen Kragen bilden. Im Frühjahr finden sich diese Männchen an traditionell genutzten **Leks** ein, um die sich ebenfalls dort versammelnden Weibchen zu begatten.

Etwa 84% aller Kampfläufer-Männchen tragen schwarze, braune oder rötliche Kragen und dulden sich gegenseitig nicht auf dem gewählten Lek, der so schnell zum Kampfplatz wird. Der Rest trägt jedoch weiße oder sehr helle Kragen und schließt sich jeweils einem dominanten, dunklen Männchen an, ohne von diesem verjagt zu werden. Diese hellen Männchen werden deshalb Satelliten genannt. Weniger als 1% der Männchen bleiben sogar völlig weibchenfarbig und finden sich ebenfalls an den Leks ein. Genetische Untersuchungen zeigten, dass alle drei Männchenformen erfolgreich Weibchen begatten. Der wesentliche Grund für die unterschiedliche Häufigkeit der Männchen scheint nicht der Befruchtungserfolg, sondern die Überlebensrate der jeweiligen Nachkommen zu sein. Entscheidend ist also weder Kampfkraft noch Hodengröße, sondern die genetische Qualität der Nachkommen selbst, die offenbar deutlich unterschiedlich ausfällt.

Bei der dafür verantwortlichen Chromosomenmutation der hellen und der weibchenfarbigen Männchen handelt es sich um eine etwa 125 Gene umfassende **Inversion** des 11. Chromosoms [109]. Eine Inversion entsteht dadurch, dass ein Teil der das Chromosom bildenden DNA-Doppelhelix herausgetrennt und in umgekehrter Orientierung wieder eingebaut wird (Abbildung 5.11). Durch dieses Ereignis wurde beim ursprünglich betroffenen Kampfläufer vor etwa 3,8 Millionen Jahren ein Gen zerstört, welches für die Verteilung aller Chromosomen während der Zellteilung lebensnotwendig ist [110]. Der betroffene Vogel konnte sich offensichtlich dennoch erfolgreich fortpflanzen, da die zweite Kopie dieses Gens im zweiten, nichtbetroffenen 11. Chromosom

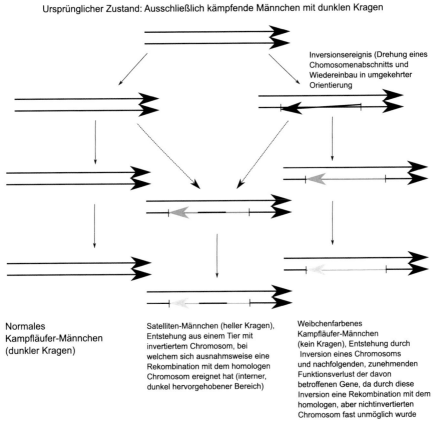

Ursprünglicher Zustand: Ausschließlich kämpfende Männchen mit dunklen Kragen

Inversionsereignis (Drehung eines Chomosomenabschnitts und Wiedereinbau in umgekehrter Orientierung

Normales Kampfläufer-Männchen (dunkler Kragen)

Satelliten-Männchen (heller Kragen), Entstehung aus einem Tier mit invertiertem Chromosom, bei welchem sich ausnahmsweise eine Rekombination mit dem homologen Chromosom ereignet hat (interner, dunkel hervorgehobener Bereich)

Weibchenfarbenes Kampfläufer-Männchen (kein Kragen), Entstehung durch Inversion eines Chromosoms und nachfolgenden, zunehmenden Funktionsverlust der davon betroffenen Gene, da durch diese Inversion eine Rekombination mit dem homologen, aber nichtinvertierten Chromosom fast unmöglich wurde

Abb. 5.11 Entstehung einer Inversionsmutation am Beispiel des Kampfläufers [110]. Ein interner Teil eines Chromosoms wird herausgelöst und in umgekehrter Orientierung wieder eingebaut. Dadurch wird eine Rekombination mit dem anderen Chromosom des Paares dauerhaft verhindert, weil sonst ein Teil der Gene völlig entfernt werden würde. Daher hat im Laufe der Generationen eine allmähliche funktionelle Degeneration der von der Inversion betroffenen Gene stattgefunden. Im Fall eines einzelnen Kampfläufers hat sich später dennoch eine inversionsinterne Rekombination mit dem anderen 11. Chromosom ereignet, welche bei den betroffenen Männchen zu einer Wiederausprägung des Kragens geführt hat, allerdings in einer hellen Form (Satelliten-Männchen). (©Veiko Krauß [2020])

intakt blieb. Auf diese Weise kann die Inversion zwar von Generation zu Generation weitergegeben werden, aber nur zusammen mit einem nichtinvertierten Chromosom. Außerdem sterben auch alle Kampfläufer mit nur einem veränderten Chromosom durchschnittlich deutlich früher als solche mit zwei nichtbetroffenen 11. Chromosomen.

Auf diese Weise entstand die weibchenfarbene Männchenform. Vor etwa 500.000 Jahren wurden dann DNA-Abschnitte innerhalb der Inversion gegen solche des unveränderten Chromosoms ausgetauscht [110]. Dadurch konnte der männchen-spezifische Kragen wieder ausgebildet werden, wenn auch nur in einer sehr hellen Form: Die Satelliten-Männchen traten erstmals auf. Warum sich die beiden nichtkämpfenden Männchenformen bis heute hielten, konnte noch nicht geklärt werden. Eine mögliche Ursache ist eben das Fehlen der kräftezehrenden Auseinandersetzung mit anderen Männchen: Weibchenfarbene Männchen und Satelliten können sich ganz auf die Weibchen konzentrieren und besitzen sogar größere Hoden [109]. Das ist allerdings keine gewählte Strategie, sondern die Folge einer veränderten hormonellen Regulation, die auf die Inversion zurückgeht. Die neu entstandenen Formen tragen jeweils mehrere spezielle, dominante Mutationen, die sie immer wieder zusammen an die kommende Generation weitergeben, weil die Inversion wie bei der Weißkehlammer eine Neukombination mit dem nichtinvertiertem Chromosom fast immer ausschließt, indem rekombinante Tiere vor der Geschlechtsreife sterben. Zugleich bleibt der potenziell lebensverkürzende Kampf zwischen der Mehrheit der Männchen der Kampfläufer erhalten, weil die beschriebenen Mutationen des invertierten Chromosoms des weibchenfarbenen und des Satelliten-Männchens in homozygoter Form tödlich sind.

5.5 Geschlechterrollen und Attraktivität sind nicht eindeutig festgelegt

Manchmal täuscht eine prächtige Erscheinung völlig. Die nordamerikanische Gattung der **Spring- oder Grundelbarsche** *Etheostoma* besteht aus kleinen, im männlichen Geschlecht jedoch ausnehmend bunten, insektenfressenden Fischen strömungsreicher, meist steiniger Bäche. Die Verbreitung der meisten Arten ist auf relativ kleine Gebiete begrenzt, sodass sich trotz einer großen Artenvielfalt nur relativ wenige Arten in ein- und demselben Gewässer begegnen können. In einem recht aufwendigen Experiment überprüfte man unter Verwendung von insgesamt 14, jeweils nicht gemeinsam vorkommenden Arten, in welchem Umfang die Weibchen sich für die richtige Form der jeweils typisch und farbenprächtig gezeichneten Männchen entscheiden [146]. Es zeigte sich, dass die Weibchen arteigene Männchen entgegen den Erwartungen nicht den fremdartigen vorzogen. Im umgekehrten Experiment jedoch bewiesen männliche Fische von immerhin 4 der 14 Arten, dass sie die richtigen Weibchen von den falschen unterscheiden können, was den Experimentatoren selbst viel schwerer fiel. Da die Tiere dabei stets durch eine Glasscheibe getrennt blieben, können Pheromone dabei nicht mitgewirkt haben.

Offenbar lassen sich die Rollen des Werbens und die des Wählens keineswegs von der Art des **Geschlechtsdimorphismus** ablesen, sondern sind – zumindest in diesem Fall – eine Konsequenz des Fortpflanzungsverhaltens. Das Männchen sucht sich die in dieser Gattung übrigens häufigeren Weibchen aus. Die Aufgabe des Weibchens ist es, unter stark strömendem Wasser geeignete Anheftungsstellen für die einzeln abgelegten Eier zu finden, sobald es ein Männchen für sich interessiert hat. Nach Eiablage und Besamung überlassen beide Eltern ihre Nachkommen dem Bach. Der Fortpflanzungsaufwand ist so für beide Geschlechter recht ähnlich. Die Auffälligkeit des Männchens dient der Vertreibung von Konkurrenten und nicht der Anzeige der eigenen Qualität gegenüber den Weibchen, wie ursprünglich vermutet. Die gegenseitige Bindung des Paares aneinander ist sehr flüchtig.

Ganz anders verhält sich das bei Tieren, welche schon vor der Paarungszeit in sozialen Verbänden leben. Das trifft auf Papageien und Rabenvögel, aber auch auf **Zebrafinken** *(Taeniopygia guttata)* zu. Zebrafinken leben in ihrer australischen Heimat in größeren Schwärmen (Abbildung 5.12). Brutmöglichkeiten hängen wesentlich von dem nur in unregelmäßigen Abständen fallenden Regen ab. Lebenslange Paarungen ermöglichen es, schnell mit einer Brut zu beginnen, wenn Nahrung reichlich zur Verfügung steht [91]. Partnerfindung und Partnerbindung wird bei Zebrafinken wesentlich durch eigene Erfahrungen bestimmt. Die individuelle Zuneigung zum schließlich gefundenen Partner ist wichtig für den Bruterfolg, weil beide Partner bei der Brutpflege eng zusammenarbeiten, denn eine experimentelle Trennung und Neuverpaarung verringerte den Bruterfolg im Experiment um mehr als ein Drittel. Das lag nicht an der genetischen Qualität der Nestlinge, denn die Schlupfrate blieb bei diesen Zwangsverpaarungen etwa gleich. Die höhere Sterblichkeit der Jungfinken war allem Anschein nach auf eine nachlässigere Versorgung der Nachkommen durch willkürlich zusammengestellte Paare zurückzuführen. Die Erwachsenen hatten offenbar etwas anderes zu tun, denn die Treue zum Partner verringerte sich gegenüber selbstgewählten Partnerschaften ebenfalls deutlich [91]. Offenbar gibt ein umfassendes Lernvermögen der Partnerwahl einen „persönlichen" Anstrich. Die Rolle genetischer Prägung auf einen idealen Partner tritt dementsprechend etwas zurück.

Abb. 5.12 Ein Schwarm wilder Zebrafinken *(Taeniopygia guttata).* (©Grit Göpfert-Krauß [2019].)

Das wiederum passt gut zu der Tatsache, dass Zebrafinken bei ihrer Partnerwahl nicht auf Unterschiede bei Gewicht, Schnabelfärbung oder Gefiederzeichnung beider Geschlechter, beziehungsweise bei Stimmkraft, Gesangsvielfalt sowie Kopulationsneigung speziell der Männchen achten [229]. Obwohl die genannten Eigenschaften durchaus einen Teil der Fruchtbarkeit beider Geschlechter – also ihre Qualität und damit vermutlich auch mehr vorteilhafte Allele – vorhersagen, orientieren sich die Tiere nicht an ihnen. Zwar finden besser ausgestattete Exemplare leichter nicht nur einen, sondern manchmal auch mehrere Partner, doch scheint das nicht an ihrer Attraktivität fürs andere Geschlecht, sondern eher an ihrer stärkeren Paarungsmotivation oder ihrer höheren Durchsetzungskraft gegenüber konkurrierenden Geschlechtsgenossen zu liegen, denn die Qualität beider Partner hängt nicht miteinander zusammen, d. h., schönere Frauen haben genauso hübsche Männer wie unscheinbarere Weibchen (das gilt im Übrigen auch umgekehrt). Außerdem wird ein Mangel an Attraktivität des Weibchens nicht durch eine verstärkte mütterliche Fürsorge ausgeglichen [229].

Der Zebrafink ist hinsichtlich seiner Partnerwahl einer der am intensivsten untersuchten Tierarten. Es wurde oft angenommen, dass die **Gute-Gene-Hypothese,** d. h. die gegenseitige Auswahl der Partner entsprechend ihrer Fitness, gerade für diese Art gelten müsste, zeichnet sie sich doch durch eine sozial stabile Monogamie und durch etwa gleich auf beide Partner verteilte Brutpflegeaktivitäten aus. Die mit großer methodischer Sorgfalt durchgeführte Widerlegung dieser Hypothese [229] wiegt deshalb bei dieser Art besonders schwer.

Ein anderer Aspekt der Paarbildung innerhalb sozialer Verbände findet sich bei nordamerikanischen Formen des auch in Mitteleuropa verbreiteten **Fichtenkreuzschnabels** *(Loxia curvirostra).* Diese Finken leben ausschließlich von den Samen verschiedener Nadelbaumarten und bleiben untereinander bei ihrem Weg durch die Baumkronen durch Rufe in Kontakt. Sie haben verschiedene Dialekte dieser Rufe ausgebildet, die sich jedoch nicht nach geografischer Region, sondern nach dem bevorzugten Nadelbaum, also ihrer Nahrungsquelle, unterscheiden. Schwärme und Paare setzen sich in der Regel aus Tieren zusammen, die im gleichen Dialekt rufen. Erlernt wird dieser in der Nestlingszeit von den Eltern. Besonders interessant ist, dass jedem dieser Dialekte eine bestimmte Schnabelform zuzuordnen ist, die sich besonders gut zum Öffnen der Zapfen der jeweils bevorzugten Konifere eignet. Obwohl der Ruf erlernt und die Schnabelform vererbt wird, muss beim Partner nur der Ruf und nicht der Schnabel stimmen [199]. Alle Dialektformen sind miteinander fruchtbar, sodass der Dialekt – welcher vielleicht ursprünglich wie bei anderen Vögeln durch regionale Isolation entstanden ist – möglicherweise selbst zur Voraussetzung einer nützlichen Spezialisierung der Schnabelform geworden ist. Ohne ihn würden diese Kreuzschnäbel wohl einen durchschnittlich ausgebildeten Schnabel tragen, der nur mäßig zum Öffnen verschiedener Zapfentypen taugt. Soziale Bindungen, die auch für Partnerbindungen verantwortlich sind, bilden beim Fichtenkreuzschnabel also die Grundlage für verschiedene ökologische Nischen. Die Wirksamkeit natürlicher Selektion ist hier von der Lernfähigkeit abhängig und nicht umgekehrt.

5.6   Hier stimmt die Chemie

Neben der Paarharmonie kann bei der Partnerwahl auch ein passendes Immunsystem eine Rolle spielen. Die Aufrechterhaltung der Variabilität verfügbarer Antikörper zur Bekämpfung zahlreicher Parasiten ist – wie wir wissen – eine der wichtigsten Ursachen für die Aufrechterhaltung der Sexualität (Abschn. 1.4). Drei Gene, genannt die **Haupt-Histokompatibilitätskomplexe** (üblicherweise entsprechend der englischen Bezeichnung „Major Histocompatibility Complex" abgekürzt als MHC I, II und III) kodieren für Proteine, welche für die Immunabwehr überaus wichtig sind. Ihre Variabilität ist sowohl bei Tieren als auch bei Pflanzen im Vergleich zu der anderer Gene außergewöhnlich hoch [122]. Es wird allgemein davon ausgegangen, dass diese Vielfalt durch Parasiten selektiert worden ist. Eine zu geringe Variabilität dieser Immungene verursacht eine höhere Sterblichkeit durch Infektionskrankheiten.

Deshalb wäre es sicher vorteilhaft, wenn MHC-Allele während der Partnerwahl wahrgenommen werden könnten, um so Partner auswählen zu können, welche andere MHC-Allele als die eigenen tragen. Nachkommen wären so in jedem Fall heterozygot für diese wichtigen Abwehrfunktionen und bekämen deshalb höhere Überlebenschancen. Diese Vermutung wird **Immunologische Kompatibilitätshypothese** genannt. Im Unterschied zur Hamilton-Zuk-Hypothese geht es bei diesem Evolutionsmodell nicht um die Auswahl besonders krankheitsresistenter Partner, sondern um die Findung eines Partners mit Immunallelen, welche das wählende Tier selbst nicht hat. Entsprechend gibt es keine absoluten Qualitätsunterschiede zwischen verschiedenen alternativen Partnern, sondern nur relative, welche stets auf die konkrete Paarung bezogen sind. Anders gesagt: Das ideale Männchen für Weibchen A ist keine gute Wahl für Weibchen B, weil Letzteres selbst die MHC-Allele dieses für Weibchen A idealen Männchens hat (Abbildung 5.13).

Soziale Lebensweisen erleichtern es auch bei der Suche nach Immunkompatibilität, zwischen verschiedenen Partnerangeboten wählen zu können. Sie bieten gute Chancen, seine Partner auszusuchen ohne zu riskieren, mit

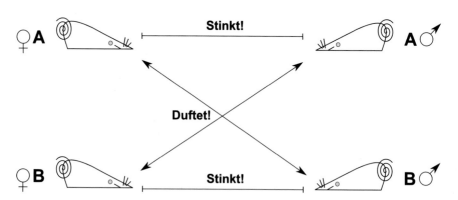

Abb. 5.13 Modell der Partnerwahl entsprechend der Immunologischen Kompatibilitätshypothese. Die Mäuse des Modells bevorzugen (Pfeile) wegen des Geruchs beim Paarungspartner jeweils von den eigenen MHC-Allelen (A oder B) verschiedene MHC-Genotypen (B oder A). Eine solche Neigung zu genetisch verschiedenen Partnern würde zugleich Inzucht vermeiden. (©Veiko Krauß [2020])

einer Ablehnung jede Paarungsmöglichkeit zu verlieren. Die MHC-Ausstattung ist allerdings unsichtbar, immerhin aber in noch unbestimmtem Umfang am Duft erkennbar. Da insbesondere bei Säugetieren das Verhalten sich stark an Düften orientiert, dominieren sie entsprechende Studien, es wurde aber auch eine Reihe anderer Wirbeltierarten untersucht. Obwohl eine gewisse Tendenz zur Wahl unterschiedlicher MHC-Allele in einigen Untersuchungen gefunden werden konnte, konnte dies für andere Arten oft nicht bestätigt werden.

Eine neuere, insgesamt 48 Analysen zusammenfassende Studie zeigte insgesamt keine deutliche Bevorzugung immunologisch verschiedener Männchen durch Weibchen [96]. Nach neueren Untersuchungen der Allelvielfalt bei Mäusen und Menschen ist die Vielfalt der MHC-Allele übrigens so hoch, dass eine gezielte Auswahl des Paarungspartners auf Verschiedenheit unnötig ist, denn sie ist in der Mehrheit der Fälle ohnehin gegeben [122]. Per Geruch können davon vermutlich nur wenige, deutlicher verschiedene Gruppen von MHC-Allelen unterschieden werden.

Studien an der **Hausmaus** *(Mus musculus)* zeigten zudem, dass Weibchen zwar den Geruch gesunder Männchen jenen bakteriell infizierter Männchen vorzogen [250]. Eine Vaterschaftsanalyse der folgenden Würfe enthüllte aber, dass sich die Fortpflanzungsrate der potenziell kranken Männchen nicht von der der gesunden Männchen unterschied: Die Weibchen paarten sich oft aus freien Stücken mit beiden zur Wahl stehenden Partnern, und das trotz einer im Experiment nachgewiesenen Gefahr für die eigene Gesundheit. Offenbar werden auch bei Mäusen sexuelle Entscheidungen leichtfertiger getroffen, als sich manche Evolutionsbiologen das vorstellen können.

Die oft betonte Rolle der Nase bei der Paarungsbildung konnte bisher nur ausnahmsweise überzeugend nachgewiesen werden. Eine aktuelle Studie über einen im tropischen Amerika verbreiteten Säuger, die **Große Sackflügelfledermaus** *(Saccopteryx bilineata),* leistete hier Pionierarbeit und offenbarte zugleich originale Formen der Partnerfindung und des Zusammenlebens [183].

Nur die Männchen dieses Fledertiers besitzen die namensgebenden Säcke an ihren Flügeln. Sie dienen ihnen als Aufbewahrungsort einer stark riechenden Flüssigkeit, welche sie aus verschiedenen Ausscheidungen – unter anderem aus Speichel und Urin – zusammenstellen. Sie verbringen täglich bis zu einer Stunde damit, dieses körpereigene Parfüm zu mischen und wieder aufzufüllen. Bei ihrer Balz flattern sie lange werbend vor der Dame ihrer Wahl, wobei sie ihre Auserwählte mit ihrem Duft einhüllen [183]. Das Fledermausweibchen gestattet die Paarung, wenn ihr das Männchen zusagt. Die Männchen stellen sich auf diese Weise einen Harem aus bis zu acht Weibchen zusammen, in dessen Schutz die Weibchen ihr Einzelkind – als fliegende, lebendgebärende

Tiere sind Fledermäuse außerstande, größere Würfe zur Welt zu bringen – ohne die Hilfe des Männchens aufziehen.

Die Paarung der Sackflügelfledermaus kann wegen der typisch hängenden Kopulationsposition und der kräftigeren Statur der Weibchen nur im Einvernehmen erfolgen, was aber nicht heißt, dass die Partner besonders treu sind, denn zu etwa 70% sind die Kinder eines Harems Nachkommen benachbarter Haremsbesitzer oder anderer männlicher Fledermäuse [183]. Die genetische Analyse der Nachkommenschaft zeigte weiterhin, dass Weibchen tatsächlich bevorzugt Männchen mit MHC-Allelen wählen, welche sie selbst nicht haben, und dass sie dies tun, weil sie die von diesen Genen produzierten Proteine an den Männchen riechen können. Manche Weibchen können diesen Duftstoff wegen des Fehlens bestimmter Duftrezeptoren in ihrer Nase nicht wahrnehmen. Diese Fledermäuse zeigen tatsächlich auch kein darauf beruhendes Partnerwahlverhalten [183].

Diese bevorzugte Paarung verschiedener MHC-Allele verhindert jedoch Inzucht bei diesen Fledermäusen nicht. Während junge Weibchen den örtlichen Haremsverband sofort nach dem Flüggewerden verlassen, verbleiben die Männchen an Ort und Stelle und können sich in den folgenden Jahren mit ihren Müttern und sogar – bedingt durch die bis zu 10 Jahre anhaltende Fruchtbarkeit der Weibchen – Großmüttern paaren. Obwohl also eine Inzuchtvermeidung ohne Zweifel die genetische Fitness der Nachkommen fördern würde, ist sie weder bei dieser Fledermaus noch in wilden Hausmaus-Populationen nachweisbar [151, 183]. Entweder kann Verwandtschaft an sich nicht wahrgenommen werden, oder die Selektion gegenüber einer durch Inzucht geschwächten Nachkommenschaft ist nicht stark genug, um entsprechende Verhaltensanpassungen zu verursachen.

So konnte in einer aktuellen Studie zum Paarungsverhalten der Hausmaus [155] zwar eine Verringerung der Zahl der Nachkommen bei Halbgeschwisterpaarungen gegenüber nichtverwandten Paaren nachgewiesen werden. Auch traten bei der Anbahnung der Paarung Unterschiede zwischen diesen Paartypen auf. So reagierten Männchen auf nichtverwandte Weibchen mit etwas längeren und anders klingenden Ultraschallpfiffen. Die Studie konnte aber nicht zeigen, welche Merkmale die diesen knapp signifikant verschiedenen Signalen vermutlich zugrunde liegende Verwandtenerkennung ermöglichten oder ob die bei Verwandten verringerte Fruchtbarkeit tatsächlich auf eine verringerte Paarungsaktivität oder nicht doch auf direkte Inzuchteffekte zurückzuführen war.

Auf eine – wenn denn vorhandene – sehr unzuverlässige Inzuchtvermeidung weisen auch Untersuchungen an ganz anders proportionierten Säugern hin. **Berggorillas** *(Gorilla beringei)* leben in Gruppen, die von wenigen geschlechtsreifen Männchen (Silberrücken), die eine Rangfolge unter sich ausmachen, dominiert werden. Die Zusammensetzung dieser Gruppen verändert sich, weil heranwachsende Weibchen sie oft wechseln. Das ist jedoch keine Inzuchtvermeidungsstrategie, weil junge Weibchen sich selbst dann nicht mit ihren Vätern paaren, wenn sie in der Gruppe verbleiben [222]. Wahrscheinlich geht diese Vermeidung vom Vater aus, denn Silberrücken ziehen etwa gleichaltrige Weibchen den jüngeren vor. Hier wird deutlich, dass tradierte soziale Beziehungen eine sehr wichtige Rolle auch für das Sexualverhalten der Menschenaffen spielen, zumal in den gleichen Gruppen erfahrene Weibchen auch Kinder von ihren Söhnen haben können. Hier steht wohl außer Frage, dass den Eltern ihr Verwandtschaftsverhältnis bekannt ist. **Mechanismen der Inzuchtvermeidung** werden demnach also nur indirekt und wenig effizient selektiert.

Warum ziehen Weibchen überhaupt Männchen vor, die anders duften? Wurde dieses Verhalten durch Selektion begünstigt? Das ist zweifelhaft, da die Weibchen bestenfalls eine Tendenz, aber keine absolute Bevorzugung zeigen. Sie vermeiden die Paarung mit Trägern identischer MHC-Allele nicht völlig. Es scheint eher so, dass fremdartig riechende Männchen sich erfolgreich aus der Masse der Bewerber herausheben können. Wie schon gesagt sind Säuger Nasentiere. Der Effekt erinnert an Beobachtungen, welche schon vor längerer Zeit an der **Taufliege** *Drosophila melanogaster* gemacht wurden. Fliegenweibchen bevorzugen bei der Paarung oft merkwürdig aussehende Partner, ganz gleich, wodurch sich diese auszeichnen [171]. Sind unter den werbenden Männchen einzelne Mutanten, welche sich durch weiße oder kleine bandförmige Augen auszeichnen, bekommen diese besonderen Partner häufiger als gewöhnlich aussehende Männchen Gelegenheit zur Kopulation. Das gilt, obwohl diese Männchen ein mehr oder weniger stark eingeschränktes Sehvermögen haben, also in freier Wildbahn klar benachteiligt sind. Dominieren solche Mutanten jedoch das Männerangebot und gibt es nur einzelne der wildtypischen Männchen mit großen roten Augen, werden Letztere bevorzugt. Man nennt dieses Phänomen den „Effekt des seltenen Männchens" *(Rare Male Effect)*. Es handelt sich um eine spezielle Form der **häufigkeits- oder frequenzabhängigen Selektion**. Selbst Fliegen haben also Augen für das Besondere, das nicht mit dem Besseren verwechselt werden sollte. Ähnlich voreingenommen scheint die Wahl des Säugerweibchens: Da sie mit ihrem eigenen Duft vertraut ist, sucht sie etwas Neues. Manchmal lohnt es sich aufzufallen!

5.7   Was kann sexuelle Selektion bewirken?

Nach diesen eher beispielhaften Beschreibungen häufig außergewöhnlichen Paarungsverhaltens fällt es nicht leicht, zu allgemein gültigen Schlussfolgerungen hinsichtlich folgender zentraler Fragen zu kommen: Wodurch wird die Wahl des Sexualpartners bestimmt? Was genau bewirkt sexuelle Selektion? Ich bin dennoch zuversichtlich, dass dies gelingen wird, denn es soll hier nicht um die Ableitung gewagter Thesen gehen, welche nur zuweilen zutreffen, sondern um allgemein gültige Aussagen.

Entgegen einer verbreiteten Ansicht besteht Biologie keineswegs aus Regeln, deren Ausnahmen diese angeblich bestätigen würden. Solcherart Regeln existieren zwar tatsächlich, sind aber bestenfalls Trends und zählen nicht zu den wesentlichen Aussagen der Biowissenschaften. Auch die Biologie kennt, genau wie andere Naturwissenschaften, Gesetze, deren Gültigkeit an Bedingungen geknüpft ist. Zu diesen Bedingungen zählt, dass die evolutionäre Entstehung jeder biologischen Funktion – nicht nur des Sexualverhaltens – nur auf einer insgesamt schlüssigen, logischen Basis erklärt werden kann. Nimmt man also Motive für ein bestimmtes Verhalten an, muss man ihre Entstehung glaubhaft begründen können.

Dies vorausgesetzt, können wir uns fragen, auf welche Weise Konflikte und damit evolutionäre Lasten durch sexuelle Fortpflanzung entstanden sind. Handelt es sich dabei tatsächlich, wie oft behauptet, um Interessenkonflikte zwischen den Geschlechtern oder zwischen den gleichgeschlechtlichen Konkurrenten? Bremsen und belasten diese Konflikte die Evolution der Arten lediglich oder haben sie auch eine positive Seite? Ich werde versuchen, diese Gesichtspunkte kurz zu diskutieren und damit dieses Kapitel zusammenzufassen, auch wenn diese Fragen heute sicher noch nicht befriedigend beantwortet werden können.

Es dürfte deutlich geworden sein, wodurch die Wahl des Fortpflanzungspartners bestimmt wird: Entscheidend ist ein möglichst eindeutiges Signal, zur richtigen Art und zum richtigen Geschlecht zu gehören sowie zur Paarung bereit zu sein. Eine Gütekontrolle des Partners erfolgt während des die Paarung einleitenden Austausches von Signalen nur insoweit, ob ein Tier in der Lage ist, in diesem Sinne erfolgreich seine Eignung zu verdeutlichen und sich gegenüber gleichgeschlechtlichen Mitbewerbern zu behaupten. Es ist also nicht möglich, eine angenommene Prüfung besonderer genetischer Qualitäten als „echte sexuelle Selektion" von der Erkennung eines Partners als artgleich, andersgeschlechtlich und zur Paarung bereit zu trennen [181].

Bei der Partnerwahl kann es mit Konkurrenten zu direkten Auseinandersetzungen kommen. Motiv entsprechender Kämpfe ist stets die Ausübung sexueller Handlungen beziehungsweise die Erfüllung dazu notwendiger Voraussetzungen wie z. B. die Kontrolle bestimmter Territorien oder die Verbesserung des sozialen Rangs. Eine Absicht, tatsächlich Nachkommen zu zeugen, ist dazu weder notwendig noch wurde sie jemals nachgewiesen. Jede Behauptung, ein Individuum oder gar bestimmte Allele oder Genome strebten nach maximaler Nachkommenschaft, ist daher nicht hilfreich, sondern im Gegenteil irreführend, völlig unabhängig davon, ob sie ernsthaft oder nur als metaphorische Umschreibung aufgestellt wird.

Sollten Kämpfe zwischen Geschlechtsgenossen tatsächlich für die Teilnahme an der sexuellen Fortpflanzung unumgänglich sein – bei den meisten Tierarten ist das nicht der Fall –, so können geschlechtsspezifische Waffen wie die Hörner und Geweihe zahlreicher Paarhuferarten oder die Kopffortsätze der Blatthornkäfer sexuell selektiert werden. Deren auffällige Gestalt wiederum kann die Signalisierung von Art und Geschlecht unterstützen. Beweise besonderer Lebenseignung sind diese Waffen nur insofern, wie sie der erfolgreichen Fortpflanzung dienen. Dem täglichen Überleben kommt solche Wehrhaftigkeit in der Regel nicht zugute, denn anderenfalls würden sie sich auch im weiblichen Geschlecht durchsetzen. Das bedeutet jedoch nicht, dass geschlechtsspezifische Bewaffnung das Überleben erschweren muss, wie es durch die **Handikap-Hypothese** unterstellt wird. Das Beispiel der Geweihe der Hirschverwandten zeigt, dass ein und dieselbe Struktur je nach Umweltbedingungen sehr unterschiedliche Funktionen übernehmen kann. Beinahe alle Arten bilden ein Geweih nur im männlichen Geschlecht aus. Offensichtlich ist eine allgemeine Kopfbewaffnung nicht vorteilhaft, denn die genetischen Voraussetzungen, ein Geweih zu entwickeln, sind ja zweifellos auch in den Weibchen vorhanden. Die interessante Ausnahme sind **Rentiere** *(Rangifer tarandus)*: Ganz gleich, ob nun ihr Lebensraum, die baumlose und damit auch für Geweihträger hindernisfreie Tundra, eine verbesserte Abwehr von Wölfen, die Aufnahme von bodenbedeckenden Flechten mithilfe des Geweihs oder alles zusammen den Kopfschmuck auch der Weibchen ermöglicht hat: Es beweist die mögliche alternative Nutzung eines ursprünglich durch sexuelle Selektion entstandenen Merkmals.

Sexuelle Selektion verursacht also die Entstehung sekundärer Geschlechtsmerkmale, welche jedoch stets das Überleben der Träger gestatten müssen und dies natürlich, wie bei den Rentieren, eventuell sogar begünstigen können. Sexuelle Selektion ermöglicht jedoch nicht – entgegen sehr verbreiteter Annahmen –, dass sich Organismen durch Auswahl ihrer Sexualpartner selbst auf eine häufig dann sehr unbestimmt umschriebene, allgemein hohe Leistungsfähigkeit trimmen. Eine solche Annahme ignoriert, dass Leistung nichts Objektives ist. So erfordern leichtathletische Disziplinen ganz unterschiedliche Fähigkeiten, welche auch einen unterschiedlichen Körperbau bedingen. Der Vergleich eines Sprinters mit einen Marathonläufer zeigt das sehr deutlich. Die relative Eignung der körperlichen Merkmale wird von den konkreten Bedingungen der ökologischen Nische bestimmt. Ein potenzieller Sexualpartner kann die mehr oder weniger große Überlebenseignung von Exemplaren des anderen Geschlechts, ob nun bewusst oder unbewusst, *nicht* entsprechend angenommener Vorgaben der natürlichen Selektion beurteilen und deshalb durch Ablehnung bestrafen oder Einwilligung zur Paarung belohnen. Dies gilt, weil Selektion keine Vorgaben hat, sondern konkret und unmittelbar wirkt.

Selbst Evolutionsbiologen fällt die Bewertung des Selektionswertes einzelner Merkmale schwer. Auch muss nicht jedes Merkmal gegenwärtig eine Funktion haben. Ein gutes Beispiel dafür ist der **weibliche Orgasmus,** über dessen Funktion es mindestens die 20 verschiedenen Annahmen gibt, die die Wissenschaftshistorikerin Elisabeth Lloyd in ihrem Buch *The Case of the Female Orgasm* [124] zusammengetragen hat. Gemeinsam ist ihnen lediglich die Vermutung, dass Orgasmen die Fruchtbarkeit der Frau erhöhen. Trotz einiger einschlägiger Studien gibt es bisher keine Belege für die Förderung der Fruchtbarkeit der Frau durch ihre Orgasmen [228]. Zwar ist es plausibel, dass er die Paarbindung unterstützt. Seine Entstehung aber ist wahrscheinlich auf seine funktionelle Homologie zum männlichen Orgasmus [206] oder auf seine frühere Rolle bei der Auslösung des Eisprungs [227] zurückzuführen. Schließlich ist die Existenz männlicher Brustwarzen auch nicht durch die Erfüllung einer Funktion zu begründen.

Sicher ist also nur, dass ein zu deutlich abweichendes Aussehen oder Verhalten bestraft wird: Für den Erfolg der Fortpflanzung ist die zweifelsfreie Erkennung eines geeigneten Partners notwendig. Erkennbar ist weiterhin, dass sich mit zunehmender Komplexität der Lebewesen eine Arbeitsteilung zwischen den Sexualpartnern entwickelte, welche sich nicht nur auf den in der Regel unterschiedlichen Beitrag zur Nachkommenschaft, sondern auch auf die Rolle bei der Partnerfindung bezieht. Dabei lockt einer der Partner den anderen durch chemische, akustische oder optische Signale an. Meist ist dieses werbende Geschlecht das männliche. Der wählende Partner, bei der Mehrzahl der Arten das Weibchen, antwortet auf diese Ansprache in wiederum art-, geschlechts- und bereitschaftstypischer Form. Es ist also nur selten zutreffend, dass ein Partner ausschließlich der aktiv Werbende und der andere der passiv Wählende sei, richtig ist, dass sich die Individuen dabei fast immer wechselseitig beeindrucken müssen, damit die Partnerfindung von Erfolg gekrönt wird. Dabei kann es von Vorteil sein, dass bestimmte Kandidaten individuell wiedererkennbar sind, vielleicht weil ein potenzieller Partner ihm dann leichter ein bestimmtes Balzverhalten zuordnen kann. Unter Mitbewerbern leicht identifizierbare Partner könnten deshalb schneller zum Erfolg kommen, wie wir es am Beispiel der Zebrafinken und Taufliegen sahen.

Woher stammt aber dann die Annahme, dass dem Sex eine Auswahl des Partners vorausgeht, welche nicht durch den Erfolg der späteren Fortpflanzung selbst selektiert wird, sondern sich an der relativen genetischen Tauglichkeit potenzieller Partner gegenüber ihren Konkurrenten orientieren soll? Angeblich soll der spätere Überlebens- und Fortpflanzungserfolg der Nachkommen die Grundlage der Akzeptanz eines Männchens durch das Weibchen sein. Auf welche Weise könnte das Weibchen auf diese Art begründete Paarungsentscheidungen fällen?

Die Autoren solcher Annahmen verweisen meist darauf, dass sich diese Urteilsfähigkeit eines Weibchens natürlich selektieren könnte. Wenn dem jedoch so wäre, warum wären dann offensichtlich zwar die schlecht wählenden Weibchen, nicht aber die schlecht werbenden Männchen ausgestorben? Schließlich ist das Werben selbst vergleichsweise einfach und die sexuelle Motivation eindeutig, dagegen handelt ein im Sinne „Guter-Gene"-Hypothesen handelndes Weibchen in evolutionärer Hinsicht riskant, denn meist bieten sich nicht mehrere Männchen zugleich an, unter denen sie ihren Wunschpartner wählen könnte. Schon eine einzige Ablehnung könnte eine zu viel sein, und die Chance zur Fortpflanzung wäre vertan. Eine Wahl einsprechend der Art, des Geschlechts und der Bereitschaft dagegen ist für den Erfolg der Reproduktion unumgänglich. Zahlreiche Untersuchungen beweisen zudem, dass die Weibchen vieler Arten sich bei Gelegenheit wiederholt mit verschiedenen Männchen paaren [27]. Das schützt einerseits den Reproduktionserfolg gegen männliche Unfruchtbarkeit und kann andererseits selbst bei Fertilität sämtlicher beteiligter Männchen den Fortpflanzungserfolg nicht selten noch erhöhen.

Ein Beleg für ein eher pragmatisches Sexualverhalten ist auch eine Studie, in der bei verschiedenen Singvogelarten untersucht wurde, ob eine Adoptivelternschaft die spätere Partnerwahl der Adoptivkinder beeinflusste [195]. Während von **Blaumeisen** *(Cyanistes caeruleus)* aufgezogene **Kohlmeisen** *(Parus major)* sich später – unabhängig vom Geschlecht – in der Regel nur mit Blaumeisen paarten und daher keine Jungen aufziehen konnten, zogen die von Kohlmeisen adoptierten Blaumeisen stets erfolgreich Nachkommen auf. Allerdings wählten die Blaumeisen-Weibchen zur Aufzucht der Jungvögel zum Teil Kohlmeisen-Männchen, ohne es zu versäumen, sich von Blaumeisen-Männchen befruchten zu lassen. Während also bei Kohlmeisen die Wahl des Partners stark durch das elterliche Vorbild geprägt ist, lassen sich Blaumeisen offensichtlich nur teilweise durch ihre Adoptiveltern beeindrucken. Das solche Versuche jedoch überhaupt einen Einfluss auf die Paarung ausüben, beweist, dass die Partnerwahl nur im geringen Maße genetisch vorgegeben ist, zumal ja die gewählten artfremden Partner, obwohl von artgleichen Partnern aufgezogen, sich ebenfalls fehlleiten ließen.

Aus welchen Gründen wird also gerade bei Weibchen Keuschheit und Treue oder – bei anderer Bewertung – ein besonders berechnendes Verhalten vermutet? Alle sich anbietenden Männchen haben ja nicht nur bisher überlebt, sondern stammen auch notwendigerweise von evolutionär erfolgreichen Männchen und Weibchen ab und sind zudem sexuell aktiv, welche Gründe gäbe es dann, Nein zu sagen?

Eine Antwort ist vergleichsweise einfach. Wie so viele andere Irrtümer der Wissenschaftsgeschichte gründet sich auch dieser auf unserer Neigung, Lebewesen und ihr Verhalten zu vermenschlichen. Sexuelle Selektion bedeutet für uns, die wir in der Regel nur mit einem Partner zusammenleben, eine positive Auswahl eines Favoriten oder einer Favoritin. Möglicherweise ändert sich die konkrete Wahl im Verlaufe des Lebens, aber zumindest die öffentlich sichtbare, soziale Exklusivität bleibt bestehen. Wir selbst sehen deshalb sexuelle Selektion im weiten Sinne sicher nicht als negative Auslese relativ weniger, offensichtlich fauler Eier. Tatsächlich aber funktioniert die biologische, sexuelle Selektion im engeren Sinne genauso, also negativ und nicht positiv, selbst unter uns. Erst die soziale Lebensweise fügt – nicht nur beim Menschen – eine individuelle und dann häufig tatsächlich sehr anspruchsvolle, positive Komponente zur Auswahlentscheidung hinzu, aber nur, weil sozialen Tieren praktisch ständig Alternativen zur Verfügung stehen, wie hier am Beispiel der Zebrafinken bereits vorgestellt.

Dieser grundsätzlich einfache, nur grob die Spreu vom Weizen trennende Charakter der sexuellen Auslese wurde jedoch auch deshalb übersehen, weil das Konzept sexueller Selektion wie das der natürlichen Selektion ursprünglich vom Vergleich mit dem Vorgang der künstlichen Auslese abgeleitet wurde [44, S. 156]:

Just as man can improve the breed of his game-cocks by the selection of those birds which are victorious in the cockpit, so it appears that the strongest and most vigorous males, or those provided with the best weapons, have prevailed under nature, and have led to the improvement of the natural breed or species. A slight degree of variability leading to some advantage, however slight, in reiterated deadly contests would suffice for the work of sexual selection; and it is certain that secondary sexual characters are eminently variable. Just as man can give beauty, according to his standard of taste, to his male poultry, or more strictly can modify the beauty originally acquired by the parent species, can give to the Sebright bantam a new and elegant plumage, an erect and peculiar carriage – so it appears that female birds in a state of nature, have by a long selection of the more attractive males, added to their beauty or other attractive qualities.

Genauso wie ein Mann die Qualität seiner Kampfhahn-Zucht verbessern kann, indem er die siegreichen Hähne wählt, genauso scheint es, dass sich die stärksten und lebhaftesten Hähne, oder jene mit den besten Waffen, in der Natur durchgesetzt und dadurch die natürliche Zucht oder die Art verbessert haben. Eine leichte Variabilität, verbunden mit einer leichten Überlegenheit in wiederholten tödlichen Kämpfen würde genügen für die Arbeit der sexuellen Selektion; und es ist sicher, dass sekundäre sexuelle Merkmale hochgradig variabel sind. Genauso wie ein Mann Schönheit, entsprechend seines Geschmacks, seinem männlichen Geflügel geben kann, oder besser die Schönheit, welche ursprünglich durch die Elternart erworben wurde, zum neuen und eleganten Gefieder, zur aufrechten Körperhaltung und zum besonderen Körperbau der Linie Sebright Bantam modifizieren kann – so scheint es, dass weibliche Vögel unter natürlichen Verhältnissen eine lange Zeit durch die Selektion der attraktiveren Männchen zu ihrer Schönheit oder zu anderen attraktiven Qualitäten beigetragen haben. [Sinngemäße Übersetzung des Autors]

Im Wesentlichen ist das völlig richtig: Die Hennen haben die für sie attraktiveren Hähne den weniger attraktiven vorgezogen. Zugleich wurden schwächere Hähne von den stärkeren vom Balzplatz verdrängt. Nur sind sexuelle Auslesevorgänge keineswegs so stark selektiv wie künstliche: Unter natürlichen Verhältnissen kann sich die Mehrzahl nicht nur der an der Balz beteiligten Weibchen, sondern auch der balzenden Männchen fortpflanzen. Zunächst wenig erfolgreiche junge Hähne bekommen später ihre Chance. Die Auswahl ist negativ, nicht positiv. Zudem fällt in Darwins Text die Behauptung auf, dass dies „die Art verbessert haben" soll (1. Satz). Wir wissen, dass es eine solche abstrakte, objektiv verbesserbare Qualität der Art nicht geben kann, weil die Eignung von Lebewesen nur an den Umweltbedingungen gemessen werden kann, unter denen sie leben.

Ganz gleich, ob die Präsentationsfähigkeiten oder die kämpferischen Qualitäten des Hahns betrachtet werden: Sie fördern keineswegs notwendigerweise das Überleben seiner Nachkommen und sicher auch nicht die späteren Fortpflanzungsfähigkeiten seiner Töchter. Darwins Bemerkung über Artverbesserung zeigt seine Überzeugung vom Allheilmittel der Konkurrenz, in der sich das, der oder die Beste durchsetzt, eine Ansicht, die in Darwins England des 19. Jahrhunderts, der „Werkstatt der Welt", auf Grundlage der damaligen weltpolitischen Dominanz des Empires und des wirtschaftlichen Erfolgs des Kapitalismus überaus populär war. Diese Überzeugung ist jedoch auch heute noch stark und behindert eine unvoreingenommene Sicht auf die Vorgänge der Partnerwahl.

Auch ideologische Vorurteile haben also die Modelle sexueller Selektion beeinflusst und beeinflussen sie noch heute. Die Henne jedoch sucht sich schlicht den Partner, den sie am ehesten als ein artgleiches, fortpflanzungsbereites Männchen ansieht, und der Hahn verdrängt seine Rivalen, so gut er kann, um selbst bei den Hennen zum Zuge zu kommen. Da das Verhalten beider Seiten vom Fortpflanzungserfolg gekrönt wurde, vererben sich neben den anderen Anlagen auch jene für das geschlechtsspezifische Aussehen und Betragen. Mehr steckt nicht dahinter.

Auf diese Weise ist es möglich, dass sich die Geschlechtsunterschiede durch sexuelle Selektion im Rahmen eines **Selbstläufer-Prozesses** verstärken, aber nicht, dass die natürliche Selektion durch Bevorzugung überlebensgünstiger Allele im Rahmen einer **Gute-Gene-Hypothese** verstärkt wird. Sexuelle Selektion wirkt immer parallel zur, aber nicht gleichsinnig mit der natürlichen Selektion. Das ergibt sich aus der Definition der sexuellen Selektion: Sie beruht auf zwischengeschlechtlicher Partnerwahl und innergeschlechtlicher Konkurrenz. Die Fruchtbarkeit selbst, also der Umfang der Fortpflanzungsfähigkeit, ist nicht ihr Produkt, sondern das Ergebnis natürlicher Selektion, denn die Partner sind außerstande, ihre gegenseitige Fruchtbarkeit abzuschätzen. Der evolutionäre Erfolg ihrer Nachkommenschaft hängt von zahlreichen Faktoren ab, die während ihrer Balz weder erkennbar noch überhaupt bekannt sind, d. h., eine natürliche Selektion kann nur während des gesamten Lebens stattfinden und nicht durch die Wahl des Partners vorweggenommen werden.

Auch ein menschlicher Züchter ist nicht in der Lage, die Qualität irgendeiner Art gezielt so zu verändern, dass sie sich besser als die Wildart unter natürlichen Verhältnissen reproduzieren kann. Zuchterfolge entstanden auch hier aus der gezielten Veränderung dessen, was die Evolution geschaffen hat, um Eigenschaften im Sinne des Nutzers auf Kosten anderer zu verändern, nicht aus einer oft behaupteten „Verbesserung" aller Eigenschaften. Tatsächlich balanciert die Züchtung von Nutzpflanzen und Haustieren stets auf einem schmalen Grat: Die scharfe, positive Auslese weniger besonders geeigneter Genotypen führt zu einem raschen Verlust genetischer Vielfalt, was insbesondere die Widerstandsfähigkeit gegenüber Parasiten und Krankheiten verringert. Beständig wird versucht, durch Rückkreuzungen mit robusten Wildformen Krankheitsresistenz zu erhalten bzw. wieder aufzubauen. So wird immer wieder deutlich, dass Sex die Möglichkeit ist, die vorhandenen genetischen Varianten neu zu mischen, um sie aus der tödlichen Umarmung nachteiliger Allele zu befreien. Eine Auslese weniger, besonders fitter Geschlechtspartner aus einer größeren Zahl von Kandidaten schadet hier nur, da die Neukombination verschiedener Allele und damit die Möglichkeiten natürlicher Selektion unter den Nachkommen eingeschränkt werden.

Dennoch gibt es solche Tierarten mit stark ausgeprägter sexueller Selektion, insbesondere im männlichen Geschlecht, wenn wir an die Harems wilder Hengste oder an Robben wie Seeelefanten, Seebären oder Seelöwen denken, wo ebenfalls viele Weibchen von wenigen Männchen befruchtet werden. Ein solcher Ausschluss der Mehrheit der Männchen von der Fortpflanzung verringert jedoch die Möglichkeiten natürlicher Selektion, fittere Allele von nachteiligen zu trennen, und belastet damit die Zukunft der Population insgesamt. Sexuelle Selektion gehört deshalb zu den Kosten und nicht zu den Vorteilen der Sexualität.

Der Prozess der Partnerfindung, nötig geworden durch die Erfindung der Sexualität, hält dennoch nicht nur Schwierigkeiten bereit. Der Selbstläufer-Vorgang der sexuellen Selektion kann, wenn sich verschiedene Populationen einer Art geografisch oder lebensräumlich getrennt fortpflanzen, relativ schnell zur Entstehung deutlich unterschiedlicher sexueller Signale in Körperform, Färbung oder Verhalten führen. Sexuelle Selektion kann deshalb zur schnellen Arttrennung unter Verhältnissen beitragen, wie sie bei relativ konkurrenzarmer Besiedlung neuer Lebensräume auftreten, welche nicht selten zu intensiven Artaufspaltungen führen, wie sie etwa für die Buntbarsche der großen afrikanischen Grabenbruch-Seen, die Kleidervögel der polynesischen Inseln oder, in kleinerem Maßstab, für die Darwin-Finken der Galapagos-Inseln eingetreten sind.

Ursache für diese Arttrennungen war stets ein vielfältiges Angebot möglicher Lebensweisen, welche Chancen zur Evolution einander zum Teil stark widersprechender Merkmalsanpassungen eröffneten. Solche Adaptionen konnten genau dann verwirklicht werden, wenn (a) sich die Geschlechter ihren veränderten Lebensgewohnheiten gemäß an zunehmend verschiedenen Orten oder zu verschiedenen Zeiten trafen und (b) sie, dadurch begünstigt, ihre Fortpflanzungsbereitschaft einander zunehmend unterschiedlich signalisierten. Bei vielen Tieren wurde festgestellt, dass die Erschließung neuer ökologischer Nischen zu einer entsprechend veränderten Wechselwirkung mit potenziellen Fortpflanzungspartnern führt.

Darüber hinaus scheinen besonders effektive sexuelle Signale die Artbildungsrate positiv beeinflussen zu können, und das sogar in Lebensräumen, welche über lange Zeiträume ökologisch stabil sind, wie es in der Tiefsee der Fall ist. So wurde für Krebse, Insekten, Vielfüßer, Mollusken und Fische gezeigt, dass die Verwendung der Lumineszenz zur Anlockung des Sexualpartners die Artenzahl im Vergleich zu nichtleuchtenden Verwandten erhöht [53]. Das gilt, obwohl zugleich durch stärkere sexuelle Selektion – wie oben bereits angedeutet – auch die Aussterberate der Arten zunimmt. Wir erhalten durch sexuelle Selektion also mehr Arten und mehr Vielfalt in ihrer äußeren Erscheinung. Ihr Preis ist eine höhere Sensibilität, nicht zuletzt auch gegen von uns verursachte Umweltveränderungen.

6

Fürsorge

Brutfürsorge und Brutpflege sind mögliche Lösungen des Problems, dass sexuell gezeugte Nachkommen anfangs noch zu klein sind, um das Leben ihrer Eltern zu führen. Metamorphosen während der Individualentwicklung sind dazu eine Alternative. Die höchstentwickelte Form der Unterstützung scheint in sozialen Verbänden auch der erwachsenen Individuen zu bestehen. Kindestötungen (Infantizide) sind Ausdruck der Unvollkommenheit solcher Gruppenbildungen bei Säugern. Ein Konflikt zwischen den Generationen ergibt sich aus der Endlichkeit der ökologischen Nische und nicht aus mangelnder Verwandtschaft. Ebenso sind die Nachkommenzahl pro Generation und die Tendenz zum Altern mit der Komplexität des Körperbaus und der Lebensweise verbunden und unterliegen keinem Zwang zur Maximierung der Zahl der eigenen Kinder.

Die Vielfalt sexueller Fortpflanzungsvarianten ist insbesondere bei Tieren mit ebenso mannigfaltigen Formen der Brutfürsorge und Brutpflege verbunden. Erklärt wird diese Alimentierung des Nachwuchses regelmäßig mit dem Versuch der Maximierung der Nachkommenschaft, obwohl diese Argumentation offensichtlich falsch ist: Tatsächlich nimmt die Menge des gezeugten Nachwuchses ab, wenn sie aufwendiger wird. Ein Adlerpaar zieht jährlich bestenfalls einen Jungvogel groß, welcher allerdings so lange gewärmt, behütet und gefüttert wird, bis er selbstständig ist. Insgesamt ist festzustellen, dass sowohl Lachse mit potenziell Millionen Nachkommen als auch Adler heute in ihrem Fortbestand in freier Wildbahn mehr oder weniger stark durch den Menschen gefährdet sind, dass aber beide Artengruppen trotz ihrer sehr unterschiedlichen Fortpflanzungskapazität eine ähnliche Größe, eine ähnlich räuberische Lebensweise und – zumindest in ihrer Vergangenheit – stabile Populationsgrößen aufrechterhalten haben. Warum produzieren Lachse so große Mengen Eier und Spermien und lassen dann ihr Gelege in Stich, während ein

Adlerweibchen nur ein bis zwei Eier legt, die Nestlinge aber zusammen mit ihren Männchen aufwendig betreut?

6.1   Die Lebensweise ist der Schlüssel

Die Antwort auf diese Frage ist vergleichsweise banal: Der Umgang der Eltern mit ihren Nachkommen ergibt sich aus der Art und Weise der lebenslangen Wechselwirkung mit ihrer Umwelt. Das Problem entstand mit dem Ursprung der Vielzeller: Ein Lebewesen mit mehreren, typischerweise spezialisierten Zelltypen muss sich einerseits wegen seiner mit der Größenzunahme verbundenen Senkung der Populationsgröße sexuell fortpflanzen, also ein Einzellerstadium durchlaufen. Andererseits kann dieser Organismentyp nicht schon als neugeborener Einzeller genauso leben wie im später vielzelligen Stadium, denn sonst hätte sich dieses komplexere Lebewesen gar nicht erst entwickeln können – die durch Vielzelligkeit ermöglichte Spezialisierung der Zellen schuf ja erst die neue ökologische Nische zusammen mit dem neuartigen Organismus, der sie besetzte.

Verdeutlichen lässt sich diese Wandlung durch den Vergleich mit einem Pilz: Da es sich beim Myzel eines Pilzes nur um eine Kette gleichförmiger Zellen mit unmittelbarem Zugang zur Umwelt handelt, findet während des Wachstums dieses Zellengeflechts weder eine Differenzierung der Zellen noch eine Veränderung der Lebensweise statt. Pilzsporen sind daher weder auf Brutfürsorge noch auf Brutpflege angewiesen, um ihre Entwicklung beginnen zu können. Die riesigen Sporenmengen, welche ein einziger **Steinpilz**-Fruchtkörper *(Boletus edulis)* produziert, dienen nicht so sehr der Reproduktion des Organismus (ein großes Pilzmyzel lebt normalerweise viele Jahrzehnte), sondern der genetischen Rekombination und der Ausbreitung über das lokale Vorkommen der Wirtsbäume hinaus. Die Chancen jeder einzelnen Spore sind dabei verschwindend gering. Wegen ihrer großen Zahl erreichen dennoch einige der auswachsenden Pilzfäden schnell genug geeignete pflanzliche Partner (im Falle des Steinpilzes Baumwurzeln) und können, versorgt mit Nährstoffen aus der Pflanze, weiter wachsen, bis sie selbst dabei auf andere Steinpilzmyzelien treffen, sich mit ihnen vereinigen und so neue Fruchtkörper bilden können. Kleinheit und Zahl der Sporen stellen so sicher, dass ausreichend viele sexuell gezeugte Tochter-Myzelien, oft in größerer Entfernung, entstehen. Die Ausbildung einer effektiven Verteilungsstruktur in Gestalt eines zahlreiche Sporen tragenden Fruchtkörpers ist alles, was Pilzeltern leisten müssen und eben deshalb auch leisten können.

Auch vielzelligen Pflanzen bleibt der Weg zur Brutpflege im Wesentlichen verschlossen, es gibt jedoch echte Geschlechter und – damit in Zusammenhang stehend – eine Brutfürsorge über im Samen gespeicherte Reservestoffe für den Keimling. In Abhängigkeit von den äußeren Bedingungen kann die Vorsorge aber auch hier schon weiter gehen: **Mangrovenbäume** des Tribus *Rhizophoreae* lassen ihre Jungpflanzen schon auf dem mütterlichen Baum keimen. Unter geeigneten Verhältnissen lösen sich die bereits schweren und pfeilförmigen Nachkommen von der Mutter, um sich tief in den schlammigen Boden des Watts zu bohren. Der ständig bewegte, sauerstoffarme Meeresboden würde sonst die Entwicklung der Bäume nicht erlauben. Während ihrer weiteren Entwicklung unterscheidet sich die Lebensweise junger Pflanzen jedoch nicht mehr wesentlich von der älterer Exemplare: Pflanzen sind wie Pilze während des Wachstums offene Systeme: Trotz artspezifischer Grundkonstruktion sind sie ständig erweiterbar und können aus jedem ihrer Teile bei Bedarf vollständig neue Organismen bilden. Eine Brutpflege ist ihnen also nicht nur unmöglich, sondern auch unnötig.

Auch viele Tiere begnügen sich mit Brutfürsorge. Bei ihnen kann diese jedoch sehr weit gehen. So versorgen die meisten Mütter der großen Familie der **Wegwespen** ihre Nachkommen mit betäubten Spinnen. Die häufig deutlich größere Spinne wird dazu von der Wegwespe mit einem Stich betäubt und in eine selbstgegrabene Höhle gezogen, wo sie mit einem einzigen Ei belegt wird. Die heranwachsende Wespenlarve frisst dann bis zu ihrer Verpuppung an Ort und Stelle von der noch lange Zeit lebenden Spinne, deren Körper aus diesem Grund lange haltbar ist. Dieser hohe Brutfürsorgeaufwand wird aufgewogen durch eine relativ geringe Zahl von Eiern, die das Weibchen im Vergleich zu anderen Insekten legen muss. Andere Wegwespen-Mütter verfahren ganz ähnlich und platzieren ihre Eier unter vorübergehender Betäubung in lebende Spinnen. Deshalb müssen sie keine Höhle für Opfer und Brut graben. Ihre Nachkommen wachsen dann am weiterhin frei lebenden Wirtstier als Parasiten heran. Der Übergang vom brutfürsorgenden Räuber zum Schmarotzer kann also fließend sein. In jedem Fall wäre eine frischgeschlüpfte Wegwespenlarve außerstande, selbst für ihre Ernährung zu sorgen. Relativ große Raubtiere wie Spinnen aufzufinden und zu überwältigen, ist nur der stachelbewehrten Mutter möglich.

Brutfürsorge ist auch in anderen Fällen einer Brutpflege schon sehr ähnlich. Beide Eltern des einheimischen **Totengräber**-Käfers *Nicrophorus vespilloides* füttern ihre Nachkommen. Da diese Larven jedoch ohnehin in den auch von den Käfern verzehrten Wirbeltierkadavern leben, könnte sich die Fürsorge der Eltern auf die Bereitstellung des Futters beschränken. Das Überleben und das Wachstum der Larven wird zwar durch die Anwesenheit der Mutter positiv beeinflusst, jedoch konnte ein Nutzen der väterlichen Hilfe bisher nicht nachgewiesen werden [50].

Die Fürsorge des Männchens erklärt sich hier viel besser aus der Tatsache, dass ein einziger Wirbeltierkadaver mehr als genug Nahrung für die ganze Familie bietet. Einerseits ist das wirtschaftlich vernünftig, denn solches Aas ist nicht nur eine relativ große Portion, sondern auch leicht verderblich. Weibchen und Männchen verteidigen und vergraben das Aas und behandeln es mit selbst gebildeten antimikrobiellen Wirkstoffen, sodass es länger erhalten bleibt. Eine schnelle Entwicklung der Larven wird auf diese Weise sichergestellt, ist gleichzeitig aber wegen der Art der Nahrung auch erforderlich. Die ganze Käferfamilie kann durch gemeinschaftlichen Fraß nur gewinnen, denn würde sich am Aas eine Konkurrenz in Gestalt eines Wirbeltiers einfinden, würde nicht nur die Existenzgrundlage verloren gehen: Larven und selbst beide Eltern könnten zur Beute werden. Dem gemeinsamen Erfolg dient es weiterhin, dass ein durch viel Fleisch gestärktes Männchen seine Sexualpheromonproduktion wesentlich intensiviert, was zusätzliche Weibchen und auch weitere Männchen anlockt. Wenn der Kadaver größer als eine Maus ist, vergrößert dieses Verhalten wahrscheinlich die Nachkommenschaft des werbenden Totengräbers.

Auf der anderen Seite ist es wegen zahlreicher großer und kleiner Konkurrenz kaum einschätzbar, wie viele Larven mit einem Stück Aas aufgezogen werden können. Das Männchen kann daher durch Anlockung weiterer Mitesser auch seine Nachkommenschaft gefährden. Sicher ist, dass die Güte des Kadavers und damit der Ernährungszustand des Männchens und nicht seine Fürsorglichkeit als Vater den Umfang seiner Pheromonabgabe bestimmen [30]. Das Festhalten beider Eltern am Aas ist daher wahrscheinlich auf ihren eigenen Appetit und nicht auf eine besondere Bereitschaft zur Brutpflege zurückzuführen. Brutfürsorge und -pflege sind also auch hier eine Folge der besonderen Lebensbedingungen.

Während dieses Verhalten der Totengräber für einzeln lebende Insekten eher ungewöhnlich ist, pflegen große, vielzellige Tiere viel öfter ihre Brut. Bei Vögeln und Säugetieren scheint eine mehr oder weniger umfangreiche Brutpflege sogar obligatorisch geworden zu sein, d. h., nur durch sie scheint Größe, Gestalt und Verhalten des erwachsenen Organismus und damit die arttypische Lebensweise der Elterngeneration erreichbar zu sein. Brutpflege und -fürsorge sind also logische Konsequenzen der ausgeprägten Ungleichheit komplex gebauter Eltern und ihrer zunächst stets einzelligen Nachkommen, wie sie bei der geschlechtlichen Fortpflanzung vielzelliger Tiere im Unterschied zur vergleichsweise simplen Teilung von Einzellern entsteht.

Es gibt jedoch auch eine sehr oft genutzte Alternative zu Brutfürsorge oder Brutpflege. Die **Larve** ist dieser andere Weg des Erwachsenwerdens. Eine Larve stellt ein Jungtier dar, welches nicht nur einfacher, sondern auch mehr oder weniger anders als erwachsene Tiere gebaut ist. Man spricht insbesondere dann von einer Larve, wenn ein Tier in der Jugendphase auch Organe ausbildet, welche mit Eintritt der Fortpflanzungsreife wieder verschwinden. Dieser Prozess des Reifens einer Larve zum erwachsenen Tier (Letzteres wird bei Insekten im Unterschied zur Larve **Imago** genannt) wird als Umwandlung oder Metamorphose bezeichnet. Gut bekannt sind uns die Larvenformen der sehr zahlreichen Arten holometaboler Insekten wie etwa die Raupen der Schmetterlinge oder die Maden der Fliegen, aber auch die Kaulquappen der Froschlurche.

Typisch ist hier, dass sich die Brutfürsorge der Eltern auf die Ablage der Eier an oder in das jeweilige Brutsubstrat (häufig eine bestimmte Pflanzenart oder aber ein anderer Lebensraum wie z. B. ein Gewässer) erschöpft. Die schlüpfenden Larven leben und ernähren sich völlig selbstständig und häufig auch auf andere Weise als die reifen Eltern, was mit einem weitgehend verschiedenen Bau von Larve und Imago wie etwa bei allen Schmetterlingen und Fliegen einhergeht. So leben Fliegenmaden zumindest teilweise im Innern ihres Substrats, eine Lebensweise, die den geflügelten Imagines nicht zugänglich ist. Erwachsen geworden, kann die Fliege aber wiederum durch ihre Flugfähigkeit schnell immer neue Nahrungsquellen nicht nur für sich, sondern auch für ihre Nachkommen erschließen. Die Ausbildung einer Larve ermöglicht also eine vom Entwicklungsstand abhängige, teilweise radikale Veränderung der Lebensweise und macht so eine Brutfürsorge oder -pflege für die Zeit der Metamorphose meist unnötig. Der Preis für diese frühe Selbstständigkeit der Kinder ist üblicherweise die Notwendigkeit, eine größere Zahl von Eiern abzulegen.

Metamorphosen bedeuten also, dass die entsprechenden Arten mindestens drei verschiedene Leben leben (Abb. 6.1): Das erste als sich teilender Embryo in der Eihülle, das zweite als Larve und das dritte als Imago. Es kann auch mehrere, sich deutlich voneinander unterscheidende Larvenformen sowie Übergangsstadien zwischen Larve und erwachsenem Tier (z. B. Puppe oder Sub-Imago) geben. Die Larvenphase kann auch zur zeitlich dominierenden Lebensphase werden. Besonders offensichtlich ist dies bei den zahlreichen Arten der Eintagsfliegen. Während ihre Larven oft mehrere Jahre Pflanzen oder Tiere in Süßgewässern fressen, nehmen die Imagines in der Regel gar keine Nahrung auf und leben nur wenige Tage oder Stunden, um Paarungspartner zu finden und Eier abzulegen. Der ebenfalls gut bekannte Axolotl *(Ambystoma mexicanum)*, eine mexikanische Schwanzlurchart, pflanzt sich sogar als kiemenatmende Larve fort und kann nur durch experimentelle Gabe von Hormonen in einen Molch umgewandelt werden. Die eigentlich als Brücke zum Erwachsenen entstandene Larve hat sich hier zur finalen Form der Existenz gemausert.

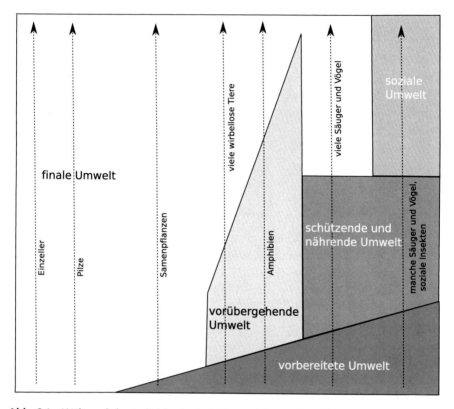

Abb. 6.1 Während der Individualentwicklung vieler mehrzelliger Organismen verändert sich ihre Umwelt wesentlich. Während Pilze wie Einzeller ohne wesentliche Reserven ihre typische Lebensweise vom Beginn ihrer Existenz an aufnehmen, unterstützen Samenpflanzen ihre Nachkommen mit Vorratsstoffen **(Brutfürsorge = vorbereitete Umwelt)**. So können Samenpflanzen ihre lebensnotwendigen Organe Wurzel, Spross und Blätter ausbilden. Viele wirbellose Tiere führen darüber hinaus Metamorphosen durch. Auf diese Weise kann eine Schmetterlingsraupe, durch ihre Mutter auf eine geeignete Fraßpflanze als mit Dotter bevorratetes Ei abgelegt, in bzw. auf dieser Pflanze **(vorübergehende Umwelt)** so lange wachsen, bis sie in der Lage ist, über ein Puppenstadium in die **finale Umwelt** eines flugfähigen Nektarsaugers zu wechseln. Einen ähnlichen Umweltwechsel erfahren auch Amphibien. Alternativ dazu durchlaufen Vögel und Säugetiere die **schützende und nährende Umwelt** der Brutpflege. Unabhängig davon ist die **soziale Umwelt** vieler Tierarten ebenfalls durch Schutz und Unterstützung – hier allerdings gegenseitig – gekennzeichnet und unterscheidet sich damit grundlegend von der durch einzeln lebende Organismen erlebten Umwelt. Die sich mehr oder weniger verändernde Umwelt während der Individualentwicklung ist eine notwendige Konsequenz einerseits ihres lebensnotwendigen Stoffwechsels und andererseits ihrer noch unvollkommenen Größe. Diese Abhängigkeit der Umwelt vom Stand der individuellen Entwicklung entstand deshalb bereits während der evolutionären Entstehung und Vergrößerung der Tiere selbst. (© Veiko Krauß [2017])

Insgesamt geht jedoch die Neigung zur Metamorphose mit zunehmender Größe des Tieres zurück. Bei Wirbeltieren durchleben nur die fast immer relativ klein bleibenden Amphibien echte Metamorphosen. Vielleicht wird bei zu großer Größendifferenz zwischen freigesetztem Nachkommen und erwachsenem Tier das Risiko des Todes vor Eintritt der Fortpflanzungsfähigkeit so hoch, dass eine selbstständige Entwicklung als Larve gegenüber einem relativ behüteten Aufwachsen als versorgungsabhängiges Jungtier nicht mehr konkurrenzfähig ist. Der Trend geht mit zunehmender Größe jedenfalls eindeutig zur sozialen Hängematte als Voraussetzung für späteren Erfolg.

Ein solcherart zuwendungsbedürftiger Nachwuchs ist erwachsenen Artgenossen physisch nicht gewachsen und damit auf die Duldung durch alle Mitglieder des jeweiligen Sozialverbandes angewiesen. Die bekommt er nicht immer. Erwachsene Säugetiere beiderlei Geschlechts töten gelegentlich Jungtiere ihrer Gruppe. Dieses Verhalten wird als **Infantizid** bezeichnet, ist von vielen Säugerarten bekannt und wird gern darauf zurückgeführt, dass die tötenden Tiere nicht die Eltern dieser Jungtiere sind, während eine bloße Verwandtschaft mit den Tätern nicht davor schützt, zum Opfer zu werden [128]. Eine genaue Untersuchung dieses aggressiven Verhaltens bei jungen **Mäusemännchen** [215] zeigte dann auch, dass nur eine bereits zuvor erworbene sexuelle Erfahrung der Männchen die Jungen vor der Tötung schützte. Sobald junge Männchen sich mit Weibchen gepaart hatten, veränderte sich ihre Hirnaktivität auf eine spezifische Weise. Dies bewirkte eine völlige Umkehrung des männlichen Verhaltensmusters von tödlicher Aggression zur Brutpflege, auch gegenüber nichtverwandten Jungmäusen. Infantizid ist bei Mäusen also ein eher typisches, aggressives Verhalten männlicher Jugendlicher zur Erlangung eines sozialen Rangs.

Bekannt wurde die Tötung fremder Jungtiere durch Löwen-Männchen bei der Übernahme eines Rudels. Noch häufiger wird dieses Verhalten bei **Leoparden** *(Panthera pardus)* beobachtet. Leoparden leben – im Gegensatz zu Löwen – wie fast alle anderen Katzen einzeln, wobei die benachbarten Territorien mehrerer Weibchen durch das Streifgebiet eines dominanten Männchens überlagert werden. Obwohl sich die Weibchen zwischen zwei Geburten oft mit mehreren verschiedenen Männchen paaren, ist der Revierinhaber – der Anzahl zeitlich passender Paarungen nach zu urteilen – typischerweise der Vater des Wurfs. Im Ergebnis 13-jähriger Beobachtungen im Sabi Sand, einem privaten Schutzgebiet Südafrikas, wurden 45 von Männchen getötete Jungtiere gefunden [8]. Das entsprach nicht weniger als 49 % der Gesamtsterblichkeit der jungen Leoparden in diesem Zeitraum.

Als Täter wurden ausnahmslos neu etablierte bzw. in Übernahme begriffene Revierinhaber festgestellt. Die Tötungen erfolgten unabhängig davon, ob diese

Leoparden-Männchen überhaupt noch zeugungsfähig waren. In zwei Fällen fielen der zum Teil monatelangen Verfolgung der Jungen auch ihre Mütter zum Opfer. Letztere verteidigten immer entschlossen ihren Wurf. Da sie aber nur etwa Zweidrittel so schwer wie ein Männchen sind, konnten sie ohne Unterstützung des Vaters ihre Jungen letztlich nicht vor der Tötung bewahren.

Balme und Hunter [8] schlossen aus diesen Beobachtungen, dass der Leoparden-Kater auf diese Weise seine Nachkommenschaft maximiert. Mal abgesehen davon, dass dies nicht wirklich der Fall ist, da das ihm nachfolgende Männchen seinerseits auch dessen jüngste Nachkommen töten wird, sprechen zwei Argumente dagegen. Erstens weisen die Autoren selbst darauf hin, dass dieses Verhaltensmuster das Überleben der Art an sich gefährden kann, insbesondere, wenn Leoparden selbst bejagt werden. Denn dann nimmt die Länge ihrer tatsächlichen Fortpflanzungsfähigkeit ab, was zu noch häufigeren Wechseln der dominanten Männchen und damit zu einem anteilig noch höheren Blutzoll durch Infantizid führen wird. Kindstötung verursacht darüber hinaus auch eine Verringerung der genetischen Vielfalt, denn alle nur kurz dominierenden Männchen verlieren ihre gesamte Nachkommenschaft. Damit wird der Nutzen sexueller Fortpflanzung selbst verringert. **Infantizid** als adaptives, also den Lebensbedingungen angepasstes Verhalten zu bezeichnen, verzerrt offensichtlich den Begriff der Adaption.

Letztlich jedoch scheint die Motivation der Leoparden-Kater der der Mäuse-Männchen zu ähneln: Durch die Tötung ihrer Jungen werden die Mütter schneller wieder sexuell empfänglich. Folgende Würfe haben von diesen Männchen nichts mehr zu befürchten. Allerdings stellt sich diese Friedfertigkeit erst nach erfolgreicher Übernahme der Weibchen und nicht schon nach der ersten Kopulation ein. Auch ist bisher unbekannt, ob ehemalige Revierinhaber eventuell in das aggressive Verhaltensmuster ihrer Jugend zurückfallen können.

Rangordnungskämpfe scheinen auch die wesentliche Ursache der Infantizide beim **Europäischen Kaninchen** (Oryctolagus cuniculus) zu sein. In einer mitteleuropäischen Studienpopulation wurden 12 % der Sterblichkeit des Nachwuchses auf Infantizid durch vermutlich der Mutter rangähnliche Kaninchen-Weibchen zurückgeführt [179]. Männchen zeigen dagegen keine Aggression gegen Junge, kommen allerdings mit den gefährdeten Tieren im Nestlingsalter auch gar nicht in Berührung. Weibchen dagegen graben die Nester ihrer Konkurrentinnen gezielt auf, beißen alle Jungen tot und entfernen die Leichen samt Nistmaterial, nicht selten, um danach selbst ein Nest in derselben Höhlung anzulegen. Mütter verteidigen heftig ihr Nest und damit ihre Jungen gegenüber diesen Konkurrentinnen. Ein Angriff erfolgt deshalb ausschließlich, wenn sie zur Nahrungsaufnahme abwesend sind.

Interessant ist, dass Infantizid nur in manchen Kaninchen-Gruppen vorkommt. Ränge weiblicher Kaninchen werden meist nicht ausgefochten, sondern richten sich streng nach ihrem Alter. Nur wenn es Weibchen ähnlichen Alters gibt, kommt auch Infantizid vor [179]. Zudem ist die Häufigkeit des Phänomens nicht von der Besiedlungsdichte abhängig. Es geht also nicht vordergründig um Bruthöhlen oder maximale Nachkommenschaft, sondern um Dominanz. Infantizid scheint der Preis für soziale Instabilität zu sein.

Letzteres trifft wohl auch auf **Schimpansen-Gruppen** *(Pan troglodytes)* zu. So wurden in 24 Jahren innerhalb der Sonso-Gruppe des Budongo-Waldes von Uganda insgesamt 23 Säuglinge Opfer von Kindstötungen [126]. Nicht weniger als 63 % der Kindersterblichkeit waren damit auf Infantizid zurückzuführen. Diese auch für Schimpansen außergewöhnlich hohe Zahl führten die Autoren der Beobachtungsstudie auf die schnell wechselnde Zusammensetzung der Gruppe durch häufige Zu- und Abwanderungen zurück. Wie aus anderen Gruppen bekannt, wurden die Tötungen vor allem von Männchen, nicht selten aber auch von Weibchen oder von mehreren Affen zugleich durchgeführt, die sehr wahrscheinlich nicht mit den Opfern verwandt waren. Obwohl eine Unterstützung der Mutter durch andere Affen in der Regel zur erfolgreichen Verteidigung des Säuglings, d. h. zum Überleben des Opfers bis ins Erwachsenenalter führte, kam es bei den meisten beobachteten Angriffen nicht dazu. Zusammen mit der jahrweise sehr unterschiedlichen Zahl der Angriffe spricht diese Tatsache ebenfalls für die zentrale Rolle von Rangordnungskämpfen.

Dennoch wird in den meisten Studien, so auch in dieser Untersuchung einer Schimpansen-Gruppe [126], die Tötung von Nachkommen durch nichtelterliche Erwachsene als „Strategie" zur Steigerung der individuellen Nachkommenschaft, also der Fitness, verstanden. Dem steht entgegen, dass Rangordnungen nicht nur beim Kaninchen in erster Linie kampflos, z. B. durch Alter oder Rang der Eltern bestimmt werden. Die Kosten der beschriebenen Alternative, also der infantizidalen Rangordnungskämpfe in Gestalt des anteiligen Verlustes der Nachkommenschaft können offensichtlich die Population gefährden. Der so teuer erkämpfte Rang kann deshalb die durch Sexualität erhaltene genetische Qualität nur beschädigen und nicht verbessern. Infantizid ist also ein Preis für soziale Beziehungen, welche normalerweise die Brutpflege absichern und nicht wie in diesen Fällen scheitern lassen.

Neben dem allgemeinen Trend zur Brutpflege statt Metamorphose bei zunehmender Größe des Tieres bestimmen zahlreiche, oft wechselwirkende ökologische Ursachen den Ablauf der Individualentwicklung. Eine wesentliche Rolle spielen hier die ausgeprägten Jahreszeiten gemäßigter Klimaregionen. Im Gegensatz zu im Süßwasser oder im Boden lebenden Insektenlarven, welche oft mehrere Jahre zum Abschluss ihrer Entwicklung benötigen, sind Insektenlarven oberirdisch oft nur in bestimmten Jahreszeiten zu finden, denn ihre Lebensfähigkeit hängt häufig von saisonalen Bedingungen wie z. B. vom Wachstum bestimmter Nahrungspflanzen ab. Das gilt für viele Blattläuse, Zikaden, Heuschrecken, Schmetterlinge oder Käfer. Während die diese Pflanzenfresser jagenden Räuber wie etwa Wanzen, Faltenwespen, Ameisen, Raubfliegen oder Laufkäfer in der Regel breite Beutespektren haben und so nur an die Jahreszeiten gebunden sind, haben sich Parasiten wie Erzwespen, Schlupfwespen, Raupenfliegen oder Fächerflügler oft stark auf bestimmte Wirtsarten spezialisiert und müssen deshalb in der Regel enge Zeitfenster für ihre Entwicklungsstadien einhalten. Daraus folgen Beschränkungen hinsichtlich der erreichbaren Größe und Komplexität dieser Lebensformen im Vergleich zu ihren nichtparasitischen Verwandten sowie zusätzliche Spezialisierungen, welche ihre weitere Evolution behindern können. Der Preis von Metamorphosen ist demnach – nicht nur in gemäßigten Klimazonen – auch die Bindung an eine ursprünglich durch periodische Änderungen der Witterung bestimmte Abfolge geeigneter Umweltbedingungen, eine Beschränkung, der brutpflegende Tierarten nicht unterliegen, weil sie geeignete Lebensbedingungen für ihren Nachwuchs selbst herstellen können.

Insbesondere eine durch das Elternpaar geleistete Brutpflege wie für viele Vogelarten typisch ermöglicht eine oft überraschend hohe Flexibilität der Jungenaufzucht. So sind **Laysan-Albatrosse** *(Phoebastria immutabilis)* wie viele ihrer Verwandten für ihre langjährige Treue zum Partner bekannt. Diese Tatsache passt sehr gut dazu, dass für die erfolgreiche Aufzucht auch nur eines einzigen Kükens zwingend die Zusammenarbeit zweier Altvögel zum Schutz und zur Versorgung notwendig ist. Die auf Oahu, einer der Hauptinseln des Hawaii-Archipels, lebenden Laysan-Albatrosse haben dabei ein Problem: Das unterschiedlich riskante, periodische Wanderverhalten beider Geschlechter führt dazu, dass nur 41 % der hier brütenden Tiere Männchen sind. Merkwürdigerweise gibt es jedoch deutlich mehr Brutpaare, als Männchen vorhanden sind, denn 39 der 125 auf Oahu von 2004 bis 2007 betreuenden Paare bestanden nur aus Weibchen [246].

Interessanterweise waren die weiblichen Paare nicht miteinander verwandt, hatten sich also wie die verschiedengeschlechtlichen erst als Erwachsene kennengelernt. Genetische Tests ergaben, dass die Väter der Pfleglinge der rein weiblichen Paare meist selbst in der Nähe weitere Nachkommen zusammen mit anderen Weibchen aufzogen. Sowohl die Misch- als auch die rein weiblichen Paare blieben sich sozial treu, was jedoch offensichtlich nicht mit sexueller Treue verbunden war. Die Eier aus den rein weiblich begründeten Nestern zeigten zwar eine deutlich geringere Schlupfrate als die gemischter Paare – wahrscheinlich wegen eines höheren Anteils unbefruchteter Eier – der

Aufzuchterfolg selbst aber unterschied sich zwischen den beiden Paartypen nicht. Bemerkenswert ist weiterhin, dass bei Laysan-Albatrossen generell nur ein Ei ausgebrütet wird. Da aber die Paare üblicherweise zusammenblieben, hatte das andere Weibchen später oft noch Gelegenheit, ein eigenes Kind zusammen mit der bereits bewährten Partnerin aufzuziehen. Die Partnerschaft leidet also weder unter der Unmöglichkeit, in jedem Fall eigenen Nachwuchs aufzuziehen, noch unter der Tatsache des gleichgeschlechtlichen Partners, obwohl dieser Paarbindung keine besondere homosexuelle Neigung zugrunde liegt.

Ein weiteres Vogel-Beispiel soll die Möglichkeit völlig verschiedenen Brutverhaltens zwischen nahe verwandten Arten illustrieren, die in diesem Fall sogar nebeneinander in ähnlichen Lebensräumen vorkommen. **Weißbrauen- und Grill-Kuckucke** (*Centropus superciliosus* und *Centropus grillii*) leben beide in der afrikanischen Savanne, gehören der gleichen Gattung an und sind keine Brutparasiten wie unser heimischer Kuckuck. Während beide Geschlechter des Weißbrauen-Kuckucks beim Brüten und Füttern der Jungen wie bei etwa 90 % aller Vogelarten eng zusammenarbeiten, beteiligt sich das Weibchen des Grill-Kuckucks fast gar nicht an diesen Tätigkeiten. Es verteidigt aber das Territorium und lässt dort seine Eier von bis zu fünf verschiedenen Männchen ausbrüten [75]. Eine solche Umkehrung ursprünglicher Geschlechterrollen ist bei etwa 1 % aller Vogelarten zu beobachten.

Bemerkenswert ist, dass das Weißbrauen-Kuckuckspaar sich während der Jungenaufzucht reichlich Auszeiten nimmt, während das Grill-Kuckuck-Männchen tatsächlich für zwei arbeiten muss [75]. Wie unter diesen Umständen zu erwarten, achtet das Weibchen bei der Ablage der Eier nicht immer auf die richtige Zuordnung: In einem Drittel der Nester sind einzelne Jungen zu finden, die von anderen, ebenfalls mit der Jungenaufzucht für dieses Weibchen beschäftigten Vätern gezeugt worden sind [182]. Eine Ursache für die Umkehrung der Geschlechterrollen beim Grill-Kuckuck könnte das – im Gegensatz zum Weißbrauen-Kuckuck – sehr unausgeglichene Geschlechterverhältnis sein: Auf ein Weibchen kommen etwa 2,5 Männchen. Es ist noch nicht bekannt, wie diese fatale Weibchenknappheit entstanden ist.

Da die genannten unterschiedlichen Individualentwicklungsweisen in reicher Vielfalt miteinander koexistieren (Abb. 6.1), gibt es für Vielzeller offenbar sehr unterschiedliche, dennoch aber vergleichbar erfolgreiche Wege dauerhafter Reproduktion. Ein *allgemeiner* Trend zur Brutpflege oder gar zur Sozialität ist dabei nicht erkennbar. Ebenso ist eine oft durch Soziobiologen [223] vermutete Absicht von Individuen, die Zahl ihrer individuellen Nachkommenschaft oder wenigstens Verwandtschaft durch verschiedene Lebensweisen zu maximieren, weder nachweisbar noch notwendig, um die Evolution von

Brutfürsorge oder Brutpflege zu erklären. Im Abschn. 6.2 wird der ebenfalls oft thematisierte Konflikt zwischen Eltern und Nachkommenschaft behandelt.

6.2   Fortpflanzung und Überleben

Bei nichtsexueller Fortpflanzung folgen Eltern- und Tochtergenerationen oft zeitlich getrennt aufeinander: Der Elternorganismus geht vollständig in den beiden Teilungsprodukten auf, selbst wenn sie nicht gleich groß sein sollten. Das Weiterbestehen der Abstammungslinie des Organismus wird genau dann durch eine solche Teilung befördert, wenn beide Teilungsprodukte zusammen eine größere Überlebenswahrscheinlichkeit als der Mutterorganismus haben. Es ist also wichtig, dass selbst bei einem **Knospungsvorgang** – also wenn einer der Tochterorganismen kleiner als der andere ist – die Summe der Überlebenswahrscheinlichkeiten beider Töchter bis zu ihrer eigenen Teilung ein wenig größer ist als die Überlebenswahrscheinlichkeit der Mutter. Anderenfalls würde die Teilung der Mutter nicht stattfinden.

Gleiches gilt bei der sexuellen Fortpflanzung. Sie vergrößert die Überlebenswahrscheinlichkeit der Abstammungslinie. Augenscheinlich geschieht dies durch die stattfindende Erhöhung der Individuenzahl. Wie im letzten Abschnitt beschrieben, hat dies insbesondere für Mehrzeller einen Haken: Die Tochterorganismen haben bei ihrer Entstehung noch nicht die nötigen Eigenschaften, um das Leben ihrer Eltern zu führen. Für die Evolution der Mehrzeller war daher die Evolution der Brutfürsorge, der Metamorphosen oder auch der Brutpflege unvermeidlich, um ein solch hohes Komplexitätsniveau zu erreichen, wie es eine Blütenpflanze, ein Schmetterling oder ein Vogel repräsentiert.

Diese Funktion der Fortpflanzung, das Leben der Abstammungslinie mit hinreichender Wahrscheinlichkeit fortzusetzen, bestimmt auch heute wesentlich den Zeitpunkt des Generationswechsels. Ein gutes Beispiel hierfür sind die in Mitteleuropa häufigen, rotbuchendominierten Waldtypen (Abb. 6.2). Ein geschlossener **Rotbuchen-Bestand** *(Fagus sylvatica)* bleibt die meiste Zeit des Jahres frei von Unterwuchs. Eine Krautschicht kann sich nur im Frühjahr entfalten und schwindet später relativ schnell. Selbst die sich immer wieder aus den reichlich abgeworfenen Bucheckern entwickelnden Rotbuchen-Jungpflanzen sterben fast immer im Schatten des Altbestandes. Nur der Zusammenbruch einer Altbuche kann ein Loch in den Blättervorhang reißen, welches ausreicht, um dem Nachwuchs genügend Licht und damit eine Chance zu geben. Da die Rotbuche selbst vor allem im Jugendstadium eine sehr schattentolerante Pflanze ist und Bestandslücken deshalb schneller und effektiver als konkurrierende Baumarten nutzen kann, bleibt sie so dauerhaft waldbeherrschend.

Abb. 6.2 Von Rotbuchen *(Fagus sylvatica)* dominierter Wald in einem deutschen Mittelgebirge. Während im Vordergrund nur wenige sehr junge Bäumchen zu erkennen sind (Inlay: drei Keimlinge), ist im Hintergrund eine dichte Gruppe junger Rotbuchen zu sehen, die ihre Wachstumschancen dem Verlust eines geschlossenen Kronendachs alter Bäume verdanken. (© Veiko Krauß [2020])

Wann allerdings ein Baum über den Keimlingen zusammenbrechen wird, ist hochgradig unsicher und im Wesentlichen vom Zusammenwirken schädigender Insekten mit schmarotzenden Pilzen und Unwettern abhängig. Viele Generationen von Keimlingen sterben ausnahmslos noch in ihrem ersten Jahr. Für den Fortbestand der Rotbuchen ist dies unerheblich, wichtig aber ist es, dass Jungpflanzen präsent sind, sollte der alte Baum über ihnen plötzlich fallen. Die Konkurrenzsituation zwischen den Generationen ist offensichtlich, enthält jedoch – so lange sie weiterbesteht – keine Chancen für den Nachwuchs. Letzterer ist auf das Scheitern der Eltern angewiesen, denn Rotbuchen-Keimlinge können selbst den Generationswechsel nicht herbeiführen.

Solche Konfliktsituationen mit zwischen den Altersstufen ungleich verteilten Chancen sind nicht nur bei Bäumen zu finden. Für die Mehrheit der sesshaften Organismen des Meeres ist ein fester Punkt zur Anheftung mit freiem Zugang zum umgebenden Meer eine Frage des Überlebens, ebenso wie es ein ausreichend ergiebiges Jagdterritorium für frisch von ihrer Mutter vertriebene junge Raubtiere ist. Solche Konkurrenzsituationen entstehen, weil die

Reproduktion von Lebewesen auf Dauer nur erfolgreich sein kann, wenn sie deutlich über die einfache Ersetzung der Verluste hinausgeht, was bei der natürlich oft stark schwankenden Sterblichkeit in der Population eine wesentliche Überproduktion von Nachkommen erfordert. Nur Abstammungslinien, deren Fortpflanzung diesem Erfordernis genügt, hatten eine Zukunft, und deshalb kennen wir ausschließlich Arten mit Nachkommenüberschuss. Konkurrenz zwischen den Organismen einer Art ist demnach eine unvermeidliche Konsequenz der überlebensnotwendigen Fortpflanzungsreserve und kann daher zwischen verschiedenen Arten nicht wesentlich verschieden sein.

Ein Konflikt zwischen Eltern und Nachkommenschaft ist zwar nicht immer offensichtlich – vor allem, wenn die Nachkommenschaft einer Metamorphose unterliegt und als mobile Larve im Meer beispielsweise sehr schnell und weit abwandert –, aber im Allgemeinen einerseits völlig natürlich, andererseits für den Fortbestand der Abstammungslinie unproblematisch. Vor allem besteht er völlig unabhängig davon, ob die Nachkommen parthenogenetisch erzeugte Klone des Elters oder geschlechtlich gezeugte Kinder zweier Eltern sind. Der Grad der Verwandtschaft der Generationen untereinander ist für das Entstehen einer Konkurrenzsituation völlig unerheblich. Eine bestehende Konkurrenzsituation kann jedoch bei mobilen Tieren dazu führen, dass miteinander vertraute Tiere sich gegenüber ihnen unvertrauten Tieren verbünden. Beispiele dafür sind die Erkennung und Tötung von nestfremden Ameisen oder Kämpfe zwischen verschiedenen Gruppen sozialer Säugetiere. Die solchen Auseinandersetzungen zugrunde liegende Konkurrenz liegt jedoch völlig unabhängig vom Verwandtschafts- oder Bekanntheitsgrad der Tiere untereinander vor.

Dennoch behaupten Soziobiologen, dass Generationskonflikte nur bei sexueller Fortpflanzung entstehen könnten:

Evolutionärer Grund für solcherart Konflikte ist die soziobiologisch so folgenreiche Tatsache, dass bei zweigeschlechtlicher Fortpflanzung Kinder nur über die Hälfte des Erbguts jedes Elternteils verfügen und von daher elterliche und kindliche Lebens- und Reproduktionsinteressen gar nicht identisch sein können. [Voland, Soziobiologie (2013) [223, S. 207]]

Diese Behauptung setzt voraus, dass Lebewesen Lebens- *und* Reproduktionsinteressen besitzen. Während ein Lebenserhaltungstrieb zumindest bei mobilen Tieren mit entwickeltem Nervensystem nicht zu leugnen ist, wird durch Soziobiologen zusätzlich angenommen, dass jedes Individuum ein besonderes Interesse an seiner eigenen Fortpflanzung hat. Ein solches Ziel ist jedoch bei keinem einzigen Organismus nachgewiesen worden. Es ist für eine erfolgreiche Fortpflanzung von Eukaryoten auch nicht notwendig. Reproduktionsinteressen werden von Vertretern einer um die Gene oder das Individuum zentrierten

Evolutionstheorie lediglich postuliert, um sowohl einen Fortpflanzungskonflikt zwischen den Geschlechtern als auch zwischen den Generationen zu begründen [223, 234, 252].

Dabei ist eine solche Begründung für den Generationenkonflikt gar nicht nötig, denn er entsteht nicht aus einem Mangel an Verwandtschaft, sondern aus dem Grad der Konkurrenz um dieselbe ökologische Nische. Er besteht also z. B. nicht nur zwischen alten Rotbuchen und ihren geschlechtlich gezeugten Keimlingen, sondern auch zwischen alten Eichen und ihren Stockausschlägen, die, genetisch gleich mit ihrem Mutterstamm, auch nur dann gedeihen können, wenn der alte Baum abstirbt.

Ein weiteres Argument gegen eine Rolle individueller Interessen bei offensichtlich opferreichen Konfrontationen zwischen Eltern und Nachkommen ist das bei gelegebewachenden Fischen häufig auftretende **Fressen der eigenen Eier**. Männchen der auch die heimischen Küsten der Nord- und Ostsee bewohnenden **Strandgrundel** *(Pomatoschistus microps)* bewachen und belüften die Eier bis etwa neun Tage nach ihrer Ablage. Im Versuch zeigte sich, dass etwa ein Drittel der Eier durch den wachsamen Elternteil gefressen wurde. Allerdings unterscheiden die Männchen dabei nicht zwischen selbst befruchteten und fremden Eiern [219], während sie eindeutig junge, d. h. noch unentwickelte Eier als Mahlzeit gegenüber bereits weit entwickelten bevorzugten. Sie entfernen auf diese Weise vor allem unbefruchtete und abgestorbene Exemplare. Insgesamt ist ihr Verhalten darüber hinaus sehr flexibel, weil manche Männchen so gut wie gar keine Eier fressen, während andere halbe Gelege verzehren [220]. Mit Hunger konnten diese Beobachtungen nicht im Zusammenhang stehen, da die Fische während der Experimente ständig nach Belieben fressen konnten.

Gänzlich anders geartete Beispiele für Generationenkonflikte offenbart ein zugegeben etwas makaberer Vergleich zwischen Schwangerschaften und **Krebserkrankungen** bei Säugetieren. In beiden Fällen versorgt der – wenn man ihn bei einem Tumor so nennen will – Mutterorganismus ein auf seine Kosten wachsendes Gewebe. In beiden Fällen könnte deshalb von Parasitismus gesprochen werden.

Die Unterschiede sind jedoch genauso unübersehbar. Krebsgewebe ist eigenes, genetisch verändertes Gewebe, die genetischen Unterschiede zum Mutterorganismus bleiben dabei jedoch, verglichen mit einem eigenen Kind, verschwindend gering. Auf Grundlage einiger weniger, charakteristischer Mutationen wird der Tumor im Laufe seines Wachstums immer aggressiver, denn ohne die in seinem Inneren selektierten wachstumsfördernden Mutationen würde er gegen die Abwehrmechanismen des von ihm befallenen Lebewesens nicht bestehen können. Der Konflikt mit den Organismus ist offensichtlich und letztlich für beide Seiten fatal, wenn es nicht gelingt, den wuchernden Zellverband insgesamt loszuwerden. Der Konflikt ist also ebenso tödlich, wie die genetische Verwandtschaft nah ist – jedenfalls wesentlich näher als bei sexuell gezeugten Nachkommen.

Demgegenüber sind Mutter und Kind bei Säugern genetisch nur zu 50 % gleich. Das embryonale Gewebe nimmt sich während seines Wachstums von der Mutter, was es braucht, und setzt sie dabei einer enormen zusätzlichen Beanspruchung aus. Trotz dieser Belastung ist die **Schwangerschaft** für den mütterlichen Organismus nur relativ selten lebensbedrohlich. Embryos leben der Mutter gegenüber gefährlicher, so enden viele Schwangerschaften, oft sogar unbemerkt, nicht nur wegen genetischer Mängel des Nachwuchses vorzeitig.

Ganz wie bei der Rotbuche bildet also auch hier der individuelle Reproduktionserfolg nur die notwendige Grundlage für den Fortpflanzungserfolg der Population und damit der Art. Selektion kann auch hier nur das fördern, was sich dauerhaft bewährt. Konflikte zwischen Eltern und Nachkommenschaft ergeben sich aus dem für die erfolgreiche Fortpflanzung erforderlichen Reproduktionsüberschuss, welcher je nach Gestalt der besetzten ökologischen Nischen unterschiedlich groß ausfallen muss.

Ein Konflikt zwischen Eltern- und Tochtergeneration wird jedoch auch aus einem ganz anderen Grund vermutet. Durch Auslese zugunsten möglichst umfangreicher Reproduktion getrieben, würden Organismen unmittelbar nach Eintritt der Geschlechtsreife möglichst viele Nachkommen zeugen, weil jedes Lebewesen in jedem Lebensalter eine bestimmte natürliche Sterblichkeit hat. Geht dann die Fruchtbarkeit mit zunehmendem Alter zurück, schwächt sich proportional dazu auch die Auslese zugunsten des Überlebens des Vielzellers und damit gegen den **Alterungsprozess** ab. Deswegen wurde angenommen, dass Organismen parallel zum Verlust ihrer Fruchtbarkeit altern und entsprechend schnell sterben, da ja inzwischen die Folgegenerationen ihren Platz in ausreichender Zahl vertreten können. Diese Hypothese des US-amerikanischen Evolutionstheoretikers George C. Williams (1926–2010) wird bis heute als Ursache des allmählichen körperlichen Funktionsverlustes im Alter angeführt.

Das Problem dieser wie auch mancher anderer Annahmen wie z. B. die der schon erwähnten **Verwandtenselektion** ist, dass sie nicht aus Beobachtungen oder Experimenten abgeleitet wurden, sondern auf der Vermutung Darwins basieren, dass ohne Konkurrenz keine Evolution stattfinden würde [43]. Diese Vermutung hat sich ebenso wie Williams' Hypothese als unzutreffend erwiesen. So existieren viele Insektenformen – wie z. B. Eintagsfliegen oder männliche Fächerflügler – nur für einen kleinen Bruchteil ihrer Lebenszeit als vollständig entwickelte, fortpflanzungsfähige Individuen, *weil* sie sich in diesem Stadium – ähnlich wie in der Lebensphase als Ei – nicht selbst ernähren können, sondern von zuvor angelegten Vorräten zehren. Ihr Tod beruht nicht auf Alterung, sondern auf Nahrungsmangel. Der Eintritt körperlicher Reife fällt so fast mit dem Zeitpunkt des notwendigen Todes zusammen. Kleine Vögel wie z. B. das **Rotkehlchen** *(Erithacus rubecula)* dagegen zeigen während ihres unter Freilandbedingungen nur wenige Jahre umfassenden Lebens eine stetig zunehmende Fruchtbarkeit und eine sinkende Mortalität, verbunden mit einer zunehmend vitaleren körperlichen Verfassung [11]. Sie sterben fast immer, bevor sie altern können, denn Nahrungsmangel, Räuber und Krankheitserreger bestimmen ihre Lebenszeit. Sie leben in Gefangenschaft viel länger als in Freiheit.

Die Alterung von Organismen und ihre Sterblichkeit unter natürlichen Bedingungen sind also zwei verschiedene Dinge. Bei vielen Pflanzenarten lässt sich – vor allem durch die häufige Fortpflanzung per Ableger und die extreme Langlebigkeit vieler Bäume – keine Neigung zum körperlichen Verfall nachweisen. **Annuelle Pflanzen** dagegen – wie der Modellorganismus Ackersenf *(Arabidopsis thaliana)* – durchlaufen einen vollständigen Lebenszyklus samt genetisch programmierter Alterung in nur wenigen Monaten, weil der jahreszeitliche Wechsel der Umweltbedingungen es gar nicht anders erlaubt.

Das gilt in analoger Weise auch für einige Arten der als Aquarienfische außerordentlich beliebten **Killifische.** Bei Eintritt der Regenzeit entstehen im tropischen Afrika – der Heimat dieser kleinen, aber sehr bunten Zahnkarpfenarten – zahllose kleine Gewässer. Der gesamte Fortpflanzungszyklus dieser Fische muss bis zum Austrocknen dieser mehr oder weniger großen Pfützen abgeschlossen sein. Die Trockenzeit überleben nur ihre Eier. Im Gegensatz zu nahe verwandten Fischen, welche in beständigen Gewässern leben, altern diese Killifische nach Erreichen der Fortpflanzungsreife sehr rasch. Inzwischen wurde nachgewiesen, dass diese schnelle Alterung auf zahlreiche, leicht nachteilige Mutationen zurückzuführen ist, die durch mangelnde Auslese auf das während der Austrocknung unmögliche Überleben allmählich entstanden sind [37]. Die positive Selektion auf eine möglichst frühe sexuelle Reife und eine zügige Ablage zahlreicher Eier hinterließ, völlig unabhängig davon, ihre Spuren in anderen Genen.

Es gibt also keine allgemeine Tendenz zu möglichst früher Fortpflanzung und anschließender Alterung. Auch die Geschwindigkeit des natürlichen körperlichen Zerfalls eines Organismus wird im Wesentlichen durch die vorangegangene Evolution unter bestimmten Lebensbedingungen bestimmt. Eine Alterung findet statt, wenn das Lebewesen deutlich länger überlebt, als es unter natürlichen Bedingungen zu erwarten ist, oder wenn der Alterungsprozess zugleich mit der Reifung der Fortpflanzungsorgane – beim Ackersenf sind das die Schoten mit den Samen – auf Kosten des Restorganismus verbunden ist.

Die Frage, ob die unvermeidliche Sterblichkeit der Organismen tatsächlich zur Alterung führt und damit die Lebenslänge bestimmt, lässt sich jedoch nicht nur durch den Vergleich verschiedener Organismenarten beantworten. So berichteten Hwei-Yen Chen und Alexei A. Maklakov [31] über aufschlussreiche Versuche mit dem **Fadenwurm** *Caenorhapditis remanei*. Dabei setzten sie die Würmer zunächst über 12 Generationen der Selektion einer erhöhten Sterblichkeit durch eine vorzeitige Tötung zu einem zufälligen Zeitpunkt aus. Wenn die altersunabhängige Sterblichkeit auf diese Art dreimal so hoch wie normal eingestellt wurde, verkürzte sich das erreichbare Lebensalter der selektierten Tiere gegenüber ohne Tötungen gehaltenen Kontrolltieren um einen ganzen Tag auf 11,5 Tage.

In einem zweiten, parallelen Versuch wurden dieselben unterschiedlichen Sterberaten über die gleiche Anzahl von Generationen bei anderen Testpopulationen erzeugt. Die dreifache Erhöhung der Sterberate wurde in diesem Fall aber durch periodische Hitzeschocks erreicht. Es zeigte sich, dass die durchschnittlich erreichbare Lebensdauer bei diesen Würmern nach 12 Generationen sogar auf fast 14 Tage verlängert wurde. Es wurden also bei hoher Sterblichkeit durch Hitzeschocks Würmertypen selektiert, die nicht nur eine höhere Temperatur besser überstanden, sondern zugleich auch unter normalen Bedingungen länger lebten. Offensichtlich bestand unter den Würmern eine genetische Variabilität in Bezug auf ihre Sterblichkeit, denn sie waren gegenüber einer plötzlichen, vorübergehenden Temperaturerhöhung im Haltungsgefäß unterschiedlich empfindlich. Gegen eine plötzliche, willkürliche Tötung eines Teils der Population wie im ersten Versuch war jedoch jeder Wurm in gleicher Weise wehrlos, genauso wie ein kleiner Fisch hilflos gegen das Austrocknen seines Wohngewässers ist.

Parallel zur Sterblichkeit wurde bei diesen Versuchen auch die Zahl der Nachkommen der selektierten Fadenwürmer und ihrer Kontrollpopulationen bestimmt. Völlig unabhängig von der Ursache der erhöhten Sterblichkeit wurde durch die tödlichen Eingriffe die Fruchtbarkeit weiblicher Würmer um gut 20 % erhöht. Die Fruchtbarkeit pro Tag zeigte also keinen Zusammenhang mit der Langlebigkeit der Würmer, sondern konnte unabhängig davon durch eine erhöhte Sterblichkeit positiv selektiert werden.

Kinderzahl und Lebenslänge sind also nicht direkt gekoppelt. Es muss nur eine Mindestfruchtbarkeit gegeben sein, damit sich die Organismen einer Population trotz ihrer teilweise sehr hohen und stark wechselnden Mortalität während ihres Lebens letztlich durchschnittlich erfolgreich fortpflanzen können. Eine erhöhte Sterblichkeit kann außerdem kurzfristig durch eine erhöhte Fruchtbarkeit ausgeglichen werden, ein Hinweis darauf, dass Lebewesen keineswegs auf eine möglichst große Nachkommenschaft selektiert wurden, sondern auf die langfristige Erhaltung der Population. Bei manchen Todesursachen – z. B. bei vorübergehend zu hohen Temperaturen – kann aber auch die Sterblichkeit durch Selektion verringert werden. Das passiert jedoch nur, wenn genetisch verursachte Unterschiede in der Widerstandskraft gegenüber dieser Todesursache bestehen. Die zufällige Tötung einer bestimmten Anzahl Tiere pro Zeiteinheit ohne Rücksicht auf ihren Phänotyp wie im ersten geschilderten Experiment ist dagegen keine Auslese und kann daher auch zu keiner Anpassung führen.

Da ein Teil der Sterblichkeit der Lebewesen jeder Art auf unvermeidliche Ursachen (tragische Unfälle, Katastrophen, aber eben auch den Wechsel der Jahreszeiten) zurückzuführen ist, kann davon ausgegangen werden, dass Alterungsprozesse evolutionäre Ursachen haben. Jedoch gibt es keine Hinweise darauf, dass die Konkurrenz zwischen den Generationen eine solche evolutionäre Ursache der Seneszenz ist. Wie wir am Beispiel von Rotbuchenwäldern und Vögeln sehen, hat diese Konkurrenz im Regelfall nichts mit einem fairen Wettbewerb zu tun. Letztlich ist oft ein zufälliger, aber statistisch unvermeidlicher Unfalltod der älteren Generation die Ursache für den Generationswechsel, nicht die eher chancenlose Konkurrenz der Jüngeren.

Die wahrscheinlichere evolutionäre Ursache für Alterungsprozesse ist die Schwierigkeit, einen überaus komplexen Zellverband mit einem exakt definierten Aufbau und einer komplexen Funktionsverteilung über sehr lange Zeiträume hinweg funktionsfähig zu halten. Denn sowohl höhere Pilze als auch viele Pflanzen sind wie der Süßwasserpolyp Hydra potenziell unsterblich. Gemeinsam ist ihnen zwar ebenfalls ein mehr oder weniger komplexer vielzelliger Bau, jedoch auch eine offene Konstruktion: Große Teile dieser Organismen können jederzeit absterben, ohne das Weiterleben des Zellverbandes zu gefährden, und neu knospende Lebewesen, viel kleiner als die Mutterindividuen, haben schon nahezu denselben Grundaufbau und dieselbe Lebensweise. Die umfassende Regeneration eines Individuums ist diesen Arten ebenso möglich wie ungeschlechtliche Fortpflanzung.

Mobile, zweiseitig symmetrische Tiere einschließlich des Menschen jedoch bilden eine mehr oder weniger hochgradig integrierte Einheit von Form und Funktion. Viele relativ kleine, aber für den Gesamtorganismus unverzichtbare Organe sind für das Überleben eines komplexen Tiers unverzichtbar. Ihr Absterben durch **Apoptose** – ein gesteuerter Prozess des Sterbens nicht mehr funktionierender Zellen – oder ihre Entartung zu Tumorzellen stellen oft tödliche Folgen unvermeidbarer Mutationen während der fortwährend zur Funktionserhaltung notwendigen Zellteilungen dar. Dieser Widerspruch zwischen hochgradiger Arbeitsteilung und zufälligem Versagen führt zu einer mehr oder weniger begrenzten Lebensdauer.

Eintritt der Seneszenz einerseits sowie die durchschnittliche Lebenserwartung unter natürlichen Bedingungen andererseits können jedoch auch bei Tieren weit auseinanderklaffen. Die Ursache hierfür liegt auch hier nicht in einem Konflikt zwischen den Generationen, sondern erneut in spezifischen Lebensweisen begründet. Vögel und **Fledermäuse** fliegen und verfügen deshalb über einen außerordentlich leistungsfähigen Zellstoffwechsel, dessen Grundlage besonders stark auf Effizienz ausgelesene Mitochondrien sind. Ihre Zellen unterliegen deshalb deutlich seltener dem Zelltod als jene anderer Organismen. Dies trägt vermutlich entscheidend zur Langlebigkeit von Vögeln und Fledertieren bei. Gerade unsere heimischen Fledermäuse widerstehen außerordentlich lange dem Alterungsprozess und können mehr als 40 Jahre alt werden, was für Tiere zwischen 3 und 40 g Körpergewicht außergewöhnlich ist [62]. Zugleich können sie wegen der in Mitteleuropa nur kurzen insektenreichen Saison als fliegende, aber lebendgebärende Mütter nur ein Junges pro Jahr aufziehen, was eine lange Lebenserwartung unmittelbar notwendig macht. Mehr über die Kraftwerke der Zelle und über den wahrscheinlichen Zusammenhang von Langlebigkeit und der Intensität der Auslese der Mitochondrien während der Individualentwicklung ist in Nick Lanes ausgezeichnetem Buch *The vital question* ([115], dt. „Der Funke des Lebens") zu lesen.

Zusammenfassend ist zu unserem Abschnittsthema des Generationskonfliktes zu sagen, dass er tatsächlich bei vielen Arten in teils sehr scharfer Form besteht. Er kann aber keinen wesentlichen Einfluss auf die Evolution nehmen, da 1) eine ausreichende Fortpflanzung eine Grundvoraussetzung für die fortwährende Existenz jeder evolutionären Linie ist und 2) die Sterblichkeit der Organismen in den verschiedenen Phasen ihrer Individualentwicklung im Wesentlichen durch die konkreten ökologischen Bedingungen und nicht durch Eltern, Geschwister oder Nachkommen bestimmt wird.

7

Sex und das Werden des Menschen

Bei allen Säugern gibt es nur den sexuellen Weg zur Fortpflanzung. Die mütterliche oder väterliche Prägung des Genoms, die komplexe Entwicklung der Keimzellen sowie der Ablauf von Paarung und Befruchtung erschweren einen Übergang zur Jungfernzeugung. Die zusätzliche, soziale Bindungsfunktion der Sexualität führte beim Menschen zu ständiger Paarungsbereitschaft. Die Partnerwahl ist sehr individuell, und die Stabilität der Paarbindungen ist potenziell variabel, weil die Brutpflege sozialisiert werden kann. Die genetische Vielfalt des Menschen nahm mit der Vergrößerung seines Vorkommensgebietes zu, nimmt aber gegenwärtig durch zunehmende Mobilität eher ab. Seit dem Aussterben des Neandertalers gibt es keine verschiedenen Rassen (oder Arten) des Menschen mehr, da Fortpflanzungsbarrieren und damit private Allele fehlen.

We should give up claims in the classroom that studying algebra or poetry or whatever will help pupils becoming more successful citizens, workers, businessmen or politicians. They already know that it will not. On the other hand, however, keeping in mind that individual cleverness is extremely beneficial for the society as a whole; we should still urge people to study. And it is easy to do so; just tell pupils that cleverness is sexy.
[180]

Wir sollten im Klassenraum nicht länger behaupten, dass das Studium der Algebra oder der Poesie den Schülern helfen würde, erfolgreichere Bürger, Arbeiter, Geschäftsleute oder Politiker zu werden. Sie wissen bereits, dass dies nicht stimmt. Andererseits, da individuelle Klugheit sehr nützlich für die Gesellschaft insgesamt ist, sollten wir dennoch zum Studium anhalten. Und das ist einfach, wir müssen den Schülern nur sagen, dass Klugheit sexy ist. [Sinngemäße Übersetzung des Autors]

© Der/die Autor(en), exklusiv lizenziert durch Springer-Verlag GmbH, DE, ein Teil von Springer Nature 2021
V. Krauß, *Das älteste Glücksspiel*, https://doi.org/10.1007/978-3-662-62585-9_7

Diese kühne Behauptung fand sich nicht in irgendeinem Blog oder in der Tagespresse, sondern in einer wissenschaftlichen Zeitschrift. Es wäre sicher unterhaltsam zu erfahren, welche persönlichen Erfahrungen den Autor dieser Zeilen zu dieser Meinung bewogen haben. Aber wenn diese Lernmotivation tatsächlich deutlich besser als andere wirkt, warum sie nicht nutzen? Jedoch wird vermutlich auch in Zukunft für Bildung auf diese Weise eher selten geworben, denn um eine Vermutung des zitierten Autors zu erweitern: Schüler wissen bereits, dass mathematische oder literarische Kenntnisse und Fertigkeiten zwar nicht in jedem Fall ihrer persönlichen Karriere nützlich sein werden, aber als Mittel der Förderung ihrer sexuellen Attraktivität noch weniger taugen.

Das Standardargument besserer Karrierechancen ist und bleibt deutlich glaubwürdiger. Lajos Rósza – der Autor der einführenden Zeilen – führt als Grundlage seiner Überzeugung nur an, dass Frauen von Samenspendern vor allem Intelligenz fordern. Das ist zutreffend, bedeutet aber nicht, dass kluge Männer und Frauen sexuell attraktiver als weniger kluge sind. Um an dieser Stelle jedoch gar nicht erst in eine längere Diskussion einzutreten, sei angefügt, wie nach Meinung Rószas der Mechanismus der Intelligenzsteigerung während der menschlichen Evolution ausgesehen haben soll: Unsere weiblichen Vorfahren hätten kluge Männer nicht etwa gewählt, damit auch ihre Kinder pfiffig würden, sondern nur, weil sie hofften, dass der von ihnen gezeugte Nachwuchs gesünder als der von geistig weniger regen Männern sei. Intelligenz soll also – entsprechend der hier bereits behandelten **Hamilton-Zuk-Hypothese** – lediglich als ehrliches Signal für eine gute körperliche Verfassung gedient haben. Rósza deutet die Entwicklung der menschlichen Kultur damit als Nebenprodukt geschlechtlicher Zuchtwahl:

> *Briefly, I argue that 1) human sexual selection favours intelligence as a signal of genetic resistance against pathogens, and 2) that intelligence enabled the rise of our species (in terms of population size and distribution) as an accidental side-effect.* [180]
>
> Kurz, ich behaupte dass 1) sexuelle Selektion beim Menschen Intelligenz als einschätzbares Maß der genetischen Widerstandskraft gegen Krankheitserreger gefördert hat, und dass 2) der Aufstieg unserer Art (hinsichtlich Populationsgröße und Verbreitung) als zufälliger Nebeneffekt dieser Intelligenzförderung zu interpretieren ist. [Sinngemäße Übersetzung des Autors]

Eine gewisse Originalität kann dieser Perspektive nicht abgesprochen werden. Aber wir sahen schon, dass für die Gültigkeit der Hamilton-Zuk-Hypothese bei Tieren keine überzeugenden Argumente existieren und dass die Urheberin dieser Idee, Marlene Zuk, dies selbst zugibt ([7], Abschn. 5.3). Auch beim Menschen bedeutet Schönheit nicht zugleich Gesundheit. So konnte z. B. kein Zusammenhang zwischen der Attraktivität der Gesichter potenzieller Paarungspartner und ihren Gesundheitsdaten hergestellt werden [63]. In dieser Beziehung unterscheiden wir uns also nicht von anderen Tieren.

Das bedeutet jedoch nicht, dass unsere Sexualität der anderer, nah verwandter Lebewesen gleicht. In diesem Kapitel soll deshalb die spezielle Bedeutung der Sexualität für die Evolution des Menschen skizziert und so ihre Bedeutung für die Entstehung einer besonders komplexen Organismenart eingeschätzt werden. Dabei wird es wohlgemerkt nur um tatsächlich nachweisbare biologische Aspekte der Sexualität des Menschen gehen und nicht darum, vorgeblich evolutionär sinnvolles sexuelles Verhalten auf den Menschen zu übertragen.

7.1   Der Sexualität ausgeliefert

Der Mensch gehört zu den Säugetieren und damit zu einer der wenigen größeren Verwandtschaftsgruppen von Lebewesen, die für ihre Fortpflanzung ausschließlich auf Sex angewiesen sind. Neben zahlreichen Formen der Wirbellosen gibt es auch mehr als 50 bekannte Vertreter der Fische, Lurche und Reptilien, welche sich mittels diploider Eizellen ohne einen wesentlichen genetischen Beitrag von Männchen vermehren. Eine solche alternative Form der Fortpflanzung ist jedoch bei Vögeln und Säugern unbekannt, während z. B. bei Insekten zahlreiche parthenogenetische Formen beschrieben wurden.

Ein Blick auf die wenigen sich mehr oder weniger klonal fortpflanzenden Wirbeltiere zeigt, warum das so ist. Asexuelle Fische und Amphibien benötigen immer – trotz des Verzichts auf Rekombination – Männchen zur Fortpflanzung. Sie paaren sich also wie ihre sexuellen Verwandten. Da sich bei ihnen gar keine Männchen entwickeln können, sind sie für ihre Fortpflanzung auf Männchen anderer Arten angewiesen. Sie verwirklichen dabei das widersprüchliche Prinzip „Wasch mich, aber mach mich nicht nass!" Denn der durch die Spermien fremder Männchen gelieferte Chromosomensatz bildet im Fall der **Hybridogenese** zwar die Hälfte des Genoms der Nachkommen, wird aber in der Enkelgeneration vollständig von der Vererbung ausgeschlossen, also nicht mit dem Chromosomensatz des Weibchens neu kombiniert. Anderen Formen dieser gewissermaßen getarnten Jungfernzeugung dienen die fremden Spermien nur als notwendige Anregung zur Entwicklung ihrer dann auch ohne Befruchtung diploiden Eier (Gynogenese). Das Genom der Spermien bleibt also völlig ungenutzt (Abb. 7.1).

Rennechsen der Art *Aspidoscelis uniparens* sind dagegen in der Lage, sich gänzlich ohne Männchen fortzupflanzen. Dennoch zeigen auch sie ein Paarungsverhalten, das dem ihrer heterosexuellen Gattungsverwandten völlig gleicht. Weibchen dieser sich klonal vermehrenden Echse begatten sich ge-

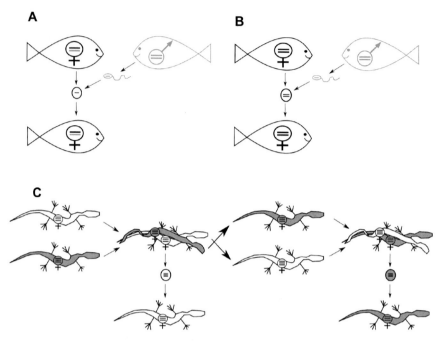

Abb. 7.1 Obwohl einzelne Formen der Wirbeltiere im Laufe ihrer Evolution auf die Rekombination verzichtet haben, müssen sie sich ausnahmslos immer noch paaren, um Nachkommen zu zeugen. So sind in manchen Populationen bestimmter Kärpflingsarten (z. B. solcher des **Arizonakärpflings** *Poeciliopsis occidentalis*) nur Weibchen zu finden. Diese Populationen pflanzen sich hybridogenetisch fort A), indem ein Männchen einer nahe verwandten, sexuellen Art zur Befruchtung herangezogen wird. Die entstehenden Hybriden sind ausschließlich weiblich und bilden Eizellen ohne Rekombination nur aus dem mütterlichen Chromosomensatz, sodass der väterliche genetische Beitrag zwar in den Töchtern normal zur Wirkung kommt, aber nicht an deren Nachkommen vererbt wird. Die als Aquarienfische beliebten **Amazonenkärpflinge** *(Poecilia formosa)* dagegen bilden sogar diploide Eizellen B), welche die Spermien einer verwandten sexuellen Art nur noch als Anregung für ihre Weiterentwicklung zu Embryonen benötigen (Gynogenese). Bestimmte **Rennechsen**-Formen (z. B. *Aspidoscelis uniparens*) kommen ganz ohne Männchen, aber nicht ohne Paarung aus C). Hier umwerben sich zwei Weibchen, die entsprechend ihres aktuellen Hormonspiegels die Rolle des Weibchens oder die des Männchens übernehmen. Auch in diesen Fall verdoppelt sich der Chromosomensatz des Eis selbst. (©Veiko Krauß [2017])

genseitig. Paarungen lassen die Östrogenmenge im als Weibchen agierenden Tier so weit steigen, dass die Entwicklung der Eier starten kann [64]. Die Männchenrolle wird durch Weibchen mit relativ höherem Progesteronspiegel übernommen, die oft, wenn auch nicht immer, bereits trächtig sind.

Ein Verzicht auf den gesamten Ablauf der sexuellen Fortpflanzung scheint den Rennechsen nicht mehr möglich zu sein, weil ihre eingeschlechtlichen Linien zu jung sind, um den Gesamtablauf der Fortpflanzung durch entsprechend selektierte Mutationen bereits auf einen reinen Zellteilungsvorgang vereinfacht zu haben. Deshalb können diese Formen den Vorteil asexueller Fortpflanzung nicht voll ausspielen: Sie benötigen Paarungspartner, weil ihr Hormonspiegel aus historischen Gründen noch auf Fortpflanzung umgestellt werden muss. Auch hier zeigt sich, dass **Kontingenz** in Gestalt des genetischen Erbes der Vorfahren eine wichtige Rolle in der Evolution spielt.

Es gibt also sich im Wesentlichen klonal vermehrende, aber keine Wirbeltiere ohne Sexualverhalten, da eine Paarung für die Fortpflanzung bei ihnen immer notwendig ist. Obwohl die Funktion der Sexualität auch bei Wirbeltieren verloren gehen kann, ist dennoch ausnahmslos eine Paarung zur Vermehrung nötig. Der beim Urwirbeltier bereits komplexe Ablauf der sexuellen Fortpflanzung kann zwar prinzipiell durch Mutationen in eine rekombinationsfreie Form verwandelt werden. Dazu müssen jedoch sehr spezielle, die Herstellung haploider Gameten behindernde Mutationen ausgerechnet in den normalerweise seltenen Nachkommen einer Kreuzung zwischen zwei verschiedenen Arten auftreten, denn nur genetisch sehr verschiedene Chromosomenpaare scheinen die nötigen Eigenschaften mitzubringen, um über viele tausende Generationen trotz immer neuer Mutationen bei fehlender echter Rekombination die Grundlage einer erfolgreichen Individualentwicklung zu bleiben. Solche Mutationen der Meiose sind ausnehmend selten, denn trotz umfangreicher Bemühungen war es bisher nicht möglich, den **Amazonenkärpfling** (*Poecilia formosa*) durch Kreuzung der Elternarten im Labor nachzubauen [230].

Insgesamt weist die Seltenheit klonaler Formen bei Wirbeltieren (<0,1 % der Arten) darauf hin, dass rein weibliche Linien nur eine begrenzte Zahl von Generationen überstehen können. Denn sie müssen, ganz ähnlich wie andere größere Tiere mit entsprechend kleineren Populationen, sexuell rekombinieren, um die vielen leicht nachteiligen Mutationen zu entsorgen, welche sich im Genom ohne diesen Mechanismus über die Generationen anreichern würden. Trotz anhaltender Selektion würden kleine Populationen ohne Sex zu einem allmählichen Sterben der Population führen.

Warum manche Wirbeltierarten ohne sexuelle Rekombination dennoch mehr als 100.000 Jahre bestehen können, ist bisher nicht völlig verstanden. Neben einer Aufnahme einzelner Gene der spermaspendenden Männchen anderer Arten – was auch beim Amazonenkärpfling nachgewiesen wurde [230] – kommt die möglicherweise beträchtliche Populationsgröße dieses wenige Zentimeter großen und recht weit verbreiteten Fisches oder eine besonders niedrige Mutationsrate als Erklärung infrage.

Die Aufnahme geringer Mengen der DNA gepaarter Männchen nahe verwandter sexueller Arten in das Genom parthenogenetisch gezeugter Nachkommen wird treffend schöpferischer Diebstahl (**Kleptogenese**) genannt [14]. Die drohende Sterilität durch allmähliche Anreicherung genetischer Lasten wird auch durch die Tatsache bestätigt, dass sich Überlebensrate und Fruchtbarkeit seltener, in mehreren, schon länger voneinander getrennten Populationen lebender Arten in der Regel deutlich erhöht, wenn Individuen zwischen den Populationen ausgetauscht werden [65]. Auskreuzungen sind gut für die Gesundheit der Nachkommen, wie nicht nur Liebhaber von Mischlingshunden wissen. Ursachen für die besonders hohe Sexabhängigkeit gerade der Wirbeltiere ist also neben der Schwierigkeit der Umstellung der Fortpflanzungsweise vor allem die relativ hohe Zahl der Mutationen im Vergleich zur relativ geringen Größe ihrer Populationen.

Der Mensch ist da keine Ausnahme. Jeder neugeborene Mensch trägt etwa 100 neue Mutationen [133]. Das sind hauptsächlich Basenpaaraustausche, aber zu mehr als 8 % auch kleinere Insertionen oder Deletionen oder sogar größere genomische Umbauten. Die Masse dieser Veränderungen hat zeitlebens keinerlei Folgen für unser Erscheinungsbild. Zwischen 1–10 % verursachen jedoch phänotypische Veränderungen, die fast immer nachteilig sind [133]. Wichtig ist, dass diese Mutationen – im Gegensatz zu den weit zahlreicheren, welche sich während des Lebens eines Menschen in einzelnen Körperzellen ereignen – weiter vererbt und damit zur genetischen Last addiert werden. Für den Menschen wurde bereits nachgewiesen, dass sich in bestimmten Genen, die wegen ihrer besonderen Lage auf den Chromosomen weniger oft als andere mit neuen Nachbarallelen kombiniert werden, nachteilige Mutationen trotz geschlechtlicher Fortpflanzung anreichern können [90].

Das bedeutet, dass sich diese genetische Last erst lokal ansammeln muss, bevor sie auch bei Lebewesen mit relativ geringer Populationsgröße durch die Sexualität aus dem Allelbestand entfernt wird. Auch beim heutigen Menschen kommt es – trotz der Erfolge der Medizin – vor und nach der Befruchtung zu einer relativ intensiven Selektion der Gameten, befruchteten Eizellen und Embryonen, sodass genetisch stärker belastete Genome auf der Strecke bleiben, ohne die Fruchtbarkeit der menschlichen Population wesentlich zu verringern. Wenn jedoch alle Chromosomensätze ständig mit zusätzlichen Mutationen gespickt werden, ohne dass sexuelle Rekombination die vorhandenen genetischen Unterschiede in jeder Generation neu zusammenstellen kann, wird die Selektion die allmähliche Anreicherung vieler kleiner Nachteile nicht verhindern können. Sowohl Sexualität als auch vorgeburtliche Auslese sind daher notwendig, um die genetische Gesundheit der menschlichen Art zu erhalten.

Zugleich zeigt sich bei allen Säugern eine besondere, auf Grundlage ihrer Fortpflanzungsweise entstandene Eigenschaft des Genoms, welche ein zusätzliches Hindernis für asexuelle Vermehrungsweisen darstellt. Diese Besonderheit ist das **Imprinting**, auch paternale Prägung genannt. Damit ist die unterschiedliche Expression von Allelen eines Gens gemeint, welche nicht durch einen Unterschied in der DNA-Sequenz, sondern durch ihre unterschiedliche Herkunft von Vater oder Mutter verursacht wird. Im Regelfall werden geprägte Gene der Säuger entweder nur von der mütterlichen oder nur von der väterlichen Kopie abgelesen. Eine entsprechende Markierung der Herkunft der Gene erfolgt durch eine bestimmte Modifizierung der chromosomalen Struktur der Regulationssequenz dieser Genkopien bei der Entstehung der männlichen oder weiblichen Keimzellen. Eine solche Modifizierung kann in einer Methylierung der DNA oder der Histonproteine bestehen. Diese Prägung erneuert sich in jeder Generation, sie wird also in den männlichen Keimzellen des Sohns nur bei der aus der Mutter kommenden Genkopie verändert. Entsprechend wird die Prägung der vom Vater kommenden Genkopien in den weiblichen Keimzellen der Tochter verändert. In allen Körperzellen der Töchter und der Söhne dagegen bleibt je eine Genkopie männlich und weiblich geprägt, d. h., das Imprinting ist in diesen Zellen unabhängig vom Geschlecht des Trägers.

Für die erfolgreiche Entwicklung eines Säugers ist es daher nicht nur notwendig, dass die Gene (mit Ausnahme der der X- und Y-Chromosomen) doppelt, also diploid vorliegen, sondern auch, dass alle Chromosomen in je einer Kopie aus einem Weibchen und einem Männchen kommen. Das zeigte sich bei Experimenten an Mäusen, bei denen man die noch getrennten Ei- und Spermienkerne gerade befruchteter Eizellen einzeln ausgetauscht hat. Dabei ließ sich der Eikern nur durch einen anderen Eikern und der Spermienkern nur durch einen anderen Spermienkern erfolgreich austauschen. Zwei Eikerne oder zwei Spermienkerne ergaben trotz eines vollständigen, völlig lebenstauglichen Genoms niemals lebensfähige Nachkommen, im Gegensatz zu den Ergebnissen analoger Experimente bei der Taufliege und beim Zebrabärbling. Dort findet kein Imprinting statt.

Besonders interessant ist der Ausgang ähnlicher Mausexperimente, wenn nur bestimmte Chromosomenpaare ausschließlich von Vater oder Mutter kamen: In beinahe allen Fällen führte ein mütterliches Übergewicht zu kleineren Embryonen, während ein Überwiegen väterlichen Erbmaterials vergrößerte Embryonen produzierte. Auf diese Weise konnte festgestellt werden, dass die mehr als 100 geimprinteten Gene der Säuger auf fast alle Chromosomenpaare des Genoms verteilt vorliegen. Weil sich die Gene des X- und des Y-Chromosoms ohnehin unterscheiden, konnte kein Imprinting auf dem Geschlechtschromosomenpaar nachgewiesen werden.

Eine noch offene Frage ist der evolutionäre Mechanismus, welcher zur Entstehung des Imprinting geführt hat. Unstrittig ist, dass zunächst eine unterschiedliche Expression bestimmter Gene der Eizellen im Vergleich zu der aus Spermazellen entstanden sein muss. Solche Expressionsschwankungen von eigentlich in beiden Geschlechtern in gleicher Menge benötigten Genprodukten können auf Grundlage von Unterschieden in Hormonkonzentrationen oder Transkriptionsfaktormengen zwischen beiden Gametentypen zufällig auftreten. Diese zufällig entstandenen Unterschiede haben ausschließlich bei Säugetieren zu einer unterschiedlichen Prägung der Gene geführt. Geprägte Säugergene zeigen deshalb nicht nur in den Keimzellen, sondern auch in den aus ihnen entstandenen Körperzellen eine unterschiedliche Expression (Abb. 7.2). Da aber in jedem Nachkommen eine Genkopie aus der Mutter und eine aus dem Vater vorhanden ist, schadet es nur wenig, wenn entweder die weibliche oder die männliche Genkopie gar nicht aktiv ist, denn eine Genkopie liefert meist eine ausreichende Menge an Genprodukten. Allerdings bleibt die Entstehung und Aufrechterhaltung des Imprinting in mehr als 100 Genen aller Säuger unverständlich, wenn kein Selektionsvorteil dahinter steckt.

Es gibt zwei Hypothesen, die einen solchen Vorteil der Prägung bei Säugetieren zu erklären versuchen. Erstens besteht die Möglichkeit, dass manche männlichen Allele gerade in Säugerembryonen abgeschaltet werden, weil diese sich noch längere Zeit im Mutterorganismus entwickeln, sodass ein Schutz vor genetischer Inkompatibilität zwischen Mutter und Embryo notwendig ist [158]. Das würde jedoch die Existenz der nur von den väterlichen Chromosomen exprimierten Gene nicht erklären.

Nach einer anderen Theorie kam es bei den Vorfahren der heutigen Säugetiere zur elterlichen Prägung der Gene, weil das initiale Wachstum der Nachkommen direkt auf Kosten des weiblichen Organismus erfolgt [242]. Dafür spricht, dass wachstumssteigernde Gene meist in der mütterlichen Kopie, wachstumshemmende Gene aber meist in der väterlichen Kopie stillgelegt werden. Das Imprinting wäre dann die Konsequenz eines Konfliktes zwischen den Eltern im Hinblick auf die körperliche Ausstattung der Nachkommen. Väter müssen die dazu erforderlichen Nährstoffe nicht zur Verfügung stellen. Ihre Allele setzen sich daher mit größerer Wahrscheinlichkeit über die Zeugung besonders großer und starker Nachkommen durch. Für Mütter sind jedoch solche besonders großen und starken Nachkommen eine überdurchschnittlich große Belastung, die mit einem erhöhten persönlichen Sterberisiko in der Trage- und Stillzeit verbunden ist. Relativ kleinwüchsigere Nachkommen begünstigen deshalb die mütterliche Gesamtreproduktionsrate. Im Ergebnis dieses Konfliktes entstehen mittelgroße Nachkommen, die salopp gesprochen jeweils einen Riesen- und einen Zwergenchromosomensatz benötigen, um überhaupt gedeihen zu können.

Letztlich können für die **Entstehung der paternalen Prägung** beide Hypothesen eine Rolle spielen. Völlig sicher ist ein Zusammenhang mit der Schwangerschaft, d. h. mit dem Gebären relativ weniger und relativ großer Nachkom-

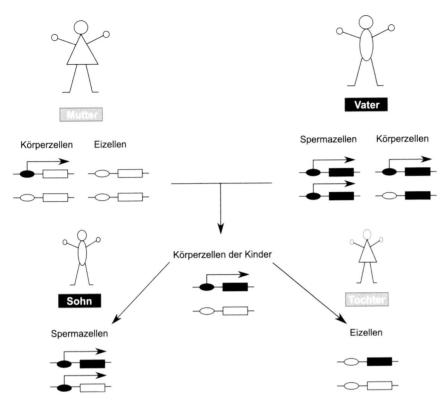

Abb. 7.2 Aktivitätsverteilung eines typischen geprägten Gens beim Menschen. Männliche Herkunft und Prägung wird hier durch schwarze Farbe, weibliche Herkunft und Prägung durch weiße Farbe der genetischen Elemente versinnbildlicht. Das Viereck stellt die exprimierte Sequenz des Gens dar, während das Oval für die jeweils geschlechtsspezifisch geprägte, dem Gen voranschaltete Regulationseinheit steht. Die männlich geprägte Regulationseinheit ist hier aktiv (der Pfeil symbolisiert ein aktives Gen), während das weiblich geprägte Gegenstück inaktiv ist. Es gibt jedoch etwa gleich viele Beispiele für genau entgegengesetzt geprägte Gene, in denen nur die mütterliche Kopie aktiv ist. Erst in den Gameten werden beide Genkopien einheitlich entsprechend des Geschlechtes des Trägers geprägt. Das ist möglich, weil manche Genprodukte in Eizelle oder Spermium nicht benötigt werden. Die Farbe des Rechtecks zeigt nicht die Prägung, sondern die Herkunft der entsprechenden Genkopie aus Mutter oder Vater an. (©Veiko Krauß [2017])

men. In jedem Fall ist Imprinting jedoch eine zusätzliche Hürde für einen Übergang zu asexuellen Fortpflanzungsformen, denn weder der Chromosomensatz der Mutter noch der des Vaters kann einfach verdoppelt werden, um Nachkommen genetisch auszustatten. Nur eine direkte, klonale Fortpflanzung scheint bei Imprinting möglich, für die aber die **Meiose** insgesamt mit nur einer Mutation umgangen werden müsste, was bei Wirbeltieren auf natürliche Weise ebenfalls nicht möglich zu sein scheint.

Inzwischen wurde bei der **Hausmaus** praktisch untersucht, welche genetischen Veränderungen für eine parthenogenetische Vermehrung erforderlich sind [104]. Durch Verschmelzung einer ruhenden und daher noch nicht mütterlich geprägten Eizelle mit einer reifen Eizelle konnten in Kombination mit der Entfernung eines einzigen geprägten Gens in einer der beiden Eizellengenome voll fortpflanzungsfähige Mäuseweibchen erzeugt werden. Mäusemännchen wurden damit überflüssig. Allerdings entwickelten sich nur weniger als ein Prozent der auf diese Weise befruchteten Eizellen erfolgreich. Die Notwendigkeit einer unter natürlichen Umständen nicht vorgesehenen Verschmelzung zweier Eizellen in unterschiedlichen Entwicklungsstadien in Kombination mit einer hochgradig spezifischen Mutation und einer geringen Erfolgsrate zeigt deshalb eindrucksvoll die überaus geringe Wahrscheinlichkeit einer natürlichen Parthenogenese bei Säugern.

7.2   Lokale Anpassung und globale Wanderung

Die also nicht nur für den Menschen, sondern für alle Säuger theoretisch und praktisch unverzichtbare Sexualität führt zu einem ständigen genetischen Austausch in den Populationen. Was genau sind jedoch Populationen? Obwohl der Begriff bereits in der Schulbiologie eine Rolle spielt und eine grundlegende Rolle für einen zentralen Zweig der Evolutionsbiologie, die Populationsgenetik, spielt, wird er oft nicht eindeutig geklärt.

Gemeinhin versteht man unter einer **Population** alle Organismen einer Art, welche in einem geografisch begrenzten Gebiet (Areal) leben. Oft wird hinzugesetzt, dass diese Organismen eine Fortpflanzungsgemeinschaft bilden, was natürlich nur für sich sexuell fortpflanzende, also echte Arten, gilt. Offen bleibt dabei die Frage, ob eine Art genau eine Population hat oder ob es auch mehrere sein können. Es dient jedoch der Klarheit der folgenden Ausführungen, wenn wir hier davon ausgehen, dass die Fortpflanzungsgemeinschaft einer Art genau eine Population umfasst. Da das Gesamtareal dieser Population oft Hindernisse für die Wanderung der Individuen oder den Austausch von Pollen in Form von Gebirgszügen, Wüsten, Meeresarmen, Flüssen oder Landmassen enthält, bestehen Populationen oft aus mehreren Teilpopulationen. Innerhalb dieser Teilpopulationen findet ein intensiver genetischer Austausch statt, während die demgegenüber deutlich reduzierte genetische Wechselwirkung zwischen den Teilpopulationen als **Migration** bezeichnet wird.

In Abhängigkeit von der Mobilität der betrachteten Organismen oder ihrer Gameten (z. B. durch Pollenflug) sind auch die Teilpopulationen in der Regel nicht genetisch homogen. Neue Allele breiten sich nur allmählich vom Ort ihrer Entstehung aus und bilden dabei Gradienten ihrer Häufigkeit. Obwohl soziale Faktoren wie z. B. Bildungsgrad und Bildungsweg heute bestimmend sind, spielt die geografische Herkunft immer noch eine wichtige Rolle bei der menschlichen Paarbildung [47]. Heute wissen wir jedoch auch, dass bereits in der Jungsteinzeit begehrte Gegenstände wie Feuersteine oder Muscheln viele Kilometer weit gehandelt worden sind. Gleichzeitig haben die stets unsicheren Lebensbedingungen insbesondere in den Steppengebieten wiederholt zu weiten Wanderungen größerer Bevölkerungsgruppen geführt. Vor allem jedoch hat der **moderne Mensch** *(Homo sapiens sapiens)* erst vor etwa 100.000 Jahren, also vor ca. 4000 Generationen, Afrika verlassen und ist vermutlich vor etwa 400.000 bis 500.000 Jahren in einer wahrscheinlich eher kleineren Region dieses Kontinents entstanden. Alle heute lebenden Menschen sind damit deutlich näher miteinander verwandt, als es die Angehörigen der meisten anderen Säugetierarten sind [9].

Vor wenigen hunderttausend Jahren dagegen kamen Menschen zwar nur auf drei der sieben Kontinente vor (in Afrika, Asien und Europa), sie waren aber genetisch deutlich stärker differenziert als heute: In Ost- und Zentralasien gab es die **Denisovaner** und im westlichen Eurasien die **Neandertaler**. Diese beiden Populationen unterschieden sich deutlich voneinander und von der zahlenmäßig größten menschlichen Population in Afrika. Alle Menschenformen standen durch Migration zumindest zeitweilig im genetischen Austausch. Aktuelle Computermodelle [18] lassen vermuten, dass sich in einer solchen Situation fast immer die Allele der größten Population im gesamten Areal durchsetzen. Nur selten gelingt das auch den dominierenden Allelen kleinerer Bereiche des Verbreitungsgebiets, und so gut wie nie Mutationen, die am Rande des Areals auftreten. Natürlich wird dieses Muster darüber hinaus durch die natürliche Auslese beeinflusst, sodass sich vorteilhafte Mutationen wahrscheinlicher als nachteilige durchsetzen. Auch ein solcher Selektionserfolg jedoch ist wahrscheinlicher, wenn die günstigen Genvarianten aus dicht besiedelten Verbreitungszentren (beim Menschen in Afrika) und nicht aus damaligen Randgebieten wie etwa Europa stammen.

Ein solches Modell der Verdrängung randständiger Allele durch Mutationen aus dem Zentrum stimmt gut mit der beobachteten Ausbreitung des aus Afrika stammenden modernen Menschen *(Homo sapiens sapiens)* auf Kosten der eurasischen Menschenformen überein. Migration ging mit einem intensiven Genaustausch einher. Im Ergebnis blieben nur wenige Prozent der Allele der ursprünglich lokal vorkommenden Menschenformen erhalten [172]. Dabei erbten die modernen Menschen Eurasiens nur einzelne Anpassungen von ihren lokalen Vorfahren, wie z. B. eine **Denisova-Variante des Hämoglobins** mit höherer Affinität zum Sauerstoff, welche den Jetztmenschen die leichtere

Besiedelung des Tibet-Plateaus ermöglichte [89]. Das wichtigste genetische Erbe der Altvorderen waren jedoch nicht lokale Anpassungen, sondern Immunsystemvarianten, die trotz des Einstroms fremder Allele durch die Selektion auf Vielfalt der Parasitenabwehr zusammen mit den Immunallelen der Einwanderer erhalten blieben.

Andere Migranten hatten später nicht so viel Glück. Die Besiedlung Amerikas über die durch die letzte Eiszeit vorübergehend entstandene Bering-Landbrücke zwischen Nordostsibirien und Alaska vor etwas mehr als 15.000 Jahren [138] stellte ebenfalls einen Populationsengpass dar. Ältere Menschenformen gab es in Amerika nicht. Die Eroberung der Neuen Welt durch die Europäer wäre deutlich langsamer verlaufen oder möglicherweise sogar gescheitert, wenn die Schiffe außer beutehungrigen Abenteurern nicht auch zahlreiche blinde Passagiere mitgebracht hätten: Bisher in Amerika unbekannte Infektionskrankheiten wie Pocken, Grippe oder Typhus töteten sicher noch mehr Ureinwohner als es Feuerwaffen und Kavallerie vermochten. Die Ursache dafür ist einerseits im Verlust der ursprünglichen Vielfalt der Immunallele (d. h. der **Allelvielfalt der MHC-Komplexe**) durch den Populationsengpass bei der ursprünglichen Besiedlung Amerikas zu suchen als auch in der Tatsache, dass aus Amerika weitaus weniger Haustierarten als aus der Alten Welt bekannt sind. Die Uramerikaner verloren also zum einen während der Besiedlung des Doppelkontinents Immunallele und gewannen zugleich vor der Eroberung Amerikas durch die Europäer nur wenige hinzu, da sie sich relativ selten Krankheiten tierischer Herkunft aussetzten.

Umso schneller verlief die Besiedlung Amerikas durch europäische und afrikanische Einwanderer. Denn obwohl es sicher auch heute weltweit verbreitete Krankheiten amerikanischer Herkunft gibt (möglicherweise die Syphilis [106]), konnten diese die Kolonisierung Amerikas nicht merklich behindern. Die Verschleppung versklavter Afrikaner nach Amerika wurde durch diese schnelle Entvölkerung insbesondere der Karibik nach Ankunft der Spanier wesentlich mitverursacht, da es an Arbeitskräften fehlte, um die Plantagen zu bewirtschaften. Trotz der anschließenden brutalen Ausbeutung der Sklaven sind heute Allele afrikanischer Herkunft vor allem im südlichen Nordamerika und an den tropischen Küsten Mittel- und Südamerikas häufig, was sicher durch die große Immunallelvielfalt begünstigt worden ist, die die späteren Afroamerikaner übers Meer mitbrachten.

Die Zahl bedeutsamer lokaler Anpassungen ist in der menschlichen Population dagegen eher gering [210]. Zu nennen sind hier neben der schon erwähnten Höhenanpassung der Tibeter und – unabhängig davon – indigener Andenbewohner in erster Linie die **Hautfarbe.** Die Anpassung besteht hier in der Aufhellung der Haut bei der Besiedlung Asiens und Europas, um die Vitamin-

D-Produktion in der Haut bei verringerter Sonneneinstrahlung ausreichend aufrechtzuerhalten. Viele andere vermutete Anpassungen der menschlichen Art bleiben auch heute noch hypothetisch. So ist die bei Ost- und Südostasiaten fehlende **Lidspalte** zwar häufig als Adaption an weite baumlose, häufig schneebedeckte Landschaften mit ihren starken Blendeffekten interpretiert worden, ein nachvollziehbarer Beleg für diese Ansicht fehlt aber bis heute, obwohl die verantwortliche Mutation EDARV370A inzwischen gefunden worden ist. Diese Mutation ist zugleich mit zahlreichen anderen, für Ostasiaten charakteristischen Merkmalen wie dickes, glattes Haar, Ausbildung der Zähne und des Kinns verbunden, scheint aber gegenwärtig nicht mehr positiv selektiert zu werden [166].

Die gegenwärtig allmählich zunehmende Migration innerhalb und zwischen den menschlichen Teilpopulationen stellt wegen des weitgehenden Fehlens lokaler Anpassungen kein Problem dar, sondern erhält im Gegenteil im Zusammenwirken mit der anhaltenden Vergrößerung der menschlichen Gesamtpopulation mit wachsender Zuverlässigkeit die Alleldiversität des Menschen. Gleichzeitig nimmt die Bedeutung lokaler genetischer Adaptionen wie jene der Hautfarbe vor allem durch die prinzipiell mögliche Anpassung der Ernährung und entsprechender Gesundheitsvorsorge deutlich ab.

Davon unabhängig bleibt es wichtig anzumerken, dass mehrere **Rassen** innerhalb des heutigen Menschen wie auch innerhalb aller anderen natürlich entstandenen biologischen Arten grundsätzlich nicht existieren können. Würden sie existieren, könnten sie ähnlich wie biologische Arten durch den Besitz zahlreicher, nur bei ihnen vorhandener und zugleich häufiger Allele (sogenannte **private Allele**) von anderen Rassen abgegrenzt werden. Wie echte Arten könnten sie dann auch objektiv gezählt und entsprechend katalogisiert werden. Mit anderen Worten, bei natürlich entstandenen Tierformen können die Begriffe Rasse und Art gleichgesetzt werden.

Der heutige Mensch bildet eine einzige Fortpflanzungsgemeinschaft und damit eine Art (oder Rasse). Menschen haben zwar in Abhängigkeit von der relativen Nähe ihrer Herkunft unterschiedlich viele Allele miteinander gemeinsam, können aber auf dieser Grundlage nur willkürlich und nicht objektiv in Gruppen unterteilt werden. Das bedeutet, dass selbstverständlich je nach jeweiliger Formulierung von bestimmten Trennkriterien unterschiedlich viele, durchschnittlich genetisch verschiedene Menschengruppen gebildet werden können, es aber keine Möglichkeit gibt, unabhängig von vorgefassten Meinungen und Trennkriterien Rassen zu identifizieren und voreinander zu trennen, weil die Übergänge stets fließend sind.

Diese Einschätzung des **Rassebegriffs** als soziales Konstrukt – insofern es den Menschen betrifft – wird selbst heute noch, zuweilen sogar von wissenschaftlicher Seite, infrage gestellt. So werden zum Beispiel in den populären, aber von sachkundiger Hand verfassten Kriminalromanen der forensischen Anthropologin Kathy Reich Skelettreste scheinbar verschiedenen Rassen des Menschen zugeordnet. Dieses Verfahren beruht jedoch auf systematisch durchgeführten, massenhaften Vermessungen spezifischer Skelettmerkmale innerhalb einer Gruppe von Menschen, die sich zuvor selbst in einem Fragebogen bestimmten Herkunftskategorien wie europäisch („caucasic"), afrikanisch („black"), asiatisch oder nativ amerikanisch zugeordnet haben.

Diese zahlreichen an Knochen erhobenen Messwerte sind geeignet, aufgefundene Skelettreste diesen willkürlich gegeneinander abgegrenzten Gruppen mit bestimmten Wahrscheinlichkeiten zuzuordnen. Ebenso sicher ist es jedoch mit diesen Verfahren möglich, männliche US-Amerikaner der Jahrgänge zwischen 1840 und 1890 von solchen der Jahrgänge zwischen 1930 und 1980 zu unterscheiden. Auch spielt es eine wichtige Rolle, wo ein solcher Knochen gefunden wird, denn die verwendeten Merkmalsdatensätze unterscheiden sich zwischen den US-Bundesstaaten. Unabhängig davon wird auch die lokale Häufigkeit der oben genannten, vier angeblichen Rassen in die jeweilige Berechnung einbezogen. So kann es durchaus passieren, dass ein Schädel, der in Louisiana als wahrscheinlich afroamerikanischer Herkunft eingeschätzt werden würde, in Maine als ein Euroamerikaner durchginge [103], weil sowohl die zugrunde liegenden Datensätze als auch die relativen Häufigkeiten dieser Menschengruppen in beiden Bundesstaaten sehr verschieden sind.

Jedes nur in bestimmten Gebieten vorhandene Allel hat beim Menschen eine andere Verbreitung, sodass Überlagerungen dieser Allelgrenzen keine scharf gezogenen Grenzen zwischen Teilpopulationen erkennen lassen. Die stets individuelle Allelmischung eines einzelnen Menschen lässt daher auch phänotypisch stets nur bestimmte Mischungsverhältnisse „typisch" europider, negrider oder asiatischer Merkmale erkennen. Wanderungen beispielsweise entlang der afrikanischen Küste, um die exakte Grenze der Verbreitung einer angeblichen schwarzafrikanischen Rasse festzustellen, würden ergebnislos enden. Solche Suchen scheitern sowohl an den fließenden Veränderungen der durchschnittlichen Haut-, Haar- und Gesichtsmerkmale der jeweils lokalen Bevölkerung als auch an den individuellen Unterschieden zwischen den Menschen einer Siedlung.

Damit ist nicht gesagt, dass es keine von Arten unterscheidbaren **Rassen** gibt. Abhängig von der Art der Rassendefinition könnte von echten Rassen gesprochen werden, wenn beständige und wesentliche Merkmalsunterschiede nicht auf geografischen oder physiologischen Fortpflanzungshindernissen, sondern ausschließlich auf verschiedener Partnerfindung beruhen. So wurde kürzlich bewiesen, dass die Bildung der verschiedenen Arten (oder Rassen) der karibischen **Hamletbarsche** offenbar ausschließlich über eine **assortative Paarung** vonstatten ging [83]. Assortative Paarungen erfolgen nicht zwischen beliebigen Angehörigen beiderlei Geschlechter, sondern nur zwischen solchen mit gegenseitig besonders ähnlichen Merkmalen. Bei den Hamletbarschen wurde die Entstehung besonderer Paarungsvorlieben wahrscheinlich durch ihre Zwitternatur erleichtert. Sie können sich zwar nicht selbst befruchten, sich aber mit jedem anderen selbstähnlichen Fisch fortpflanzen.

Alle Hamletbarsche ähneln sich genomweit sehr. Nur vier Gene unterscheiden sich zwischen dem Schwarzen Hamletbarsch *(Hypoplectrus nigricans)*, dem Braunband-Hamletbarsch *(Hypoplectrus puella)* und dem Butter-Hamletbarsch *(Hypoplectrus unicolor)* deutlich: *sox10* (bestimmt die Färbung), *hoxc13a* (bestimmt das Muster), *casz1* (bestimmt die Entwicklung der Fotorezeptoren im Auge) und *opsin* (bestimmt die relative Empfindlichkeit des Auges gegenüber bestimmten Farben) [83]. Mit anderen Worten hat jeder Angehörige dieser sehr jungen Arten nur Augen für die eigene Schönheit und paart sich entsprechend. Eine solcherart exklusive Partnerwahl liegt der Varianz menschlicher Phänotypen natürlich nicht zugrunde.

Gute Beispiele für Rassebildungen durch einen anderen Mechanismus sind Parasitenarten, die durch den Übergang einer Teilpopulation einer ursprünglich einheitlichen Art auf einen neuen Wirt entstehen. So ist die amerikanische **Apfel-Fruchtfliege** *(Ceratitis pomonella)*, eine nahe Verwandte unserer Kirschfliege *(Rhagoletis cerasi)*, um 1850 in Neuengland aus einem fruchtbewohnenden Parasiten des Weißdorns [49] entstanden, als sich Plantagen des kurz zuvor in die USA eingeführten Apfels zunehmend ausbreiteten. Da sich diese Fruchtfliegen immer in unmittelbarer Nähe der später durch ihre Larven bewohnten Früchte finden und paaren, entstand während ihrer Evolution mit einer Vorliebe für eine neue Frucht – möglicherweise ausgelöst durch eine einzige Mutation eines Geruchsrezeptorgens – zugleich auch eine neue Rasse. Im Apfel aufgewachsene Fliegen trafen sich später zur Paarung immer am Apfel wieder und konnten sich schnell an die neue Frucht anpassen, da sie wegen ihrer Apfelpräferenz nur selten auf die nach wie vor im gleichen Gebiet vorkommende Weißdorn-Rasse trafen.

Auch hier findet also eine assortative Paarung statt, obwohl die Fliegen bei Partnerwahl ohne Obstunterstützung keinen Unterschied zwischen Weißdorn- und Apfelparasiten machen. Die praktische Trennung der Fortpflanzung beider Formen war wiederum Voraussetzung für die Anpassung der Apfelfliege an die gegenüber der Weißdorn-Frucht frühere Reife des Apfels. Der eigentlichen Rassebildung liegt hier eine wesentliche Veränderung der Lebensweise zugrunde, welche sehr spezifische Veränderungen im gesamten Genom verursacht hat [49].

Schließlich kann auch der Mensch Ursache der Entstehung von Rassen sein. So sind viele der weltweit insgesamt fast 500 verschiedenen anerkannten **Hunderassen** in der Regel zwar noch immer erfolgreich untereinander und mit Wölfen zu paaren [186]. Typischerweise aber wird dies durch oft in Verbänden organisierte, anerkannte Züchter verhindert. Zudem sind die Populationen einzelner Hunderassen trotz der großen Gesamtzahl aller Hunde weltweit meist klein und erfuhren in ihrer Geschichte oft Bestandsreduzierungen. Drittens wird vorzugsweise auf Samen besonders gut dem Rassebild entsprechender Rüden zurückgegriffen. Im Ergebnis dieser mit Populationsengpässen verbundenen, intensiven positiven Selektion auf verschiedenste Rassenmerkmale sind evolutionäre Linien entstanden, welche zahlreiche exklusive, genetisch verankerte Eigenschaften mit einer überaus geringen rasseninternen genetischen Variation verbinden. Das Auftreten zahlreicher rassespezifischer, genetisch verursachter Krankheitsbilder ist nur eine der Folgen [186]. Die genetische Vielfalt des Wolfs wurde so auf einzelne Hundelinien aufgeteilt, wobei auch insgesamt gesehen nur ein Teil der genetischen Variation der Wildart in diese Linien übergehen konnte. Im Ergebnis unterscheiden sich Hunde genetisch vor allem zwischen den Rassen und nicht zwischen verschiedenen Vertretern einer Rasse, was im völligen Gegensatz zu den Verhältnissen beim Vergleich verschiedener menschlicher Populationen steht [118, 186].

Rassen gibt es also. Von geografischen Rassen kann aber nur dann gesprochen werden, wenn durch eine langandauernde und störende Migration praktisch ausschließende Isolation tatsächlich Teilpopulationen mit jeweils spezifischen, innerhalb dieser Rassen aber weitverbreiteten Allelen entstanden sein sollten, was bei natürlichen Arten nicht oft zu beobachten ist und daher eine Behandlung als verschiedene Arten rechtfertigt, wenn sich die Grenzen der Verbreitung dieser Allele mit den Grenzen der auf Basis bestimmter Merkmale vermuteten Rassen treffen. So wurde im Ergebnis einer umfassenden genetischen Untersuchung mitteleuropäischer **Ringelnattern** [99] vorgeschlagen, die bisherige, etwas abweichend gefärbte Unterart der Barren-Ringelnatter (*Natrix natrix helvetica*) künftig als eigenständige Art *Natrix helvetica* von der gewöhnlichen Ringelnatter (*Natrix natrix*) zu trennen, da sich beide Formen durch zahlreiche, nur ihnen eigene, sogenannte private Allele verschiedener Gene unterscheiden. Beide Arten treffen am Rhein aufeinander, sodass durch diese Änderung der Systematik die Zahl der Schlangenarten Deutschlands signifikant zugenommen hat.

Häufig sind jedoch solche Rassen (oder Arten) gar nicht geografisch getrennt, sondern entstanden durch assoziative Paarung, welche durch den Ort der Paarungsfindung vermittelt sein kann (Apfel-Fruchtfliege), durch das besondere Aussehen des Partners ermöglicht wird (Hamletbarsche) oder einfach erzwungen wurde (Haustierrassen). Beim Menschen können jedoch keine Rassen abgegrenzt werden, weil der Mensch 1) durch seine erst in historischer Zeit angewachsene Populationsgröße genetisch sehr einheitlich ist und 2) Fortpflanzungshindernisse zwischen seinen Teilpopulationen nur über relativ kurze Zeiten bestanden.

Der entscheidende Beleg für das Fehlen von Rassen beim Menschen ist, dass es keine objektiv anwendbare Technik der Rassenbestimmung gibt. Denn genetische Untersuchungen, welche tatsächlich in der Lage sind, Angehörige unterschiedlicher menschlicher Teilpopulationen mit großer Sicherheit zu unterscheiden, beruhen immer auf zuvor in den entsprechenden Gebieten empirisch bestimmten Allel- oder Merkmalshäufigkeiten. Sie wurden also vorher auf die Unterscheidung dieser Populationen geeicht. Eine objektive Methode müsste jedoch in der Lage sein, die genetischen Daten einer großen Anzahl sehr verschiedener Menschen zu nutzen, um diese eindeutig und wiederholbar in mehrere verschiedene Genomtypen zu trennen, und zwar ohne jegliche Vorinformationen. Genau das ist sowohl bei den erwähnten Fruchtfliegen und Hamletbarschen als auch bei (reinrassigen) Hunden möglich. Beim Menschen funktioniert das nicht. Mehr noch, angesichts der gegenwärtig anhaltenden Vergrößerung der Reichweite menschlicher Partnerwahl verringert sich die Wahrscheinlichkeit einer Rassebildung stetig weiter.

7.3 Sexuelle oder doch persönliche Selektion?

Damit sind wir beim nächsten und vermutlich spannendsten Thema dieses Kapitels: Wodurch wird die Partnerwahl des Menschen bestimmt? Sind auch bei uns die drei für Tiere wesentlichen Bestandteile sexueller Selektion entscheidend, welche lauten: Artzugehörigkeit, passendes Geschlecht und Paarungsbereitschaft (Abschn. 5.4)? Oder achten Frauen doch auf eine besonders hohe genetische Qualität ihres Partners, während Männer vor allem die Zahl ihrer Partnerinnen vergrößern möchten?

Zur Beantwortung dieser Frage wäre es zunächst einmal hilfreich, das **Paarungssystem** des Menschen zu kennen. In seinem sehr lesenswerten Buch über die Fortpflanzung der Affenarten im Allgemeinen und des Menschen im Besonderen *(Alles begann mit Sex)* stellte Robert D. Martin [139] fest, dass unsere Verwandten ganz unterschiedliche Formen der Partnerschaft pflegen: Gibbons sind monogam, männliche Gorillas verfügen sexuell über eine Anzahl von Weibchen (Polygamie), und bei Schimpansen paaren sich mehrere Männchen mit mehreren Weibchen (Promiskuität). Bei einzelnen anderen Affenarten herrscht es übrigens die Sitte, dass ein Weibchen durch mehrere Männchen begattet wird (Androgamie).

Ein Blick auf unseren Stammbaum hilft also nicht wesentlich weiter, wenn wir nach dem ursprünglichen Paarungssystem des Menschen fragen. Zwar sind die promiskuitiven Schimpansen unsere nächsten Verwandten, doch schon der nächste Abzweig des Stammbaums in Gestalt der Gorillas handhabt seine Partnerfindung gänzlich anders, und wir sind mit ihnen kaum weniger nah verwandt als mit den Schimpansen.

Selbst die Auskünfte unserer Anatomie sind widersprüchlich: Einerseits spricht der deutliche Geschlechtsdimorphismus des Menschen gegen Monogamie. Gleichzeitig deutet die relativ geringe Hodengröße sowie der Bau der Spermien auf weitgehend fehlende Spermienkonkurrenz hin, was Promiskuität unwahrscheinlich macht [139]. Die körperliche Überlegenheit des Mannes ist im Gegensatz zu den Verhältnissen bei Gorillas nicht stark ausgeprägt, sodass auch Polygamie nur möglich, nicht aber wahrscheinlich ist. Tatsächlich wird das Paarungssystem des Menschen seit Jahrtausenden vor allem ökonomisch und nicht wesentlich biologisch bestimmt, und so kommt es, dass alle genannten Paarungssysteme (unter Einschluss der Androgamie) mit Ausnahme der erbrechtfeindlichen Promiskuität je nach Gesellschaftsordnung vorkommen. In den modernen Gesellschaften hat sich jedoch die **Monogamie** umfassend durchgesetzt.

Von den jeweiligen Rechtsverhältnissen einmal abgesehen, sind die sexuellen Aktivitäten einzelner Menschen – noch mehr als bei anderen Tieren – sehr verschieden. Offensichtlich müssen die von uns genannten drei Bedingungen der Partnerwahl für Sex im Allgemeinen nicht unbedingt erfüllt sein und schon gar nicht gleichzeitig. Sexuelle Auslese findet jedoch nur statt, wenn auch Nachkommen entstehen, und deshalb sind die richtige Art (Bedingung 1) und das jeweils andere Geschlecht (Bedingung 2) für im biologischen Sinne erfolgreichen Sex notwendig. Die dritte Bedingung hat sich gegenüber unseren tierischen Vorfahren jedoch deutlich verändert: Die Paarungsbereitschaft des Menschen ist nicht mehr saisonal gebunden, sondern sehr individuell verteilt das ganze Jahr über vorhanden. Das Leben in immer komplexer werdenden, großen und sozial verschachtelten Gruppen sowie der persönlich sehr unterschiedliche Umfang sozialen Kontaktes bietet zusammen mit einer praktisch immer vorhandenen Paarungsbereitschaft sehr vielfältige Möglichkeiten, potenzielle Partner in mehr oder weniger großer Zahl verschieden lang kennenzulernen und zu vergleichen. Die Folge sind sehr individuelle Muster sexueller Kontaktaufnahmen mit verschieden langen Kennlernphasen vor dem Sex. Auch die Zahl der letztendlich gewählten Partner kann stark schwanken, obwohl eine relativ dauerhafte Paarbindung allgemein dominiert.

Es ist banal, aber notwendig festzustellen, dass bloße Paarungsbereitschaft beim Menschen klar von einer Fortpflanzungsbereitschaft zu trennen ist. Ein nötiges Mindestmaß von Lebensstandard und Bildung ermöglicht Frauen und Männern die Kontrolle ihrer Fortpflanzung unabhängig von ihrer sexuellen Aktivität. Da sexuelle Selektion sich eben nicht auf sexuelle Handlungen, sondern auf gezeugten Nachwuchs bezieht, hat sie sich demzufolge beim Menschen grundlegend verändert. Er hat sich auch hier im beträchtlichen Maß von der Natur emanzipiert. Eine Voraussetzung dafür ist die heute erreichbare, sehr geringe Kindersterblichkeit: Ein sehr hoher Anteil der Neugeborenen erreicht auch die Fortpflanzungsfähigkeit. Deshalb genügen nur wenig mehr als zwei Kinder zur einfachen Reproduktion. Der Fortpflanzungspartner kann entsprechend sorgfältig ausgesucht werden, weil bei beiden Geschlechtern über Dutzende Jahre hinweg gute Chancen zur persönlichen Reproduktion gegeben sind.

Biologische Einschränkungen der Fortpflanzungsfähigkeit treten nicht selten auf. Doch es gibt heute medizinische Verfahren, den Kinderwunsch auch dann wahr werden zu lassen. Die natürliche Fertilität von Männern und Frauen wird dabei künstlich angehoben, d. h., die natürliche Auslese wird zugunsten der sexuellen Auslese umgangen. Unter diesen Umständen erscheint so etwas wie eine **Auswahl „Guter Gene"** durch eine auf die genetische Qualität späterer gemeinsamer Kinder abzielende Wahl des Partners plausibel.

Bisher existieren dafür aber – wie bei Tieren – keine überzeugenden Belege. Auch der Mensch scheint nicht fähig, die Güte der Allele seiner Sexualpartner realistisch zu beurteilen. So kam eine aktuelle vergleichende Untersuchung optischer Anziehungskraft und bestimmter Merkmale körperlicher Gesundheit bei jungen Australiern zu dem Ergebnis, das sexueller Erfolg und Gesundheit nicht signifikant zusammenhängen [63]. Die Attraktivität der jungen Frauen und Männer als Sexualpartner hatte in dieser Studie keine Beziehung zu verschiedenen Leistungsparametern des Immunsystems oder zur Qualität der männlichen Gameten, obwohl zumindest die Gesichtssymmetrie und damit ein wichtiger Teil körperlicher Anziehungskraft durchaus durch krankheitsbedingte Störungen der individuellen Entwicklung beeinträchtigt werden kann. Allerdings zeigen zahlreiche Untersuchungen, dass auch die angenommene Entsprechung zwischen der Symmetrie der linken und rechten Körperhälfte und der Qualität des Immunsystems bestenfalls schwach, oft aber gar nicht gegeben ist [162]. Kurz gesagt, es ist scheinbar nicht möglich, die Gesundheit seiner Kinder durch die Auswahl eines besonders hübschen Partners zu verbessern.

Das bestätigte auch eine andere aktuelle Studie, die sich nicht auf die tatsächliche Leistungsfähigkeit, sondern auf den genetischen Aufbau des Immunsystems bezog [239]. Hier wurden nicht weniger als 34 bisherige Untersuchungen über dieses Thema zusammengefasst. Diese Auswertung der genetischen Vielfalt und der genetischen Verschiedenheit der Partner untereinander zeigte, dass es, wenn überhaupt, nur eine sehr schwache, nicht signifikante Tendenz zur Wahl eines immunogenetisch verschiedenen Partners gibt, obwohl eine solche Neigung oft angenommen wird. So sollen sich zukünftige Paare auch unter dem Einfluss ihres Körpergeruchs finden, der tatsächlich von den sehr verschiedenen Immunallelen des MHC-Komplexes mitbestimmt wird. Offensichtlich ist der körpereigene Duft des Partners beim Menschen unwichtig für die sexuelle Auslese, denn obwohl dazu bereits zahlreiche Untersuchungen durchgeführt wurden, konnten insgesamt keinerlei messbare Einflüsse aufgedeckt werden. Auch die Entfernung kulturell bedingter Einflüsse aus den Daten wie etwa der Antibabypille oder die Benutzung von Parfüm änderte nichts an diesem negativen Ergebnis.

Dieselbe Untersuchung [239] konnte aber anhand der Auswertung von 10 anderen Analysen feststellen, dass das Ausmaß der Verschiedenheit der Immunallele im Partner selbst eine nachweisbare Rolle spielt. In Zahlen ausgedrückt, suchen wir demnach unseren Partner zu etwa 2 % nach der Diversität seiner Immunallele aus. Das scheint den oben genannten Ergebnissen [63] zu widersprechen, da ja diese Unterschiedlichkeit der Allele sich in einer überdurchschnittlichen Gesundheit des Partners selbst ausdrücken müsste. Vielleicht wird jedoch dieser relativ geringe Anteil unserer Entscheidung schon durch einen völlig plausiblen Ausschluss von vergleichsweise öfter kränkelnden Personen abgedeckt, die eben aus diesem Grund nur begrenzt Gelegenheit zur Partnerwahl haben. Davon unabhängig unterliegen die hier ausgewerteten, teilweise auf Befragungen beruhenden Untersuchungen an Menschen stets, insbesondere aber wenn sie sehr persönliche Dinge wie sein Sexualleben berühren, besonderen Einschränkungen der Glaubwürdigkeit [119].

Aber der Mensch hat als Forschungsobjekt nicht nur Nachteile, sondern auch aufschlussreiche Besonderheiten. Frauen haben heute nicht nur die Möglichkeit, sich ohne Kinderwunsch für einen Sexualpartner zu entscheiden, sondern auch, Kinder von Wunschmännern ohne persönliche Bekanntschaft zu bekommen. Zwar ist diese Freiheit durch rechtliche Hindernisse durchaus eingeschränkt, hat aber bereits Studien ermöglicht, die sich mit der **Spermienwahl bei künstlicher Befruchtung** befassen. So bevorzugten 1546 australische Frauen Samen von möglichst jungen und möglichst hoch gebildeten Männern [233]. Leider wurde die körperliche Attraktivität der Spermienspender nicht erfasst. Zudem lässt die ein wenig mangelhafte Darstellung der Studienergebnisse nicht erkennen, welche Eigenschaften der Samenspender insgesamt aktenkundig wurden, ohne auch nur einen geringen messbaren Einfluss auf die Entscheidung der Frauen zu haben. In jedem Fall ist die Bevorzugung von Jugend und Bildung natürlich sehr vernünftig, entspricht allerdings zugleich auch allgemeinen Tendenzen sexueller Selektion, da diese beim Menschen neben körperlicher **Anziehungskraft** auch eine möglichst angesehene soziale Stellung des potenziellen Partners einschließt.

Allerdings lässt sich diese besondere, weil soziale Attraktivität nicht einfach mit Macht oder Reichtum übersetzen, sondern resultiert aus zahlreichen Faktoren, die sich vielleicht am einfachsten als durchschnittliche Beliebtheit des Partners in der sozialen Gemeinschaft zusammenfassen lassen. Und diese Beliebtheit ist zweifelsohne ein sehr guter Gradmesser für die allgemeine Menschlichkeit der entsprechenden Person (nicht zu verwechseln mit seinen mehr oder weniger humanistischen Ansichten), womit wir wieder beim ersten, sehr wichtigen Faktor sexueller Selektion sind – der Artzugehörigkeit. Da unsere Art nicht nur biologisch evolviert, sondern sich auch kulturell entwickelt, wird der Maßstab der Artzugehörigkeit zunehmend kulturell überformt: Ein sexuell erfolgreicher Artgenosse ist deshalb nicht nur ein schöner, sondern auch ein sozial beliebter Mensch. Damit übereinstimmend entsprechen Durchschnittsgesichter unseren Vorstellungen von Schönheit im Allgemeinen gut (z. B. [157]). Im Besonderen werden solche Vorstellungen aber immer noch durch persönliche Erfahrungen beeinflusst, die wir mit besonders beliebten Mitmenschen gemacht haben, selbst wenn diese positiven Erfahrungen im Grunde gar keine eigenen sein sollten, sondern nur durch die modernen Medien Film, Fernsehen, Internet und Presse vermittelt wurden.

Wie steht es nun mit dem zweiten Faktor sexueller Selektion, der Erkennung des anderen Geschlechts? Grundsätzlich sollte das ja beim Menschen kein Problem sein, da er über ausgeprägte, auch äußerlich gut erkennbare **sekundäre Geschlechtsmerkmale** verfügt. So sind relativ breite Hüften, eine schmale Taille, große Brüste, ein schmales Kinn, volle Lippen, eine schmale Nase, hohe Wangenknochen sowie ein weitgehend unbehaarter Körper frauentypisch und erhöhen – jeweils unabhängig voneinander – ihre Attraktivität für Männer [22]. Es handelt sich hier um sekundäre weibliche Geschlechtsmerkmale, welche in ihrer Ausprägung wie die weibliche Fruchtbarkeit vom jeweiligen Ausmaß der Perfektion hormoneller Steuerung abhängig sind. Sie zeigen also Weiblichkeit an. Ihre Schönheit liegt im Auge des Sexualpartners. Das heißt jedoch nicht, dass sexuelle Selektion stets die entscheidende oder auch nur eine wesentliche Ursache für die Entstehung dieser Merkmale war.

Die im Allgemeinen – ethnologisch und kulturgeschichtlich gesehen jedoch nicht immer (Abb. 7.3) – attraktiv empfundene, oben beschriebene Sanduhrform des weiblichen Körpers lässt sich z. B. hauptsächlich auf schon bei den nichtmenschlichen Vorfahren bestehende Anpassungen an die Schwangerschaft, an die allmähliche Vergrößerung des Kopfes bei Neugeborenen und vor allen auf den aufrechten Gang zurückführen. Denn erstens hat sich die

Abb. 7.3 Große Nachbildung der Statuette der **Venus von Willendorf**, errichtet am Fundort nahe der Donau in der Wachau, Österreich. Die Originalfigur ist etwa 29.500 Jahre alt und stammt damit aus einer Zeit zunehmender Vereisung und zurückgehender Bevölkerungsdichte. Deshalb könnte die Figur nicht nur als Symbol weiblicher Fruchtbarkeit gedient haben, sondern auch ein Ausdruck des Sehnens nach reichlicher Nahrung gewesen sein. Entsprechend schwankt die Wertschätzung eines schlanken Körperbaus beträchtlich zwischen den Zeiten und Kulturen [22]. (©Grit Göpfert-Krauß [2015].)

Hüfte im Zusammenhang mit der Kopfvergrößerung verbreitert [231]. Zweitens wird eine fortgeschrittene Schwangerschaft bei gleichzeitig aufrechtem Gang durch die Verlagerung der Fettbildung sowie von großen Organen wie den Lungen aus der Bauchgegend in andere Körperregionen erleichtert. Die schmale weibliche Taille dient also der Reproduktion selbst, nicht der Anziehung der männlichen Augen zuvor. Und drittens ist auch die durch eine starke Vermehrung von Bindegewebe entstandene **weibliche Brust** vermutlich eine Konsequenz des ausdauernden aufrechten Gangs, denn das langanhaltende Stillen könnte sonst zu für Mutter und Kind fatalen, durch ständige Reibung locker hängender Zitzen an der Haut verursachten Brustentzündungen führen [107].

Die typisch weibliche Figur ist also allem Anschein nach eine Konsequenz des aufrechten Gangs und der Vergrößerung des Kopfes, zweier Eigenschaften, die unmittelbar zur Emanzipation des Menschen von der Natur geführt haben. Das schließt nicht aus, dass sexuelle Auslese diese Merkmale im Sinne der **Selbstläufer-Selektion** verstärkt hat. Wenn jedoch davon ausgegangen wird, dass ausgeprägte weibliche Rundungen Jugend, Gesundheit und „Gute Gene" anzeigen und somit ausschließlich der sexuellen Selektion unterliegen, würde das überhaupt nicht erklären, warum gerade diese doch sehr menschlichen Geschlechtsmerkmale entstanden sind. Weder ein haarloser Körper – welcher zudem beinahe im gleichen Grade auch bei Männern ausgeprägt ist – noch ein weiblicher Busen hat sich bei irgendeinem anderen landbewohnenden, nicht besonders großen Säugetier entwickelt. Warum nicht, wenn die sexuelle Selektion doch bei allen Säugern wirkt?

Die Antwort fällt nicht schwer: Wie bei allen anderen evolutionären Vorgängen kommt es auch hier zu einem Zusammenwirken unterschiedlicher Ursachen, die nur gemeinsam eine Erklärung für Art und Ausprägung neuer Merkmale bieten können. Diese gemeinsamen Ursachen wirkten nur während der Evolution des Menschen und nicht während der Evolution anderer Säugerarten. Auch die weitgehende Haarlosigkeit des menschlichen Körpers beider Geschlechter ist nicht in erster Linie auf sexuelle Ursachen zurückzuführen, sondern wohl vor allem eine Konsequenz des ausdauernd schnellen, zweibeinigen Laufens bei der Nahrungssuche [120]. Es scheint allerdings möglich, dass der Bart der Männer ebenso wie ihr allgemein breiteres, robuster gebautes Gesicht das Resultat einer Auslese zwischen Rivalen sein könnte (optische und tatsächliche Vergrößerung und Schutz des Kopfes), woraus wiederum eine allgemein stärkere Behaarung des Mannes als Nebenwirkung entstanden sein könnte, denn die Meinung der Frauen zur Attraktivität von Bärten oder Körperbehaarung bei Männern ist durchaus geteilt [68].

Das menschliche Beispiel der Evolution neuer Geschlechtsmerkmale belegt also, dass ihre Entstehung keineswegs notwendigerweise an sexuelle Selektion geknüpft sein muss. Es zeigt darüber hinaus, dass die Erkennung der Fortpflanzungsbereitschaft jegliche Bedeutung für die Partnerwahl verlieren kann, wenn langandauernde Paarbindungen innerhalb eines sozialen Verbandes entstehen. Unter diesen Umständen kam es zu einem weitgehenden Verlust der Periodizität sexueller Kontakte. Eine weitere notwendige Voraussetzung ist dafür allerdings eine praktisch vollständige Unabhängigkeit der Fortpflanzung von den Umweltbedingungen, wie er bei Tieren und Pflanzen sonst fast nur unter permanent tropisch feucht-warmen Verhältnissen gegeben ist.

Unter unseren nächsten Verwandten ist dies von den **Bonobos** *(Pan paniscus)* bekannt. Sex findet hier ständig statt und dient neben der Fortpflanzung auch dem sozialen Zusammenhalt, was unter anderem durch die Häufigkeit homosexueller Handlungen belegt wird [5]. Daraus ergibt sich aber keineswegs, dass Frauen in Abhängigkeit ihrer Zyklusphase ihren bevorzugten Sexualpartner wechseln würden, wie zuweilen auf Grundlage unzureichend durchgeführter Studien behauptet wird (z. B. [223]). Besonders männlich wirkende Männer mit ausgeprägt schulterbetontem, muskulösem Oberkörper (V-Form) werden, völlig unabhängig vom Wechsel fruchtbarer und unfruchtbarer Zyklusphasen, durch Frauen gegenüber solchen Männern vorgezogen, die eher ausgeglichene Breiten von Schultern und Hüften aufweisen [68].

Daraus ergibt sich insgesamt, dass die drei wesentlichen Elemente der Partnererkennung – Artzugehörigkeit, Geschlechtszugehörigkeit und Fortpflanzungsbereitschaft – in unterschiedlicher Weise durch das soziale Zusammenleben und die in diesen Gemeinschaften entwickelte Kultur beeinflusst werden. Während die Artzugehörigkeit unverändert wichtig bleibt, erfüllen homoebenso wie heterosexuelle Beziehungen die zusätzliche Funktion der Sexualität für die Aufrechterhaltung des sozialen Zusammenhalts. Jahreszeitliche und empfängnisbedingte Schwankungen sexueller Aktivitäten schwächten sich wegen dieser permanenten sozialen Funktion ab. Sex dient beim Menschen genau wie bei Menschenaffen weit öfter der Pflege sozialer Beziehungen als der unmittelbaren Fortpflanzung. Deshalb verloren auch körperliche Vorzüge als Kriterium der Partnerwahl gegenüber der allgemeinen sozialen Beliebtheit an Boden.

In diesem Zusammenhang ist es weiterhin aufschlussreich, dass die sozialen Gemeinschaften des Menschen im Stadium der Jäger und Sammler nicht nur durch Verwandtschaftsbeziehungen unter ihren Mitgliedern aufrechterhalten werden. Paarbeziehungen spielen hier ebenfalls eine wichtige Rolle. Bei sozial lebenden Tieren wandert fast immer nur eines der beiden Geschlechter beim Erwachsenenwerden aus der Gemeinschaft aus, um sich anderen Gemeinschaften anzuschließen, oder solche Gemeinschaften bilden sich periodisch von Grund auf neu. Beim Menschen wandern sowohl junge Frauen als auch junge Männer ab, während Geschwister beiderlei Geschlechts bei ihrer Gruppe verbleiben [84]. Nachbargruppen entwickelten dadurch stabile, auf Verwandtschaft basierende Netzwerke, welche eine der Voraussetzungen für die Bildung immer größerer sozialer Gemeinschaften wurden.

Es soll hier nicht verschwiegen werden, dass die Bildung einer Sozialpartnerschaft auch bei ganz anderen Tierarten zuweilen wichtiger als die Anbahnung einer Fortpflanzung sein kann. In der ostasiatischen **Termitenart** *Reticulitermes speratus* bilden nicht nur verschiedengeschlechtliche, sondern auch gleichgeschlechtliche Tiere oft Paare [149]. Während die Weibchenpaare eine Kolonie durch **Parthenogenese** bilden können, sind zwei Männchen dazu nicht in der Lage. Für alle Termiten scheint jedoch eine gegenseitige Körperpflege überlebensnotwendig zu sein, sodass reife, aus ihrer Mutterkolonie abwandernde Männchen nur durch Paarbildung längere Zeit überleben können. Häufig kommt es dann innerhalb des von den Tieren bewohnten und zugleich verzehrten Totholzes zu einer Begegnung und darauffolgenden Verschmelzung verschiedener Kolonien, sodass auch scheinbar schwule Termitenpaare später nicht selten noch Gelegenheit bekommen, mit einem Weibchen ein Termitenvolk zu gründen. Geschlechtsreife Termiten vertragen sich jedoch nur zu zweit, ganz gleich, welches Geschlecht sie haben: Überschüssige Tiere sterben bei einer solchen Kolonieverschmelzung schnell.

Es gibt also nicht nur beim Menschen starke Abweichungen von gemeinhin üblichen Mustern partnerschaftlicher Beziehungen. Bei uns wurden diese Veränderungen allerdings weniger von strikten ökologischen Erfordernissen erzwungen als durch kulturelle Umwälzungen möglich gemacht. Wenn es also beim Menschen natürliche Muster sexueller Beziehungen geben sollte, so 1) sind sie wegen des inzwischen sehr starken und zugleich sehr verschiedenen kulturellen Einflusses sehr schwer empirisch zu ermitteln, und 2) könnten sie unter diesem Einfluss bereits mehr oder weniger vollständig verschwunden sein, ganz ähnlich wie die Veränderung der menschlichen Ernährung durch die Landwirtschaft zu mehrheitlicher Laktosetoleranz und allgemein besserer Stärkeverwertung geführt hat.

Mit diesen kulturellen Einflüssen könnte es zusammenhängen, dass sich gleich und gleich beim Menschen gern gesellt. Dazu zählen solche Eigenschaften wie Bildungsgrad, Körperfülle und Größe, wie eine Studie an mehr als 7000 britischen und US-amerikanischen Paaren feststellte [178]. Dabei ist es nicht offensichtlich, woher diese Vorliebe für besonders ähnliche Artgenossen rührt: Von der bevorzugten sozialen Gruppe, aus der der Partner ausgesucht wird, aus der unmittelbaren Partnerwahl oder aus der Ähnlichkeit der Lebensbedingungen, die sich bei den untersuchten Paaren im Laufe der Zeit eingestellt hat. Es ist plausibel – wenn auch nicht erwiesen – dass dies sehr verschieden ist. So ist die tatsächliche Größe der Partner exakt so stark proportional zueinander wie ihre jeweilige genetische Veranlagung zum Körperwachstum. Da sich die Körpergröße bei Erwachsenen nicht mehr wesentlich ändert, weist dies auf einen bestimmenden Einfluss unmittelbar bei der Partnerwahl hin. Der Schlankheitsgrad der Partner ist dagegen deutlich stärker miteinander korreliert als ihre entsprechenden genetischen Veranlagungen. Da sich der Körperumfang schnell ändern und damit anpassen kann, ist dies wohl zum Teil erst nach der Paarung geschehen. Und schließlich ähnelten sich die kognitiven Fähigkeiten der Partner deutlich weniger als ihre einschlägigen genetischen Voraussetzungen. Das ist möglicherweise ein Hinweis, dass die Partner sich in einem entsprechend ähnlichen sozialen Umfeld fanden, diese Eigenschaft aber selbst keine wesentliche Rolle bei der Partnerwahl spielte.

7.4   Alles für das Kind?

Die Brutpflege des Menschen zeichnet sich gegenüber allen anderen Tieren durch eine besondere Länge und Intensität aus. Darüber hinaus lösen sich Frauen und Männer in der Regel nie völlig aus dem sozialen Zusammenhang, in den sie ihre Geburt gestellt hat. Die ungewöhnliche Ausdehnung des kompliziert abgestuften Netzes sozialer Beziehungen bewirkt, dass ein Mensch lebenslang durch seine soziale Herkunft, also durch sein Elternhaus, aber auch durch die Normen seiner engeren und weiteren gesellschaftlichen Abhängigkeiten, also durch seine berufliche Tätigkeit, seine Dorfgemeinschaft oder sein Stadtviertel, seine eventuelle Religionszugehörigkeit und sein Land geprägt wird.

Heranwachsende Menschen werden jedoch keineswegs nur vom gesellschaftlichen Konsens beeinflusst. Je nach seiner Stellung zur gesellschaftlichen Produktion, d. h. nach dem Anteil, den dieser Mensch an der Organisation, der Durchführung und an der Nutzung menschlicher Arbeit hat, wird er ein komplexes Verhältnis zu seinen Mitmenschen aufbauen, das aus Kooperationen und Konflikten besteht. Der Mensch als zutiefst soziales Lebewesen ist dabei darauf angewiesen, seinen Beitrag zur menschlichen Gesellschaft zu leisten, um von ihr die Mittel zum Leben zu erhalten. Zugleich hat er, allerdings in Abhängigkeit von seiner sozialen Stellung im unterschiedlichen Grade, die Möglichkeit, in seinem Sinne auf diese soziale Umwelt einzuwirken.

Obwohl menschliche Gesellschaften erst im Laufe der letzten Jahrtausende die heute ausgeprägte Komplexität entwickelt haben, lebte der Mensch zweifellos schon vor dem Beginn seiner Existenz als eigenständige Art, ebenso wie seine nächsten Verwandten Schimpanse, Bonobo und Gorilla, in Gemeinschaften. Eine entsprechend lange soziale Lernphase war schon für diese Menschenaffen und damit auch für die unmittelbaren Vorfahren des Jetztmenschen charakteristisch. Das war zugleich eine notwendige Voraussetzung für die lange körperliche und geistige Reifezeit des Menschen. Die soziale Lebensweise förderte die Entstehung überlegener geistiger Eigenschaften durch die Bereitstellung einer langfristig fördernden Umwelt. Im Unterschied zu seinen Verwandten ist der menschliche Säugling allerdings wieder zum Nesthocker geworden, was sicher wesentlich mit der nach der Geburt noch lange anhaltenden Phase des Gehirnwachstums zusammenhängt.

Die Fortpflanzung von Affen ist abhängig von den Lebensbedingungen der Gruppe und von ihrer eigenen Stellung innerhalb der Gruppe. Hunger und Verfolgung stören die hormonelle Regulation und können so die Paarung oder die Aufzucht des Nachwuchses verhindern. Menschliche und tierische Gemeinschaften wachsen deshalb stets nur beim Vorliegen hinreichend günstiger Umweltbedingungen. Eine Besonderheit der menschlichen Kultur ist es jedoch, dass diese Bedingungen zunehmend durch die Sozialverbände der Menschen selbst geschaffen wurden und werden. Menschliche Erfindungen wie etwa Pflanzenzucht und Tierhaltung vergrößerten die menschliche Population sprunghaft. Umgekehrt wuchs die menschliche Population z. B. nach der verheerenden europäischen Pestepidemie des 14. Jahrhundert wieder schnell an, solange die Leistungsfähigkeit der mittelalterlichen Landwirtschaft dies erlaubte. Beides wird gut belegt in einer lesenswerten, modernen Entstehungsgeschichte der heutigen menschlichen Population, die Johannes Krause und Thomas Trappe 2019 vorlegten [106].

Dennoch ist beim Menschen wie auch bei allen Tieren kein allgemeines, also biologisch begründetes Interesse an der eigenen Fortpflanzung nachweisbar. Zwar begünstigen Menschen immer diejenigen Mitglieder ihrer Gesellschaft, von deren Kooperation sie ihrerseits profitieren können. Verwandtschaft ist jedoch nicht Voraussetzung, sondern nur eine häufige Begleiterscheinung für eine solche Bevorzugung, da der soziale Status bei gemeinschaftlich lebenden Säugern nicht genetisch, sondern in Abhängigkeit von der Stellung der unmittelbar versorgenden Erwachsenen vererbt wird [92].

Im Abschn. 6.2 wurde festgestellt, dass der Zeitpunkt der Alterung vielzelliger Organismen wesentlich durch den Wechsel der Umweltbedingungen einerseits und den Zeitpunkt der Geschlechtsreife andererseits beeinflusst wird. Bei Menschen kommt noch die Tatsache hinzu, dass die Sammlung lebenswichtigen Wissens, d. h. die Erfahrung, für unsere Lebenstauglichkeit wegen unserer überlegenen Gehirnkapazität eine besonders große Rolle spielt. Ältere Menschen können das Schwinden jugendlicher Kraft in gewissem Grade durch den Gewinn von Erfahrung wettmachen. Dies hat ohne Zweifel eine wachsende Lebenserwartung begünstigt, kann aber sowohl Ursache als auch Folge dieser Entwicklung sein.

Ein Trend zur Erhöhung der Lebenserwartung bei gleichzeitiger Verlängerung der Individualentwicklung bis zur Fortpflanzungsfähigkeit zeichnet schon die Wirbeltiere gegenüber den wirbellosen Tieren, die Säuger gegenüber den anderen Wirbeltieren, die Primaten (Affenverwandte) gegenüber anderen Säugetieren sowie die Menschenaffen gegenüber anderen Affenarten aus ([79], S. 17). Eine mögliche Ursache für die Verlangsamung der Individualentwicklung scheint dabei die Evolution von im Verhältnis zum Körper immer größeren Gehirnen zu sein. Das erfordert eine genügend lange Lebenserwartung, um nicht nur ausreichend Nachkommen zu zeugen, sondern sie auch aufzuziehen, d. h. erfolgreich Brutpflege über die besonders langen menschlichen kindlichen und jugendlichen Entwicklungsphasen hinweg zu betreiben.

In diesem Zusammenhang ist es bemerkenswert, dass der Mensch neben dem Schwertwal *(Orcinus orca)* und dem Kurzflossen-Grindwal *(Globicephala macrorhynchus)* zu den ganz wenigen Arten zählt, welche regelmäßig den Zeitpunkt des Eintritts der weiblichen Unfruchtbarkeit um viele Jahre überleben [35]. Das passt selbstverständlich sehr gut zur langen Individualentwicklung, weil auf diese Weise praktisch alle Kinder einer Mutter von ihr selbst vollständig aufgezogen werden können. George C. Williams [236] vermutete als Erster bereits 1957, dass diese lange vor dem Lebensende eintretende Unfruchtbarkeit der Frau durch natürliche Auslese entstanden sein könnte. Diese Ansicht wurde unter der Bezeichnung „**Großmutter-Hypothese**" bekannt.

Diese Hypothese erscheint plausibel, da inzwischen empirisch nachgewiesen werden konnte, dass Frauen nach der **Menopause** nicht nur das Überleben eigener Kinder, sondern auch das ihrer Enkel fördern können [35], indem sie ihre Töchter, welche hauptsächlich mit den jüngsten Nachkommen beschäftigt sind, in vielfältiger Weise entlasten und unterstützen. Außerdem konnten Brent et al. [20] zeigen, dass bis zu 90 Jahre alte **Schwertwal**-Weibchen ihre sozialen Verbände wirksam beim Überleben insbesondere in Hungerjahren unterstützen, obwohl sie ab dem Alter von etwa 40 Jahren selbst nicht mehr fruchtbar sind. Die Autoren vergaßen jedoch zu erklären, 1) warum die Männchen der Schwertwale kaum älter als 50 Jahre werden (obwohl sie vermutlich bis an ihr Lebensende fruchtbar bleiben) und 2) warum so viele andere soziale Säuger keine hilfreichen, aber bereits unfruchtbaren Großmütter kennen. Es ist weitaus wahrscheinlicher, dass die Menopause ein Nebenprodukt der begrenzten Haltbarkeit einer begrenzten Menge fruchtbarer Eizellen einerseits und einer Lebensverlängerung durch gegenseitig vermitteltes, soziales Erfahrungslernen andererseits ist [88]. Das Überleben bereits unfruchtbarer Weibchen nutzt so zwar auch ihren Nachkommen, ist aber nicht aufgrund dieser Hilfe so lang.

Die Großmutter-Hypothese ist beim Menschen noch aus anderen Gründen abzulehnen. Selbst um 1900 lag die jährliche Sterbewahrscheinlichkeit von Schweden nicht wesentlich niedriger als jene in traditionellen Jäger-und-Sammler-Gemeinschaften [24]. Demgegenüber ist die jährliche Sterberate heute im gleichen Land für alle Altersstufen unter etwa 50 Jahren um ein Vielfaches gesunken. Das bedeutet, dass die Zahl der durch ihr Alter bereits unfruchtbar gewordenen Frauen in traditionellen menschlichen Gesellschaften stets sehr niedrig gewesen sein muss, sodass ihr förderlicher Einfluss auf das Überleben ihrer Kinder und Enkel insgesamt gering blieb. Darüber hinaus beweist der beeindruckende Rückgang der Sterberate in wenig mehr als hundert Jahren, dass er nicht auf genetische Veränderungen, sondern auf die Schaffung einer menschenfreundlichen Umwelt durch den Menschen zurückzuführen ist. Die hilfreiche Großmutter gab es sicher schon lange, wie z. B. interessante Studien über **gegenseitige Unterstützung bei asiatischen Elefanten** *(Elephas maximus)* nahelegen [169], ihr massenhaftes Auftreten ist beim Menschen jedoch auf das Industriezeitalter zurückzuführen.

Das lenkt unsere Aufmerksamkeit wiederum auf einen Aspekt, der bei evolutionsbiologischen Betrachtungen nicht nur, aber vor allem des Menschen meist systematisch vernachlässigt wird. Die gerade erwähnten thailändischen Elefanten zeigten eine deutliche, gegenseitige Empathie, ohne dass sie dazu verwandt sein mussten [169]. Auch die von entwickelten menschlichen Gesellschaften geschaffenen zentralen Einrichtungen für die menschliche „Brutpflege", wie z. B. Geburtskliniken, Kindertagesstätten, Schulen, Ferienlager, Berufsschulen und Universitäten, werden in der Regel ohne Rücksicht auf Verwandtschaften betrieben, sieht man einmal von der Zugehörigkeit zur Art Mensch ab. Es ist offensichtlich, dass es sich beim Menschen um ein biologisch sozial bestimmtes Wesen handelt, dessen Einstellung gegenüber Sozialpartnern nicht so sehr durch das Ausmaß der genetischen Verwandtschaft, sondern durch eine Wechselwirkung zwischen Vertrautheitsgrad, Beliebtheit, Kindchenschema und sexueller Attraktivität bestimmt wird. Dementsprechend gestaltet sich auch das emotionale Verhältnis zwischen den Generationen. Das schließt weder Konflikte um knappe Ressourcen noch sexuelle Konflikte aus. Genauso wenig wie bei Tieren liegen jedoch den Verhältnissen zwischen Frauen und Männern sowie zwischen Eltern und Kindern komplexe Verwandtschaftsberechnungen zugrunde, wie sie im Rahmen soziobiologischer Hypothesen oft vermutet werden, aber noch nie schlüssig belegt werden konnten.

8

Wie Sex die Hemmungen der Konkurrenz umgeht

Evolution wird nicht durch Konkurrenz, sondern durch die Erschließung und Erweiterung ökologischer Nischen angetrieben. Das setzt nützliche Mutationen voraus, die nur um den Preis zahlreicher schädlicher Mutationen zu haben sind. Sexualität ermöglicht es, auch in kleinen Populationen die Spreu nachteiliger genetischer Veränderungen vom Weizen vorteilhafter Allele zu trennen. Deshalb ist sie für komplexes Leben unverzichtbar. Entgegen ursprünglicher Vermutungen ist sexuelle Selektion dagegen nur eine unvermeidliche Folge und keine Funktion der Sexualität. Es wird begründet, inwiefern Darwins Modell der Bedeutung der Sexualität und der Evolution insgesamt falsch ist.

As natural selection acts by competition, it adapts and improves the inhabitants of each country only in relation to their coinhabitants; so that we need feel no surprise at the species of any one country ... being beaten and supplanted by the naturalized productions from another land.

Weil natürliche Selektion durch Konkurrenz agiert, werden die Einwohner jedes Landes nur im Verhältnis zu den anderen Einwohnern desselben Landes angepasst und verbessert ... und können deshalb durch Einwanderer aus einem anderen Land geschlagen und ersetzt werden. [Übersetzung des Autors]

With animals having separate sexes, there will be in most cases a struggle between the males for the possession of the females. The most vigorous males, or those which have most successfully struggled with their conditions of life, will generally leave most progeny.

Bei Tieren mit getrennten Geschlechtern findet in den meisten Fällen ein Kampf zwischen den Männchen um den Besitz der Weibchen statt. Die kräftigsten Männchen oder jene, die am erfolgreichsten ihre Lebensbedingungen bewältigen konnten, werden im Allgemeinen die zahlreichste Nachkommenschaft hinterlassen. [Übersetzung des Autors]

(Darwin, The Origin of Species [43], Chapter 15 – Recapitulation And Conclusion)

Die Sexualität wurde seit Darwin oft als großes Rätsel [202, S. 180] oder sogar als das Königsproblem der Evolution [13] bezeichnet. Tatsächlich ist sie schwieriger als viele andere Eigenschaften der Lebewesen zu verstehen. Wie die obigen Zitate aus dem abschließenden Kapitel der *Entstehung der Arten durch natürliche Zuchtwahl* jedoch belegen, behinderten Vorurteile von Anfang an den Erkenntnisprozess.

Denn weder Evolution im Allgemeinen noch sexuelle Partnerwahl im Speziellen wird – wie Charles Darwin annahm – durch Konkurrenz zwischen Individuen verursacht. Individuen wetteifern zwar um geeignete Lebensbedingungen wie auch gegebenenfalls um Sexualpartner, aber diese Konkurrenz ist keine Voraussetzung für die natürliche Selektion, wie im ersten Zitat vermutet. Sie ist auch nicht Voraussetzung für den allgemeinen Evolutionsprozess, im Gegensatz zu den einerseits unvermeidlichen und andererseits unerlässlichen Mutationen. Letztere wirken durchschnittlich schwach fitnessvermindernd, sodass die Auslese vor allem dazu dient, diese schädliche Variation auszumerzen.

Die vorhandene genetische Vielfalt besteht also nicht, wie noch immer oft angenommen, in einem reichen Fundus alternativer, aber potenziell wertvoller Genvarianten (oft **Genpool** genannt), sondern aus mehr oder weniger neutral, seltener negativ und noch seltener positiv auf die Fitness wirkenden Allelen. Selektion wirkt deshalb ständig dem mutativen Zerfall des funktionellen Allelbestandes entgegen.

Das kann geschehen, indem die Zahl der Mutationen selbst verringert wird. Entsprechend der **Drift-Balance-Hypothese** [204] kann das nur bei einer wesentlichen und dauerhaften Vergrößerung der Population eintreten. Eine Verkleinerung der Lebewesen während der Evolution macht das möglich. Wasserlinsen – auch als Entengrütze bezeichnet – bedecken kleine nährstoffreiche, stehende Gewässer in Mitteleuropa oft völlig mit einem grünen Teppich, der bei näherem Hinsehen aus vielen winzigen, nur 0,3 bis höchstens 15 mm großen schwimmenden Blütenpflanzen besteht. Allerdings blühen Wasserlinsen nur selten und pflanzen sich meist durch Sprossung, also ungeschlechtlich, fort. Die **Vielwurzelige Teichlinse** *(Spirodela polyrhiza)* erreicht dabei eine effektive Populationsgröße von etwa einer Million und zugleich eine Rate von nur 0,004 Mutationen je Generation bezogen auf den proteinkodierenden, also funktionellen Teil ihres Genoms [243]. Trotz weltweiter Verbreitung ist die genetische Vielfalt dieser Teichlinsenart deshalb relativ gering. Das ist ein deutlicher Hinweis, dass Diversität nicht immer vorteilhaft sein muss, denn ein großer Genpool übersetzt sich gerade bei vielzelligen Lebewesen lediglich in eine große Menge meist nachteiliger, also belastender Mutationen.

Eine Verschärfung der Auslese durch eine verstärkte **innerartliche Konkurrenz** – also mehr Nachkommen und mehr frühe Sterblichkeit bei gleichbleibender Populationsgröße – kann den Evolutionsprozess dagegen nicht wesentlich beeinflussen. Wenn tatsächlich ein Effekt solcherart erhöhter Dichte nachweisbar sein sollte, dann steigert dieser die Fitness nicht, sondern senkt sie, was unter anderem durch Laborexperimente an der Taufliege *Drosophila melanogaster* belegt werden konnte. Denn einerseits führt eine hohe Populationsdichte zu starker Belästigung gerade der besonders attraktiven Weibchen durch die Männchen [248], andererseits begünstigt die dadurch ebenfalls verstärkte sexuelle Selektion Inzucht [247], neutralisiert also die positive Wirkung der Sexualität. Dementsprechend können nachteilige Mutationen schneller aus Taufliegen-Populationen entfernt werden, wenn diese in geringerer Dichte und unter abwechslungsreicheren Umweltbedingungen, d. h. naturnäher, im Labor gehalten werden [193].

Die Anhäufung meist mehr oder weniger schwach negativ wirkender Mutationen im Laufe der Zeit kann nur verhindert werden, wenn die sich stets erneuernde, aber eben meist schädliche genetische Vielfalt immer wieder miteinander gemischt wird. Die entstehende große Zahl der Neukombinationen ermöglicht zufällige Anreicherungen nachteiliger oder nützlicher Mutationen in verschiedenen Individuen, welche dann entsprechend negativ oder positiv selektiert werden können. Sex schafft so Ersatz für eine große Zahl von Individuen, mit deren Hilfe wie bei Bakterien jede Mutation einzeln ausgelesen, also anhand der Umweltbedingungen bewertet werden könnte.

Deshalb ist Sex umso wichtiger, je mehr neue Mutationen je Generation ertragen werden müssen. An dieser nackten Tatsache wird erneut deutlich, dass Evolution auch ganz ohne Konkurrenz unvermeidlich ist: Die ständige Veränderung der Lebewesen könnte nur vermieden werden, wenn Mutationen durch einen entsprechend exakten DNA-Kopier- und Korrekturapparat völlig ausgeschlossen werden könnten. Ein solche Vollbremsung der Evolution ist jedoch ein Widerspruch in sich: Auslese kann eine solche Perfektion nicht erreichen, *auch* weil die betroffenen Organismen wegen mangelnder Veränderlichkeit aussterben würden. Der unvermeidbare Preis für diese notwendige Veränderlichkeit ist deshalb die Unvollkommenheit. Optimal gestaltete Lebewesen gibt es also nicht.

Die Funktion der Sexualität lässt sich nur verstehen, wenn sie im Rahmen einer Population von Lebewesen betrachtet wird und nicht etwa als eine für ein einzelnes Individuum nützliche Funktion. Das erkannte schon August Weismann (1834–1914), der Entdecker der Keimbahn der Tiere. Er vermutete,

dass Sexualität der Auslese die nötige Variabilität zur Verfügung stellt [232].
Diese noch unbestimmt formulierte Hypothese fand zunächst Akzeptanz. Im
letzten Drittel des 20. Jahrhunderts jedoch gewannen strikte Vertreter einer
Individual- oder Genselektion an Einfluss. Für sie war es undenkbar, dass Se-
lektion zugunsten einer Gruppe sich sexuell fortpflanzender Lebewesen statt-
finden könnte [237]. Es wurde stattdessen erfolglos nach einem Vorteil der
Sexualität für das Individuum gesucht. In dieser geistigen Tradition steht die
Aussage, dass Sex das „Königsproblem" der Evolutionsbiologie sei [13].

Individuelle Selektion kann jedoch schon aus logischen Gründen keine
Grundlage für ein Verhalten liefern, welches stets die Kooperation zweier genetisch verschiedener Individuen erfordert. Aus dieser Erwägung heraus entstanden viele Konzepte sexueller Selektion, die annahmen, dass beide Geschlechter
das jeweils andere zu ihrem eigenen Vorteil auszunutzen versuchen würden.
Solche Vorstellungen können aber nicht darüber hinwegtäuschen, dass ein
erfolgreiches geschlechtliches Fortpflanzungsereignis – in welchem Umfang
sich die Mitwirkung beider Geschlechter auch unterscheidet – immer Nachkommen beider Beteiligter zu gleichen Anteilen erzeugt, also im wesentlichen
Kooperation, d. h. erfolgreiches Gruppenverhalten ist. Das geht auch über
Darwins originale Sicht des Evolutionsprozesses hinaus. Er sah die Konkurrenz zwischen Individuen als Voraussetzung der Evolution:

*As many more individuals of each species are born than can possibly survive; and as,
consequently, there is a frequently recurring struggle for existence, it follows that any
being, if it vary however slightly in any manner profitable to itself, under the complex
and sometimes varying conditions of life, will have a better chance of surviving, and
thus be NATURALLY SELECTED. From the strong principle of inheritance, any
selected variety will tend to propagate its new and modified form.*

Weil viel mehr Individuen geboren werden als überleben können, kommt es
zwischen ihnen zu einem andauernden Kampf ums Überleben. Daraus folgt, dass
jedes Wesen, wenn es auch nur ein wenig in vorteilhafter Art und Weise in seiner
Fähigkeit zum Überleben unter den komplexen und sich mitunter verändernden
Lebensbedingungen unterscheidet, NATÜRLICH SELEKTIERT wird. Wegen
des starken Prinzips der Vererbung wird sich jede selektierte Varietät in der neuen
und modifizierten Form fortpflanzen. [Übersetzung des Autors]
[Darwin, The Origin of Species [43], Introduction]

Dieses Prinzip, dass die Auslese einzelner Individuen selbst zur allmählichen
Veränderung der Organismen einer Art führt, zählt damit zu den Fundamenten
des klassischen Darwinismus. Es wird auch heute noch zuweilen stark betont:

Selektion stellt den zentralen Mechanismus der Evolution dar. Sie beruht auf dem unterschiedlichen Fortpflanzungserfolg (= Fitness) von selektierten Einheiten (Individuen bzw. Allelen).
[Zrzavy et al., Evolution [252, S. 12]]

In Übereinstimmung damit weigern sich manche evolutionsbiologische Lehrbücher heute noch, ein überzeugendes Argument für die Evolution der Sexualität anzugeben (z. B. [202]).

Ich habe in diesem Buch versucht darzustellen, dass die **Funktion der Sexualität** in der Erhaltung einer Abstammungslinie von Organismen, welche Art genannt wird, besteht [33]. Einzelnen Individuen sich sexuell fortpflanzender Arten ist es aus oft vielfältigen, genetisch verankerten strukturellen Gründen unmöglich, sich *asexuell, also individuell* fortzupflanzen. Dies gilt umso mehr, je komplexer der entsprechende Organismus aufgebaut ist. Gelingt **klonale Fortpflanzung** dennoch, so ist diese Art der Fortpflanzung entweder in bestimmten Entwicklungsphasen oder Jahreszeiten völlig normal oder begründet besondere asexuelle Linien, deren Weiterexistenz durch die allmähliche Zerstörung ihrer genetischen Architektur begrenzt zu sein scheint. Während Einzellern in Abhängigkeit von der Größe ihrer Population die dauerhaft asexuelle Existenz noch möglich ist, verbietet sie sich regelmäßig für Mehrzeller.

Gerade scheinbare Ausnahmen dieser Regel wie z. B. **bdelloide Rädertiere** zeigen das in eindrucksvoller Weise. Diese mikroskopisch kleinen Bewohner schnell austrocknender Wasseransammlungen nehmen in einem für Tiere ungewöhnlichen Umfang Fremd-DNA anderer Rädertiere als auch vieler weiterer Nachbarorganismen auf, wenn ihre Zellen durch Trockenphasen geschädigt werden. Im Ergebnis enthalten die Genome dieser sich strikt asexuell vermehrenden Verwandtschaftsgruppe einen Flickenteppich von Genen unterschiedlichster Herkunft [45]. DNA-Rekombination erfolgt hier also so chaotisch wie in vielen Bakterien, was aber wahrscheinlich nur deshalb möglich ist, weil die Populationsgrößen dieser ebenfalls sehr kleinen Organismen deutlich größer als jene anderer Mehrzeller sind. Unter diesen Umständen kann **horizontaler Gentransfer** Sexualität ersetzen.

Die daraus zu schlussfolgernde Funktion der Sexualität als Mechanismus der Arterhaltung wird heute dennoch oft entschieden abgelehnt (z. B. [234]). Diese Ablehnung ist jedoch nicht haltbar, weil sie sich im Wesentlichen auf das **Axiom individueller Konkurrenz** stützt, welches Darwin aus Thomas Robert Malthus' Werk *Essay on the Principle of Population* [136] übernahm. Er setzte dafür die sozial sehr ungleiche britische Gesellschaft mit einer typischen Population von Lebewesen gleich. Organismen einer Art vererben jedoch keine Adelstitel, Vermögen, Bauernhöfe, Handwerksstätten oder Bettlerschalen, sondern einander sehr ähnliche Genome, welche während der sexuellen Fortpflanzung ständig umfassend miteinander neu kombiniert werden.

Im England des 19. Jahrhunderts war es schwer, aber nicht unmöglich, seine soziale Stellung zu verändern. Eine solcherart veränderte gesellschaftliche Position wurde – zum Vor- oder Nachteil – vererbt, konnte aber schon in der folgenden Generation wieder aktiv verändert werden. Das war vom eigenen Agieren und vom gesellschaftlichen Umfeld abhängig. Ein Lebewesen jedoch muss mit seinem genetischen Erbe auskommen. Es ist weder Organismen noch deren Umwelten möglich, Genome nach Bedarf zu verändern. Darwin war dagegen überzeugt, dass Lebewesen nicht nur genau dies tun, sondern ihre Erbsubstanz überhaupt *nur dann* variieren, *wenn* sich ihre Umwelt tatsächlich

Darwins Modell   **Heutiges Modell**

Mutationen:
haben nur winzige Fitnesseffekte, werden stets durch Umwelt ausgelöst und sind zum Teil direkt fitnessfördernd

Mutationen:
meist quasi neutral, wenn nicht, dann meist nachteilig und mit sehr unterschiedlichen Fitnesseffekten

Konkurrenz:
begünstigt Selektion vorteilhafter Mutationen

Konkurrenz:
kann die Selektion vorteilhafter Mutationen erschweren, wenn durch sie die Populationsgröße vermindert wird

Sexualität:
ermöglicht durch sexuelle Selektion Konkurrenzverschärfung, ist jedoch für die stetige Fitnesserhöhung prinzipiell verzichtbar

Sexualität:
wird benötigt, um die wenigen vorteilhaften Mutationen von den vielen nachteiligen zu trennen, ist für Fitnesserhöhung daher unverzichtbar

Evolution:
führt in jeder Generation zu Fitnessgewinnen

Evolution:
kann in Abhängigkeit von Populationsgröße auch zu Fitnessverlusten führen

Abb. 8.1 (Fortsetzung)

◀ **Abb. 8.1** (Fortsetzung) Vergleich des Darwin'schen und des heutigen Modells der Variation am Beispiel des gesamten Genoms eines Wirbeltiers. Darwins Modell der Variationsentstehung stützt sich auf Winthers Analyse der Entwicklung des Pangenesis-Modells durch Darwin [240]. Die grafische Repräsentationen der **Fitnesseffekte** (oberhalb = positiv, unterhalb = negativ, Größe = Ausmaß der Fitnessänderung) sind natürlich nur Skizzen der jeweiligen Tendenzen, die wesentliche Eigenschaften beider Modelle beispielhaft zeigen sollen (vergleiche Bildtext). Die Wirkung dieser unterschiedlichen Varianzmodelle auf die (innerartliche) Konkurrenz, Sexualität und Evolution könnte unterschiedlicher kaum sein. Während die Konkurrenz zwischen den Individuen in Darwins Modell die Evolution wesentlich antreibt, ist sie im heutigen Modell zwar unvermeidlich, hat aber keine evolutionsbeschleunigende Wirkung, da möglichst viele Individuen einer Art sowohl das Auftreten neuer nützlicher Mutationen als auch ihre Durchsetzung durch Selektion fördern. Das starke Überwiegen nachteiliger gegenüber vorteilhaften Mutationen setzt regelmäßigen Sex zwingend voraus, um der Art Fitnessgewinn zu erlauben. Die physiologische Unmöglichkeit, dass die Nachkommen eines einzelnen Organismus die Population dominieren, schützt die Art vor dem mutativen Zerfall. Demgegenüber steht im Darwin'schen Modell jeder Organismus für sich allein, seine Nachkommen könnten wegen des Überwiegens vorteilhafter Mutationen ohne Sex in jeder Generation ihre Fitness erhöhen. Sex scheint nur der Erhöhung der Konkurrenz durch die zusätzlich notwendige Wahl eines willigen Fortpflanzungspartners zu dienen. Seine Entstehung ist deshalb im Rahmen des Darwin'schen Modells nicht erklärbar. Gleichzeitig wird verständlich, warum für Darwin die sexuelle Selektion der wichtigste Aspekt der Sexualität war. (© Veiko Krauß [2018])

ändert. Er entwickelte auf dieser Grundlage die **Pangenesis-Hypothese,** wonach ausschließlich durch Umwelteinflüsse gezielte und ungezielte Änderungen des vererbbaren Merkmalsbestandes beliebiger Organismen hervorgerufen werden können [240]:

If it were possible to expose all the individuals of a species during many generations to absolutely uniform conditions of life, there would be no variability.

Wenn es möglich wäre, alle Individuen einer Art über viele Generationen völlig unveränderlichen Umweltbedingungen auszusetzen, gäbe es keine Variabilität. [Übersetzung des Autors]

[Darwin, The Variation of Animals and Plants under Domestication, Volume II [42, S. 308]]

Dieses von Darwin angesprochene Experiment wird seit Jahrzehnten von Richard Lenski und seiner Arbeitsgruppe an der Michigan State University in East Lansing mit dort dauerkultivierten Stämmen des Darmbakteriums *Escherichia coli* durchgeführt. Die evolutionären Vorgänge, die entgegen Darwins Erwartung dabei beobachtet wurden, zeigten unter anderem, dass die konkrete Gestalt der auftretenden Mutationen bei parallelen, voneinander unabhängigen Ansätzen unterschiedlich und trotz gleicher Umweltbedingungen zu unterschiedlichen Resultaten führten (z. B. [16]).

Darwins Pangenesis-Modell enthielt weiterhin die ebenfalls unter anderem vom oben genannten Langzeitexperiment widerlegte Vorstellung, dass diese vererbbaren Veränderungen (die ich hier im Folgenden als Mutationen bezeichnen möchte, obwohl Darwin diesen Begriff nicht verwendete) stets nur winzige Veränderungen der Organismen auslösen würden und dass sie zum Teil direkt die Fitness des Organismus unter den entsprechenden Umweltbedingungen fördern würden. Darwin machte keine Aussagen darüber, ob nachteilige oder vorteilhafte Mutationen überwiegen. Da er jedoch annahm, dass diese angeblich stets durch die Umwelt ausgelösten Veränderungen zum Teil direkt der Anpassung an die gegebenen Bedingungen dienen, ist es plausibel, in einer vergleichenden Darstellung mit einem heutigen Mutationsmodell von einem Überwiegen vorteilhafter Mutationen in seinem Modell auszugehen (Abb. 8.1).

Obwohl das Darwin'sche Modell der Variationserzeugung also offensichtlich falsch ist, wird die Konkurrenz zwischen den Individuen in manchen evolutionsbiologischen Lehrbüchern oft immer noch als eine wichtige Triebkraft der Evolution angesehen:

Der Evolutionsmechanismus beruht auf der Konkurrenz unter zahlreichen einzigartigen Individuen um begrenzte Ressourcen.
[Storch et al., Evolutionsbiologie [203, S. 29]]
Zu den wichtigsten Veränderungen der 'neuen' Evolutionsbiologie zählen die Komponenten der Spieltheorie, Strategien und Gegenstrategien, aber auch die Betonung der dynamischen, wirklich biologischen Aspekte. Die aktive Konkurrenz zwischen Allelen und Organismen hat das ursprüngliche 'Anpassen an die Umweltbedingungen' abgelöst.
[Zrzavy et al., Evolution [252, S. 147]]

Konkurrenz zwischen Individuen kann diese Rolle aber nicht übernehmen, weil Neumutationen viel häufiger nachteilig als vorteilhaft sind und deshalb allen mehrzelligen Organismen der genetische Zerfall durch die Anreicherung zahlreicher leicht nachteiliger Mutationen droht. Dokumentiert wurde ein entsprechender Aussterbeprozess nur deshalb noch nicht, weil er sehr viel Zeit braucht. Wenn die Mutationsrate von Bakterien jedoch durch spontane Mutationen des Korrekturapparats deutlich erhöht wird, kann man diesen Zerfallsvorgang beobachten [34].

Das kann nur durch sexuelle Neukombination mit Artgenossen verhindert werden. Dabei setzt kein einzelnes Individuum seine besonders vorteilhafte genetische Konstitution durch. Ganz im Gegenteil können nur viele Individuen gemeinsam eine solche überlegene genetische Konstitution immer wieder neu zusammensetzen. Eine starke **sexuelle Selektion** wie etwa bei Pferden oder bestimmten Robbenarten behindert diese günstige Wirkung der Sexualität (Kap. 5), kann sie aber nicht wesentlich unterdrücken [164]. Sexuelle Auslese ist daher eine notwendige Folge, aber keine Funktion der Sexualität, wie es Darwin und die Vertreter der verschiedenen „Gute-Gene-Hypothesen" annahmen.

Das wird beispielhaft deutlich, wenn die Abhängigkeit dieser Form der Selektion von Umweltbedingungen untersucht wird. Auf der südostkanadischen, isolierten Atlantikinsel Sable Island leben seit über 200 Jahren kleinwüchsige, verwilderte Pferde. Die Hengste versuchen, wie andere Pferde auch, möglichst viele Stuten als Harems gegen andere Hengste zu verteidigen. Interessant ist, dass die Größe der Harems nicht nur vom Geschlechtsverhältnis, sondern auch von der Menge des Sommerniederschlags auf der Insel abhängig ist [137]. Je mehr Niederschlag fällt, umso gleichmäßiger können sich die Pferde auf der langgestreckt säbelförmigen Insel verteilen, da dann mehr Wasserstellen zur Verfügung stehen. Das verkleinert die Zahl der Stuten pro Hengst, gibt aber mehr Hengsten die Möglichkeit, sich an der Fortpflanzung zu beteiligen. Sommerregen fördert hier also direkt die genetische Vielfalt.

Die Entstehung der Sexualität erscheint noch heute rätselhaft, wenn innerartliche Konkurrenz als wesentliche Triebkraft der Evolution angesehen wird, denn ihre entscheidende Besonderheit besteht in der Vereinigung zweier Zellen. Wie konnte es dazu kommen? Mögliche Schritte wurden in Abb. 1.2 vorgestellt. Neues entsteht in der Evolution natürlich nicht durch die Lösung eines durch die Umwelt gestellten Problems, obwohl solche Vermutungen in manchen evolutionsbiologischen Texten zu finden sind. So würde ein menschlicher Konstrukteur vorgehen. Neues entsteht in der Regel, indem bereits bestehende Strukturen neue Funktionen erhalten und infolgedessen umgeformt werden [74]. Die wichtigste Voraussetzung für die Entstehung der Sexualität war vermutlich das mehr oder weniger regelmäßige Eintreten von Stoffwechselruhephasen aufgrund von Nahrungsmangel, Frost oder Trockenheit. Wachstum ist unter diesen Bedingungen unmöglich. Die Überdauerung dieser ungünstigen Verhältnisse wird durch Diploidisierung, Zellverschmelzung und Chromosomenstückaustausch mit Reparatur jeweils wahrscheinlicher. Diese **Evolution der Meiose** fand wahrscheinlich etwa zeitgleich mit der Entstehung der Eukaryoten statt [113]. Sie setzte sich durch, weil Eukaryoten wegen ihrer neu entstandenen Kernmembran die Möglichkeiten der genetischen Rekombination, welche Prokaryoten offen stehen, viel seltener nutzen können (Kap. 3, [140]).

Wenn nicht Konkurrenz zwischen Verwandten, sondern vielmehr die Wechselwirkung zwischen Mutation, Selektion, genetischer Kopplung, Drift und Rekombination sowie die Erschließung neuer Nischen die Evolution vorantreibt [107], ist es nicht nur jedem Lebewesen, sondern erst recht auch jedem

Gen oder Allel unmöglich, auf sich allein gestellt zu evolvieren. Angeblicher Egoismus *und* Altruismus dieser Genombestandteile ist daher nicht nur tatsächlich, sondern auch im übertragenen Sinn unmöglich und keine produktive Fragestellung der Evolutionsbiologie.

Kurz, ohne Sexualität gäbe es keine Tiere, Pflanzen und Pilze, die ihre Lebensfähigkeiten angesichts zahlreicher Mutationen nur durch beständigen Austausch ihrer Allele in ihren relativ kleinen Populationen aufrechterhalten, verändern und ausbauen können. Vielfalt kann so nur in Einheiten genetischen Austausches gedeihen. Konkurrenz ist stets eine Konsequenz der Reproduktion der Organismen, nicht aber Bedingung für ihre Evolution.

Glossar

Allel Ein Allel (eine Variante eines → Gens) entspricht einer bestimmten DNA-Sequenz eines Gens. Ein neues Allel entsteht durch → Mutation aus einem anderen Allel desselben Gens.

Allel, privates Ein privates → Allel ist eine Variante eines → Gens, welche nur in einer bestimmten → Population vorkommt.

Art: biologisches Artkonzept Eine Art wird durch eine → Population aus einander ähnlichen → Organismen gebildet, welche sich miteinander genetisch austauschen können. Alle Artgenossen passenden Geschlechts können sich zu diesem Zweck miteinander fortpflanzen. Genaustausch (→ Fortpflanzung, sexuelle) zwischen verschiedenen Arten wird durch Kreuzungsschranken ver- oder zumindest behindert.

Befruchtung, äußere Eine Form der Befruchtung, bei der sich Tiere zwar paaren, aber nicht kopulieren. Die → Eizellen werden vom Weibchen abgegeben, bevor sie befruchtet werden.

Befruchtung, innere Erfordert bei Tieren eine Kopulation der Sexualpartner. Die Befruchtung der Eier findet nach dem Eindringen der Spermien im weiblich agierenden Tier statt. Infolgedessen obliegt es dem Weibchen, durch die Wahl des Orts der Eiablage die Entwicklung der Nachkommen zu fördern.

Biofilm Schleime oder Krusten, entstehend durch gemeinsames Wachstum von Mikro- und Kleinorganismen innerhalb sich selbst organisierender, relativ stabiler Schichten auf festen oder flüssigen Oberflächen. Die beteiligten Organismen unterstützen und schützen sich gegenseitig durch umfassende Wechselwirkungen und schaffen sich so gegenseitig förderliche Umweltbedingungen.

Chromosom Ringförmig geschlossener oder mit → Telomeren ausgestatteter → DNA-Doppelstrang in einer Zelle. Das Chromosom ist fähig zur → Replikation und umfasst auch stabil gebundene → Proteine und → RNA-Moleküle.

Crossing-over Austausch homologer → DNA-Abschnitte zwischen den gepaarten → Chromosomen während der → Meiose. Dient sowohl der stabilen Paarung der homologen Chromosomen als auch der Neukombination ihrer → Allele.

Diploidie Eigenschaft des doppelten Chromosomensatzes innerhalb der Körperzellen vieler → Eukaryoten, besonders der Mehrzeller unter ihnen. Die → Chromosomen der entsprechenden Chromosomenpaare werden als homolog zueinander bezeichnet, tragen typischerweise dieselben → Gene in Form oft unterschiedlicher → Allele und stammen – bei → sexueller Fortpflanzung – jeweils ausschließlich von der Mutter oder vom Vater.

DNA Desoxyribonukleinsäure (DNS, englisch DNA) ist ein aus Phosphorsäure, dem Zucker Desoxyribose und den Basen Adenin, Cytosin, Guanin und Thymin aufgebautes, langkettiges Molekül. Es entsteht auf natürliche Weise nur in lebenden Zellen und tritt dort als DNA-Doppelstrang (DNA-Doppelhelix) auf. Das → Genom aller → Organismen, der Mitochondrien, der Chloroplasten und mancher DNA-Viren besteht aus dieser Form der DNA. Andere DNA-Viren enthalten nur einen DNA-Einzelstrang.

Draft, genetischer Draft beschreibt die Tendenz, dass → Allele durch → Selektion von auf demselben → Chromosom benachbarten Allelen seltener oder häufiger werden. Drafteffekte sind umso stärker, je stärker die Selektion und je schwächer die → Rekombination zwischen den beiden Allelen ist. Ein Drafteffekt ist also die Folge der Kopplung von mindestens zwei Genen auf einem Chromosom.

Drift, genetische Zufällige Änderung der Häufigkeit einer Genvariante (eines → Allels) im Laufe der Evolution. Ihr Anteil an den evolutionären Veränderungen einer Art ist umso größer, je kleiner die Population dieser Art ist.

Eizelle Bevorrateter und unbegeißelter, also weiblicher → Gamet. Verschmilzt mit dem Spermium zur → Zygote, der ersten (oder einzigen) Zelle eines neuen → diploiden → Organismus.

Eukaryot Lebewesen mit echtem Zellkern, welcher aus → Chromatin, Kernplasma und Kernmembran besteht. Im Unterschied zu den Bakterien und Archaeen mit frei im Zellplasma schwimmendem Erbmaterial können Eukaryoten auch mehrzellig sein (Pflanzen, Pilze und Tiere).

Evolution Evolution ist ein durch zufällige Veränderungen (→ Mutationen) getriebener Prozess mehr oder weniger erfolgreicher Reproduktion

(→Selektion) genetisch voneinander verschiedener Lebewesen, Viren oder Organellen. Er wird durch Zufälle (→Drift, genetische) sowie durch die Kopplung von →Allelen (→Draft, genetische) beeinflusst. Diese Beeinflussung durch Drift und Draft kann durch genetische →Rekombination (z. B. bei →sexueller Fortpflanzung) zugunsten eines stärkeren Einflusses der Selektion verringert werden.

Expression Wörtlich „Ausdruck". Ein Gen wird exprimiert, indem es →transkribiert (alle Gene) und, wenn möglich (nur proteinkodierende Gene, keine RNA-Gene), →translatiert wird. Seine Wirkung drückt sich in seinem Einfluss auf den →Phänotyp aus.

Fitness Die Fitness (relative oder reproduktive Fitness) eines →Organismus wird errechnet als Verhältnis der Anzahl seiner Nachkommen zur durchschnittlichen Anzahl der Nachkommen aller Individuen seiner →Art. Die durchschnittliche Fitness (Anzahl der Nachkommen) wird üblicherweise gleich 1 gesetzt, sodass eine Fitness größer 1 eine höhere Nachkommenzahl als durchschnittlich bedeutet.

Fortpflanzung, sexuelle Vorgang, welcher die Erzeugung von Nachkommen mit genetischer →Rekombination verbindet. Die sexuelle Fortpflanzung besteht aus zwei oft zeitlich weit getrennten Vorgängen, 1) aus einer speziellen Form der Zellteilung namens →Meiose zur zufälligen Auswahl eines einfachen Satzes von →Chromosomen aus einem doppelten Satz sowie 2) aus der Fusion zweier durch Meiose entstandener Zellen in der Befruchtung. Eine Verschmelzung zweier Meioseprodukte desselben Individuums, d. h. eine Selbstbefruchtung, unterläuft die →Funktion der Rekombination, sodass im Laufe der →Evolution verschiedene Mechanismen zur Vermeidung solcher Kurzschlüsse entstanden. Die verbreitetste Form effektiver Vermeidung von Selbstbefruchtung besteht in getrenntgeschlechtlichen →Organismen.

Funktion, biologische Eine biologische Funktion ist die unterstützende Rolle einer Struktur (z. B. eines →Proteins) oder eines Prozesses (z. B. der →Meiose) für die Reproduktion eines →Organismus.

Gameten sind →haploide Zellen, welche ein →diploider →Organismus durch →Meiose für die Verschmelzung mit den Gameten eines anderen Organismus zur diploiden →Zygote bildet. Die verschmelzenden Gameten können einander gleichen (Isogamie) oder voneinander verschieden sein (→Eizelle und Spermium).

Gen Ein Gen ist eine genomische →Sequenz, welche vom Transkriptions- bzw. Translationsapparat einer Zelle zur Herstellung eines oder mehrerer →funktioneller Moleküle (Proteine oder →RNA-Moleküle) genutzt wird. Wenn zur Herstellung verschiedener funktioneller Moleküle einander überlappende DNA-Sequenzen benötigt werden, dann umfasst ein Gen alle diese Sequenzen und kann auf diese Weise als Matrize für mehr als ein funktionelles Molekül dienen.

Gen, springendes →Transposon

Genom Das Genom eines →Organismus ist die Gesamtheit seiner Erbsubstanz. Bei Bakterien sind das meist mehrere →DNA-Moleküle sehr unterschiedlicher Größe, die frei im Zellplasma schwimmen. Bei →Eukaryoten gehören das Kerngenom (die →Chromosomen im Kern) und die relativ kleinen, sich unabhängig von Kerngenom replizierenden DNA-Moleküle der →Mitochondrien und der nur bei Pflanzen vorhandenen →Chloroplasten zum Genom.

Genomgröße Wird in Nukleotiden (einfacher Nukleinsäurestrang) oder Basenpaaren (Doppelstrang) der DNA oder RNA angegeben. 1000 Basenpaare sind ein Kilo-Basenpaar (kb), 1.000.000 Basenpaare ein Mega-Basenpaar (Mb) und 1.000.000.000 Basenpaare ein Giga-Basenpaar (Gb).

Genotyp Der Genotyp ist die Gesamtheit der Erbsubstanz eines Individuums. Man spricht vom Genotyp und nicht vom →Genom, wenn 1) die Erbsubstanz eines bestimmten Individuums gemeint ist bzw. wenn 2) die Erbsubstanz als Summe bestimmter →Allele und nicht als eine Anzahl von →Chromosomen (→DNA-Molekülen) aufgefasst wird. Grundsätzlich bedeuten Genom, Genotyp, Erbsubstanz sowie der leicht irreführende Begriff der Erbinformation jedoch das Gleiche.

Genpool Der Begriff Genpool beinhaltet die Gesamtheit der →Allele einer →Population. Das mit diesem Begriff verbundene Modell der →Evolution, Populationen könnten aus einer der vielen, jeweils für verschiedene Umweltbedingungen verschieden geeigneten Allelen eines →Gens je nach den konkreten Umständen wählen, ignoriert den meist vernachlässigbaren oder nachteiligen Charakter der →Funktionsveränderungen der Allele, die unterschiedlichen Wechselwirkungen der Allele untereinander sowie die Kopplung der Gene auf den Chromosomen. Allele existieren nur vorübergehend, weil sie nicht nur durch →Selektion, →Drift oder →Draft verschwinden, sondern auch durch →Mutation in neue Allele umgewandelt werden können. Aus diesen Gründen wird die Evolution durch die Wechselwirkung der Evolutionsfaktoren Mutation, Selektion, Drift und →Rekombination angetrieben und lässt sich nicht befriedigend als Änderung der Häufigkeit bestehender Allele durch Selektion beschreiben.

Gentransfer, horizontaler (HGT) Unter einem horizontalen Gentransfer (auch als lateraler Gentransfer bezeichnet) versteht man die Übertragung eines oder mehrerer danach wieder funktionierender →Gene von einer Organismenart zu einer anderen ohne Mitwirkung sexueller →Rekombination.

Hürden für den erfolgreichen Transfer sind 1) der erfolgreiche Import und Einbau fremder →DNA, 2) eine erfolgreiche →Expression der Gene in der neuen Zelle und 3) die Wirkung des neuen Genproduktes auf den →Organismus.

Gute-Gene-Hypothese Nicht eindeutig abgrenzbare Varianten dieser spekulativen Vorstellung sind Sexy-Son-Hypothese und Handikap-Hypothese. Nach Gute-Gene-Hypothesen wird angenommen, dass Weibchen einer →Art sich bevorzugt mit Männchen paaren, die Merkmale tragen, welche besonders hohe Überlebens- und Paarungsfähigkeiten anzeigen. Weibchen, welche solche Männchen bevorzugen, sollten demnach durch diese Bevorzugung besonders zahlreich überlebende Kinder haben. Männliche Nachkommen sollten diese väterlichen Merkmale erben. Weibliche Nachkommen sollten die Neigung der Mütter teilen, diese väterlichen Merkmale bei ihrer zukünftigen Partnersuche zu bevorzugen. Diese Hypothesen sind offensichtlich zirkulär, nicht logisch begründbar und konnten empirisch nicht bestätigt werden (Kap. 5).

Hamilton-Zuk-Hypothese Hypothese, nach der die Attraktivität potenzieller Paarungspartner wesentlich von deren Gesundheit (Parasitenfreiheit) bestimmt wird. Auf diese Weise könnte eine Vielfalt von gesundheitsbestimmenden →Genen (z. B. Immungene) durch häufigkeitsabhängige →Selektion erhalten werden. Diese Vermutung konnte empirisch nicht bestätigt werden.

Handikap-Hypothese Variante der →Gute-Gene-Hypothese, bei der die Nachteiligkeit der die überlegene genetische Qualität des Männchens anzeigenden Merkmale betont wird. Zeigt besonders deutlich die inneren, logischen Widersprüche der Gute-Gene-Hypothesen.

Haplo-Diploidie Als Haplo-Diploidie bezeichnet man eine Form tierischer Geschlechtsbestimmung, bei der ein Geschlecht nur einen Chromosomensatz trägt (haploid) und das andere Geschlecht – wie bei Tieren allgemein üblich – den doppelten Chromosomensatz (diploid). Typischerweise ist das männliche Geschlecht haploid. Männchen entstehen dann meist aus unbefruchteten Eiern. Man findet die Haplo-Diploidie vor allem bei vielen Insekten, bei Milben und manchen Fadenwurmarten.

Haploidie Das Genom haploider Zellen besteht nur aus einem einfachen Chromosomensatz, d. h., die überwältigende Mehrheit der →Gene jedes →Chromosoms kommt auf keinem weiteren Chromosom vor. Daraus folgt, dass es im Regelfall nur ein →Allel jedes Gens im Genom gibt. Im Gegensatz dazu haben →diploide Zellen zwei Chromosomensätze.

Hermaphrodit Ein Hermaphrodit ist ein mehrzellliges Lebewesen, welches gleichzeitig oder periodisch aufeinanderfolgend männliche und weibliche

Geschlechtsorgane entwickelt. Im Gegensatz dazu produzieren → Zwitter weibliche und männliche Gameten in einem zwittrigen Geschlechtsorgan.

Histon Histone sind evolutionär nur wenig veränderliche → Proteine, welche zusammen mit einem Abschnitt der → DNA → Nukleosomen aufbauen. Sie machen die DNA damit haltbarer und weniger zugänglich. Die Bindung zwischen der DNA (als Säure in wässriger Lösung negativ geladen) und den Histonen (wegen des Reichtums an basischen Aminosäuren in wässriger Lösung positiv geladen) ist stärker als zwischen jedem anderen Protein und der DNA.

Histon-Modifikation Unter einer Histon-Modifikation versteht man die chemische Modifikation bestimmter Aminosäuren der Histon-Polypeptidkette. Dies geschieht durch Anheftung funktioneller Gruppen wie z. B. Essigsäurereste (Acetylierung), Methylreste (Methylierung) und Phosphorsäurereste (Phosphorylierung). Eine solche Anheftung verändert die Bindungseigenschaften des betroffenen → Histons.

Imprinting Auch paternale Prägung genannt. Damit ist die unterschiedliche → Expression von → Allelen eines → Gens gemeint, welche nicht durch einen Unterschied in der → DNA-Sequenz, sondern durch ihre unterschiedliche Herkunft von Mutter oder Vater verursacht wird.

Infantizid Tötung von Nachkommen der eigenen → Art. Die Ursachen sind vielfältig und reichen vom Nahrungserwerb oder vom Brutpflegeunfall bis zum Sexualtrieb und den Drang zur sozialen Dominanz.

Interesse In der → Soziobiologie häufig ausdrücklich oder stillschweigend vorausgesetzte Eigenschaft von → Organismen oder sogar → Genen. Kein Organismus ohne Bewusstsein seiner selbst kann jedoch ein Interesse an seiner Fortexistenz oder gar an maximal möglicher Vermehrung entwickeln. Es ist nur so, dass nicht oder nicht hinreichend reproduktionsfähige Organismen auf Dauer keine Nachkommen hinterlassen werden, während sämtliche heute lebende Organismen eine lückenlose, Milliarden Jahre zurückreichende Reihe von Vorfahren haben, also die nötigen → Funktionen für die erfolgreiche Reproduktion geerbt haben sollten.

Interferenz der Selektion Selbstbehinderung der natürlichen → Selektion durch die benachbarte Lage nachteiliger und vorteilhafter → Allele auf demselben → Chromosom. Erhöht sich durch neue → Mutationen und wird durch die Neukombination (→ Rekombination) der Chromosomenabschnitte beim → Crossing-over verringert. Ohne Sexualität können solche entlastenden Neukombinationen (→ Last, genetische) nur unregelmäßig und mehr oder weniger selten stattfinden.

Last, genetische Summe der Wirkungen derjenigen → Mutationen, welche trotz nachteiliger → Phänotypen an der Entstehung des betrachteten

→Genoms beteiligt waren. Da sowohl Umweltveränderungen als auch neue →Mutationen den →funktionellen Wert des Genoms verändern können, ist das Ausmaß dieser Last schwer zu messen.

Knospung Teilung eines →Organismus in zwei Organismen, wobei – meist aufgrund unterschiedlicher Größe – ein Mutterorganismus von einem Tochterorganismus unterschieden werden kann.

Konflikt, sexueller Der dialektische Widerspruch zwischen der Notwendigkeit des Zusammenwirkens und eines artspezifisch unterschiedlichen Aufwands der Geschlechter einer →Art bei der Zeugung gemeinsamen Nachwuchses (→Fortpflanzung, sexuelle) erzeugt den sexuellen Konflikt. Abhängig von den konkreten Unterschieden der Gametenausstattung (→Oogamie) sowie der möglichen Brutfürsorge bzw. Brutpflege kann dieser sexuelle Konflikt zu umfassenden →sexuellen Selektionsvorgängen führen, die auch zahlreiche nicht unmittelbar mit dem Geschlecht verbundene Merkmale der Organismen beeinflussen können.

Kontingenz Ein kontingenter Sachverhalt ist ein möglicher, aber nicht notwendiger Sachverhalt. Zur Entstehung dieses Sachverhalts haben also notwendige und zufällige Ereignisse beigetragen. →Evolution verläuft kontingent, weil ihr Verlauf sowohl vom Ist-Zustand der →Organismen (Vererbung) und seiner →Umwelt als auch von Evolutionsfaktoren z. B. →Mutation, →Selektion, →Drift, →Draft und →Rekombination abhängig ist und praktisch jeder dieser Einflüsse notwendige und zufällige Komponenten hat. Einerseits wird der weitere Evolutionsprozess daher vom aktuellen Evolutionsergebnis mitbestimmt, ist aber andererseits nicht völlig vorausberechenbar.

Kosten der Sexualität Bezeichnet den Aufwand, den ein →Organismus für seine Sexualität betreibt. Wird häufig als Verdopplung der Kosten der Fortpflanzung angesehen, da zur sexuellen Vermehrung zwei statt ein Elter notwendig sind. Der *quantitative* Begriff „Kosten" ist jedoch nicht sinnvoll, da sexuelle →Funktionen wie viele andere Funktionen des Organismus *qualitativ* einzigartig und daher nicht durch andere bereits verfügbare Funktionen ersetzbar sind.

Lek Balzplatz. Besonderer Ort zur Partnerfindung. Leks sind vor allen von einigen Vogelarten, aber auch von anderen Wirbeltieren, Insekten und Krebsen bekannt.

Mehrzeller Ein mehrzelliger →Organismus, kurz Mehrzeller, ist eine →funktionelle Einheit aus mehreren, funktionell mehr oder weniger spezialisierten Zellen, welche sich durch gemeinsamen Stoffwechsel, Wachstum und Fortpflanzung auszeichnet. Mehrzellige Lebewesen bilden alle Tier- und viele Pflanzen- und Pilzarten.

Meiose Meiose (Reduktionsteilung) ist eine besondere Art der Zellteilung, welche bei → Eukaryoten der → sexuellen Fortpflanzung vorausgeht. Ausgangspunkt ist eine Zelle mit je einem Satz mütterlicher und väterlicher → Chromosomen. Die homologen (gleichartigen) Chromosomen beider Eltern werden dabei gepaart, brechen jeweils an mindestens einer, zueinander homologen Stelle und tauschen gegenseitig diese Bruchstücke aus (→ Crossing-over). Die entstehenden zwei homologen, nunmehr gemischten Chromosomensätze werden zufällig auf zwei Tochterzellen verteilt. Es entstehen Ei- bzw. Spermazellen mit jeweils einfachem Chromosomensatz, welche sich bei der Befruchtung wieder zu einem doppelten Chromosomensatz ergänzen. Die → biologische Funktion dieses Prozesses besteht in der Mischung (→ Rekombination) des Kerngenoms.

MHC-Komplex Der Hauptthistokompatibilitätskomplex (englisch „major histocompatibility complex", daher MHC) ist eine Gruppe von Genen, die Proteine codieren, welche die Immunerkennung, den Grad der Gewebeunverträglichkeit (Histoinkompatibilität) bei Transplantationen und die immunologische Individualität verursachen.

Monogamie bezeichnet eine lebenslange exklusive Fortpflanzungsgemeinschaft zwischen zwei Individuen einer Tierart. → Funktionen einer solchen über die sexuell motivierte Partnerfindung hinausgehenden sozialen, aber eventuell auch rein anatomisch vermittelten Paarbindung (Doppeltier) können die Garantie der Befruchtung und die Sicherung der Brutpflege sein.

Mutation Eine Mutation (Veränderung) ist jede Veränderung des → Genoms. In dieser weiten Definition von Mutationen sind Austausche der vier → Nukleotide gegeneinander, Deletionen (Verluste) sowie Insertionen zusätzlicher Nukleotide als Punktmutationen eingeschlossen. Ganze Chromosomen können durch Deletionen, Duplikationen, Insertionen und den Austausch von DNA-Abschnitten mit anderen Chromosomen verändert werden (Chromosomenmutationen). Auch Veränderungen der Chromosomenzahl sind Mutationen. So können einzelne Chromosomen wegfallen, dazukommen oder auch ganze Chromosomensätze verlorengehen oder hinzukommen (Genommutationen).

Mutation, somatische Eine somatische → Mutation ist eine Mutation in einer Zelle eines → Mehrzellers, unter deren Nachkommen keine → Gameten sind. Somatische Mutationen können entsprechend dieser Definition nicht an die nächste Mehrzellergeneration weitergegeben werden. Während die Mehrzahl der pflanzlichen und pilzlichen Zellen durchaus noch Gameten hervorbringen können, ist das bei fast allen Zellen (den Körperzellen) der Tiere ausgeschlossen, da sich hier die Keimzellen frühzeitig in der Individualentwicklung von den Körperzellen trennen.

Mutationsrate Die Mutationsrate ist die Zahl der →Mutationen je →DNA-Replikation oder Generation eines →Organismus. Sie kann auf ein →Nukleotid, ein →Gen oder ein →Genom bezogen werden.

Neandertaler Der Neandertaler *(Homo neanderthalensis)* ist eine ausgestorbene →Art des Menschen, die während ihrer offenbar zehntausende Jahre andauernden Ausprägung von Kontaktzonen mit dem modernen Menschen *(Homo sapiens)* auf diesen eine nicht unwesentliche Anzahl eigener →Allele übertragen hat.

Nepotismus Bevorzugung von Verwandten gegenüber anderen Individuen. Nepotismus setzt als kultureller Begriff sowohl die Erkennung von Verwandtschaftsgraden als auch ein →Interesse an der Bevorzugung von näher Verwandten voraus.

Nukleotid Ein Nukleotid einer Nukleinsäure (→RNA oder →DNA) ist ein einzelner Baustein dieser kettenförmigen Moleküle. Er besteht aus je einem Teilmolekül Phosphorsäure, Ribose (ein Zucker, bei DNA Desoxyribose) und einer der vier Basen Adenin, Cytosin, Guanin und Uracil (bei DNA statt Uracil Thymin). In doppelsträngigen Abschnitten der Nukleinsäuren (z. B. in Chromosomen) paart die Base jedes Nukleotids mit einer Base des Gegenstranges und bildet so ein Basenpaar. Cytosin kann nur mit Guanin paaren, während Adenin nur mit Uracil (RNA) oder Thymin (DNA) paaren kann. Durch die natürliche Krümmung des so gebildeten Doppelstranges entsteht die bekannte DNA-Doppelhelix.

Oogamie Oogamie bezeichnet die Trennung der einander befruchtenden →Gameten in zwei →funktionell verschiedene Typen: eine unbewegliche, Vorratsstoffe enthaltende und signalaussendende →Eizelle (= weiblicher Gamet) und ein kleines und sich aufgrund der empfangenen Signale der Eizelle aktiv bewegendes Spermium (= männlicher Gamet). Oogamie tritt bei fast allen Tieren, allen Landpflanzen und manchen Algen auf und ist allen →Organismen eigen, die zwei Geschlechter zumindest auf Gametenebene ausbilden.

Organismus Ein Organismus ist eine →funktionelle Einheit aus ein oder mehreren lebenden Zellen, welche sich durch gemeinsamen Stoffwechsel, Wachstum und Fortpflanzung auszeichnet. Synonyme sind Individuum und Lebewesen.

Paarungstyp Bei vielen Pilz- oder Algenarten können sich nur →haploide Zellen unterschiedlicher Paarungstypen vereinigen, also zur →Zygote verschmelzen. Die Ausbildung verschiedener Paarungstypen ist häufig mit der Differenzierung in einen signalsendenden und in einen signalempfangenden →Gameten verbunden und hat die →Funktion, eine Selbstbefruchtung zu verhindern.

Parthenogenese Form der Fortpflanzung, bei der Nachkommen aus unbefruchteten → Eizellen entstehen.

Phänotyp Erscheinungsbild eines → Organismus. Gesamtheit der Merkmale
eines Organismus.

Population Eine Population ist die Gesamtheit der → Organismen einer
→ Art, welche in einem geografisch begrenzten Gebiet (Areal) leben.

Populationsgröße Gesamtzahl der Individuen einer → Art.

Prokaryot Lebewesen ohne echten Zellkern, d. h. DNA und DNA-bindende
Proteine schwimmen ohne sie umgebende Hülle direkt im Zellplasma. Es
gibt zwei Typen von Prokaryoten: Bakterien und Archaeen. Es handelt
sich dabei um zwei wahrscheinlich unabhängig voneinander entstandene
Grundtypen lebender Zellen. Aus der Aufnahme eines Bakteriums durch
eine Archae könnte der erste → Eukaryot entstanden sein.

Protein Proteine sind Eiweiße. Sie entstehen durch den Vorgang der
→ Translation über die Aneinanderreihung von 20 verschiedenen Arten
von Aminosäuren. Die Reihenfolge dieser Aneinanderreihung wird von der
Reihenfolge der → Nukleotide einer Boten-RNA (mRNA) bestimmt. Diese
Boten-RNA wurde zuvor von dem für dieses Protein kodierenden → Gen
des → Genoms abgeschrieben (transkribiert). Proteine beginnen sich noch
während ihrer Translation aus der Kettenform zu einer rundlichen Struktur
zu falten. Erst in dieser Form sind sie → funktionell.

Rekombination Vermischung von Teilen der → Genotypen mehrerer Indivi-
duen zu neuen Genotypen. Dient der Beseitigung nachteiliger
→ Mutationen sowie der Durchsetzung vorteilhafter Mutationen durch
Trennung und Neukombination verschiedener → Allele eines → Genoms.

Replikation Eine Replikation ist die Herstellung eines neuen → DNA-
Strangs unter Nutzung eines vorhandenen als Matrize sowie verschiedener
→ funktionell spezialisierter → Proteine als Katalysatoren. DNA ist nicht fähig, sich selbst zu replizieren. Jeder Zellteilung muss genau eine Replikation
des → Genoms vorausgehen.

RNA Ribonukleinsäure (RNS, englisch RNA) ist ein aus Phosphorsäure,
dem Zucker Ribose und den Basen Adenin, Cytosin, Guanin und Uracil aufgebautes, langkettiges Molekül. Es entsteht auf natürliche Weise
nur in lebenden Zellen, vor allem beim Vorgang der → Transkription.
Das → Genom der RNA-Viren (dazu zählen → Retroviren) besteht aus
RNA. RNA-Moleküle können sowohl Erbsubstanz als auch → funktionelle
Moleküle der Zelle sein. Diese beiden Funktionen werden jedoch meist
von → DNA-Molekülen (Erbsubstanz) beziehungsweise von → Proteinen
(Funktionsträger) erfüllt. Einzigartig ist dagegen die Vermittlungsfunktion
der RNA als Boten-RNA.

Selbstläufer-Hypothese Nach der Selbstläufer-Hypothese (englisch: Runaway oder Sexy Son Hypothesis) verstärkt sich das sexuelle Bereitschaftssignal während der →Evolution selbst, seine Verstärkung ist also ein Selbstläufer. Auf diese Weise ist die Entstehung von ausgeprägten Sexualdimorphismen wie etwa des auffälligen Balzgefieders männlicher Hühnervögel erklärbar. Prächtige Erscheinung und auffälliges Verhalten eines Paarungspartners und das Auswahlverhalten des anderen Geschlechts fördern sich nach dieser Hypothese durch die so erreichte schnelle Befruchtung gegenseitig.

Selektion Beschreibt die Beobachtung, dass →Transposons, Viren, →Organismen und →Arten oft keine Nachkommen haben, d. h. ausgelesen (selektiert) werden. Erst wenn eine große Zahl von Selektionsereignissen solcher Objekte der Selektion untersucht wird, kann sich zeigen, ob bestimmte Eigenschaften der untersuchten Objekte (z. B. →Organismen) negativ oder positiv selektiert werden, was sich durch eine relative Ab- oder Zunahme der Träger solcher Eigenschaften zeigt. Selbst dann ist jedoch eine solche selektierte Eigenschaft nicht absolut positiv oder negativ zu bewerten, da ihr Wert von anderen Eigenschaften des Organismus und von einer räumlich und zeitlich variablen Umwelt abhängt. Deshalb ist Selektion gegen eindeutig nachteilige Merkmale wie etwa Unfruchtbarkeit und frühe Letalität sowie zugunsten genetisch einfach zu korrigierender Merkmale wie der Intensität einer Färbung in der →Evolution allgegenwärtig und plausibel. Andererseits sind jedoch komplexere Merkmalsveränderungen nicht ausschließlich mit veränderter Selektion aufgrund von Umweltveränderungen, sondern nur mit Wechselwirkungen zwischen den wesentlichen Evolutionsfaktoren →Mutation, Selektion, →Drift und →Rekombination in Zusammenhang mit möglichen Umweltveränderungen zu erklären.

Selektion, sexuelle Sexuelle Selektion ist eine Form der natürlichen →Selektion, die den Erfolg der Befruchtung betrifft. Selektiert werden dementsprechend alle Eigenschaften sexuell aktiver →Organismen, welche das Eintreten dieser Gametenverschmelzung beeinflussen.

Selektionstypen →Selektion kann angesichts der tendenziell eher fitnessschwächenden als fitnessstärkenden →Mutationen in die gewöhnlich wirkende *negative Selektion* (gegen seltene, vor relativ kurzer Zeit neuentstandene →Allele) und in die seltene *positive Selektion* (gegen häufige Allele, bedingt durch vorteilhafte Neumutationen) unterteilt werden. Eine Mischform ist die *häufigkeitsabhängige Selektion,* die sich je nach den gerade herrschenden Umweltbedingungen (z. B. nach den gerade dominierenden Parasiten) zugunsten oder zuungunsten eines bestimmten Allels auswirken kann.

Sequenz Reihenfolge der → Nukleotide eines DNA- oder RNA-Stranges. Sie wird üblicherweise unter Nutzung von Ein-Buchstaben-Abkürzungen der Nukleotide Adenin (A), Cytosin (C), Guanin (G), Thymin (T) und Uracil (U) angegeben.

Sexpilus Zylinderförmige Struktur, die in der Lage ist, → DNA von einer Bakterienzelle in eine andere Zelle der gleichen Art zu übertragen. Die Erbsubstanz, welche zum Aufbau dieses Sexpilus benötigt wird, wird bei dieser DNA-Übertragung in der Regel mit übertragen.

Soziobiologie Umstrittener Zweig der Biologie, welcher die biologischen Grundlagen des Sozialverhaltens von → Organismen untersucht. Problematische Grundannahmen der Soziobiologie sind u. a. die Unterstellung einer Vermehrungstendenz von → Genen bzw. von → Organismen anstelle einer bloßen Fähigkeit zur Vermehrung bei Organismen und Transposons (nicht bei Genen) sowie ihr rein biologischer Ansatz zum Verständnis des menschlichen Sozialverhaltens.

Symbiose In Mitteleuropa: Zusammenleben von → Organismen unterschiedlicher → Arten zum gegenseitigen Vorteil. In englischsprachiger Literatur: Alle Formen des Zusammenlebens von Organismen unterschiedlicher Arten.

Telomer Chromosomenenden: abschließende Struktur eukaryotischer → Chromosomen.

Transkription Abschrift eines → Gens zur Herstellung eines → funktionellen Moleküls. Entweder entsteht dabei direkt ein funktionelles → RNA-Molekül oder eine Boten-RNA (mRNA), welche als Matrize zur → Translation eines Proteins dient.

Transkriptionsfaktor → Protein, welches an bestimmte → Sequenzen der → DNA oder ersatzweise an andere, DNA-bindende Transkriptionsfaktoren bindet und dadurch die → Transkription von → Genen in der Nähe seiner Bindestelle beeinflusst, d. h. anschaltet, verstärkt, abschwächt oder auch beendet. Es gibt zahlreiche verschiedene Transkriptionsfaktoren in einer Zelle. Meist wirken mehrere verschiedene zusammen, um die Transkription eines bestimmten Gens zu regulieren.

Translation Vorgang, bei dem die Reihenfolge der → Nukleotide einer Boten-RNA in eine Aminosäurenfolge eines → Proteins umgesetzt wird.

Transposon Beweglicher DNA-Abschnitt, der ein oder mehrere → Gene enthalten kann. Transposons sind Parasiten eines Wirtsgenoms, das sie nicht verlassen können. Sie können sich nur innerhalb dieses Genoms über neue DNA- oder RNA-Kopien (→ Retrotransposon) vermehren. Ihre Kopien bauen sich dazu an einer neuen Stelle im Genom ein und verändern (mutieren) damit das Wirtsgenom. Auch wenn Transposons sich selbst nicht mehr kopieren oder an neuer Stelle einbauen können, verbleiben ihre inaktiven Reste noch bis zur völligen Zerstörung durch örtliche →Mutationen im Wirtsgenom.

Trockenlufttiere Tiere, deren Haut nahezu gasdicht ist, um den Wasserverlust an trockener Luft zu minimieren. Der Gasaustausch muss deshalb praktisch vollständig von Lungen oder Tracheen übernommen werden.

Ultradarwinismus Ansicht, dass →Evolution ausschließlich oder doch nahezu ausschließlich durch →Selektion angetrieben wird. Vertreter dieser Ansicht sind zugleich häufig der Meinung, dass 1) →Gene die wichtigsten Einheiten der Selektion sind, 2) →Mutationen an sich noch keine →Evolution verursachen, solange sie nicht positiv selektiert werden, sowie dass 3) Evolution mit im Wesentlichen gleichförmiger Geschwindigkeit abläuft (Gradualismus). Ultradarwinismus wird auch als Adaptionismus bezeichnet. Da jedoch alle diese Ansichten den gegenüber der aktuellen Evolutionsbiologie abweichenden Vorstellungen Darwins entsprechen beziehungsweise seine abweichende Tendenz hinsichtlich der relativen Bedeutung der Selektion sowie der ausschließlichen Wirkung der Selektion auf der niedrigst-denkbaren Ebene (die der →Gene) sogar übertreiben, passt Ultradarwinismus besser.

Umwelt Die Umwelt eines Lebewesens ist nicht die Gesamtheit seiner Umgebung, sondern ein Begriff für alle wesentlichen Wechselwirkungen zwischen dem →Organismus und seiner Umgebung, d. h., während ein Lebewesen seine Umwelt durch die Art seiner Existenz bestimmt, wirkt diese Umwelt ständig auf das Lebewesen zurück. Die typische Umwelt einer →Population wird als ökologische Nische dieser Organismen bezeichnet.

Variation Variation beschreibt die Unterschiede zwischen den →Organismen einer →Art. Während Darwin mit dem Begriff Variation offensichtlich die phänotypische Variation, also die Variation der Merkmale ansprach, wird heute der Begriff eher zur Beschreibung des →Genotyps eingesetzt. Die genetische Variation entsteht ausschließlich durch →Mutationen, wird durch →Rekombination umverteilt und durch →Selektion und →Drift reduziert.

Verwandtenselektion Kernvorstellung der →Soziobiologie. Hypothese, welche voraussetzt, dass →Organismen einschätzen können, welchen Anteil ihrer →Allele sie mit welchen anderen Organismen gemeinsam haben. Individuen würden demzufolge andere Individuen, die aufgrund gemeinsamen Allelbesitzes mit ihnen verwandt sind, gegenüber weniger verwandten Individuen unterstützen. Die Hypothese fordert außerdem, dass Organismen ihre Allele möglichst stark vermehren wollen.

Verwandtschaft Eine Definition scheint überflüssig, allerdings ist der Hinweis angebracht, dass Verwandtschaft in diesem Buch ohne besondere Erklärung in zwei verschiedenen Bedeutungen verwendet wird, und zwar vor allem bei sich nichtsexuell fortpflanzenden → Organismen im Sinne evolutionärer Verwandtschaft, häufig gemessen in Millionen Jahren seit Trennung der entsprechenden Abstammungslinien. Bei sich sexuell fortpflanzenden Organismen kann aber auch eine familiäre Verwandtschaft, also eine Ähnlichkeit auf höherer Ebene (innerhalb einer → Art), gemeint sein.

Zwitter Bei Zwittern werden → Gameten beiderlei Geschlechts von einem einzigen Organ (z. B. zwittrige Blüte oder Zwitterdrüse) erzeugt, bei Hermaphroditen besitzt dagegen ein → Organismus sowohl weibliche als auch männliche Geschlechtsorgane.

Zufall Beschreibt das Zusammentreffen zweier Ereignisse, die in keinem kausalen Zusammenhang zueinander stehen. → Mutationen sind zufällig in dem Sinn, dass das Zustandekommen einer Mutation nicht von ihrer Wirkung auf das Überleben des betroffenen → Organismus sowie seiner möglichen Nachkommen abhängt.

Zygote Zelle, die aus der Vereinigung zweier Zellen unterschiedlichen → Paarungstyps oder Geschlechts, also durch eine Befruchtung, entsteht. Gegebenenfalls wird sie auch als befruchtete → Eizelle bezeichnet. Das durch sie repräsentierte einzellige Stadium auch mehrzelliger → Organismen ist für diese ein für die geschlechtliche Fortpflanzung notwendiges Entwicklungsstadium.

Literatur

[1] Ajon M, Fröls S, van Wolferen M, Stoecker K, Teichmann D et al (2011) UV-inducible DNA exchange in hyperthermophilic archaea mediated by type IV pili. Mol Microbiol 82(4):807–817

[2] Albo MJ, Bilde T, Uhl G (2013) Sperm storage mediated by cryptic female choice for nuptial gifts. Proc Biol Sci 280(1772):20131735

[3] Anderson GJ, Anderson MKJ, Patel N (2015) The ecology, evolution, and biogeography of dioecy in the genus Solanum: with paradigms from the strong dioecy in Solanum polygamum, to the unsuspected and cryptic dioecy in Solanum conocarpum. Am J Bot 102(3):471–486

[4] Ashburner M, Golic KG, Hawley RS (2005) Drosophila. A laboratory handbook. Cold Spring Harbor Laboratory Press

[5] Bailey DK, Zuk O (2009) Same-sex sexual behavior and evolution. Trends Ecol Evol 24(8):439–446

[6] Bakkali M (2013) Could DNA uptake be a side effect of bacterial adhesion and twitching motility? Arch Microbiol 195(4):279–289

[7] Balenger SL, Zuk M (2014) Testing the Hamilton-Zuk hypothesis: past, present, and future. Integr Comp Biol 54(4):601–613

[8] Balme GA, Hunter LTB (2013) Why leopards commit infanticide. Anim Behav 86(4):791–799

[9] Barbujar G, Colonna V (2010) Human genome diversity: frequently asked questions. Trends Genet 26(7):285–295

[10] Barrière A, Felix MA (2005) High local genetic diversity and low outcrossing rate in Caenorhabditis elegans natural populations. Curr Biol 15(13):1176–1184

[11] Baudisch A (2011) The pace and shape of ageing. Methods Ecol Evol 2:1–8

[12] Becks L, Agrawal AF (2013) Higher rates of sex evolve under K-selection. J Evol Biol 26(4):900–905

[13] Bell G (1982) The masterpiece of nature: the evolution and genetics of sexuality. University of California Press

© Der/die Herausgeber bzw. der/die Autor(en), exklusiv lizenziert durch Springer-Verlag GmbH, DE, ein Teil von Springer Nature 2021
V. Krauß, *Das älteste Glücksspiel*, https://doi.org/10.1007/978-3-662-62585-9_

[14] Bi K, Bogart JP (2010) Time and time again: unisexual salamanders (genus Ambystoma) are the oldest unisexual vertebrates. BMC Evol Biol 10:238

[15] Bjork A, Pitnick S (2006) Intensity of sexual selection along the anisogamy-isogamy continuum. Nature 441(7094):742–745

[16] Blount ZD, Barrick JE, Davidson CJ, Lenski RE (2012) Genomic analysis of a key innovation in an experimental Escherichia coli population. Nature 489(7417):513–518

[17] Bobay LM, Touchon M, Rocha EPC (2014) Pervasive domestication of defective prophages by bacteria. PNAS 111(33):12,127–12,132

[18] Bons PD, Bauer CC, Bocherens H, de Riese T, Drucker DG et al (2019) Out of Africa by spontaneous migration waves. PLoS One 14(4):e0201,998

[19] Borgia G (1979) Sexual selection and the evolution of mating systems. In: Sexual selection and reproductive competition in insects. Academic Press, New York, S 19–80

[20] Brent LJN, Franks DW, Foster EA, Balcomb KC, Cant MA, Croft DP (2015) Ecological knowledge, leadership, and the evolution of menopause in killer whales. Curr Biol 25(6):746–750

[21] Buczek M, Okarma H, Demiaszkiewicz AW, Radwan J (2016) MHC, parasites and antler development in red deer: no support for the Hamilton & Zuk hypothesis. J Evol Biol 29(3):617–632

[22] Buggio L, Vercellini P, Somigliana E, Viganò P, Frattaruolo MP, Fedele L (2012) "You are so beautiful": behind women's attractiveness towards the biology of reproduction: a narrative review. Gynecol Endocrinol 28(10):753–757

[23] Burda H, Zrzavy J, Bayer P (2014) Humanbiologie. UTB, Stuttgart

[24] Burger O, Baudisch A, Vaupel JW (2012) Human mortality improvement in evolutionary context. PNAS 109(44):18,210–18,214

[25] Byers JA, Waits L (2006) Good genes sexual selection in nature. PNAS 103(44):16,343–16,345

[26] Candolin U, Tukiainen L (2015) The sexual selection paradigm: have we overlooked other mechanisms in the evolution of male ornaments? Proc Biol Sci 282(1816):20151987

[27] Caspers BA, Krause ET, Hendrix R, Kopp M, Rupp O et al (2014) The more the better – polyandry and genetic similarity are positively linked to reproductive success in a natural population of terrestrial salamanders (Salamandra salamandra). Mol Ecol 23(1):239–250

[28] Castrezana S, Faircloth BC, Bridges WC, Gowaty PA (2017) Polyandry enhances offspring viability with survival costs to mothers only when mating exclusively with virgin males in Drosophila melanogaster. Ecol Evol 7(18):7515–7526

[29] Cervantes MD, Hamilton EP, Xiong J, Lawson MJ, Yuan D et al (2013) Selecting one of several mating types through gene segment joining and deletion in Tetrahymena thermophila. PLoS Biol 11(3):e1001,518

[30] Chemnitz J, Bagrii N, Ayasse M, Steiger S (2017) Staying with the young enhances the fathers' attractiveness in burying beetles. Evolution 71(4):985–994

[31] Chen HY, Maklakov AA (2012) Longer life span evolves under high rates of condition-dependent mortality. Curr Biol 22(22):2140–2143

[32] Church GM (2013) Can Neanderthals be brought back from the dead? Spiegel International. https://www.spiegel.de/international/zeitgeist/george-church-explains-how-dna-will-be-construction-material-of-the-future-a-877634.html

[33] Cockburn A (1995) Evolutionsökologie. Gustav Fischer Verlag, Stuttgart

[34] Couce A, Caudwell LV, Feinauer C, Hindré T, Feugeas JP et al (2017) Mutator genomes decay, despite sustained fitness gains, in a long-term experiment with bacteria. PNAS 114(43):E9026–E9035

[35] Croft DP, Brent LJN, Franks DW, Cant MA (2015) The evolution of prolonged life after reproduction. Trends Ecol Evol 30(7):407–416

[36] Crow JF (2000) The origins, patterns and implications of human spontaneous mutation. Nat Rev Genet 1:40–47

[37] Cui R, Medeiros T, Willemsen D, Iasi LNM, Collier GE et al (2019) Relaxed selection limits lifespan by increasing mutation load. Cell 178(2):385–399

[38] Cutter AD (2008) Divergence times in Caenorhabditis and Drosophila inferred from direct estimates of the neutral mutation rate. Mol Biol Evol 25(4):778–786

[39] Dai H, Chen Y, Chen S, Mao Q, Kennedy D et al (2008) The evolution of courtship behaviors through the origination of a new gene in Drosophila. PNAS 105(21):7478–7483

[40] Dale J, Dey CJ, Delhey K, Kempenaers B, Valcu M (2015) The effects of life history and sexual selection on male and female plumage colouration. Nature 527(7578):367–370

[41] Damas J, Hughes GM, Keough KC, Painter CA, Persky NS et al (2020) Broad host range of SARS-CoV-2 predicted by comparative and structural analysis of ACE2 in vertebrates. PNAS 117(36):22311–22322

[42] Darwin C (1868) The variation of animals and plants under domestication, Bd II, 1. Aufl. Orange Judd & Co., New York

[43] Darwin C (1872) The origin of species by means of natural selection, 6. Aufl. John Murray, London

[44] Darwin C (1882) The descent of man, and selection in relation to sex, 2. Aufl. John Murray, London

[45] Debortoli N, Li X, Eyres I, Fontaneto D, Hespeels B et al (2016) Genetic exchange among bdelloid rotifers is more likely due to horizontal gene transfer than to meiotic sex. Curr Biol 26(6):723–732

[46] Diemer GS, Stedman KM (2012) A novel virus genome discovered in an extreme environment suggests recombination between unrelated groups of RNA and DNA viruses. Biol Direct 7:13

[47] Domingue BW, Fletcher J, Conley D, Boardman JD (2014) Genetic and educational assortative mating among US adults. PNAS 111(22):7996–8000

[48] Dubey GP, Ben-Yehuda S (2011) Intercellular nanotubes mediate bacterial communication. Cell 144(4):590–600

[49] Egan SP, Ragland GJ, Assour L, Powell THQ, Hood GR et al (2015) Experimental evidence of genome-wide impact of ecological selection during early stages of speciation-with-gene-flow. Ecol Lett 18(8):817–825

[50] Eggert AK, Reinking M, Müller JK (1998) Parental care improves offspring survival and growth in burying beetles. Anim Behav 55:97–107

[51] Eisen JA, Coyne RS, Wu M, Wu D, Thiagarajan M et al (2006) Macronuclear genome sequence of the ciliate Tetrahymena thermophila, a model eukaryote. PLoS Biol 4(9):e286

[52] Eizaguirre C, Lenz TL, Sommerfeld RD, Harrod C, Kalbe M, Milinski M (2011) Parasite diversity, patterns of MHC II variation and olfactory based mate choice in diverging three-spined stickleback ecotypes. Evol Ecol 25:605–622

[53] Ellis EA, Oakley TH (2016) High rates of species accumulation in animals with bioluminescent courtship displays. Curr Biol 26(14):1916–1921

[54] Endler JA, Basolo AL (1998) Sensory ecology, receiver biases and sexual selection. Trends Ecol Evol 13(10):415–420

[55] Engqvist L, Cordes N, Reinhold K (2015) Evolution of risk-taking during conspicuous mating displays. Evolution 69(2):395–406

[56] Eppley SM, Jesson LK (2008) Moving to mate: the evolution of separate and combined sexes in multicellular organisms. J Evol Biol 21(3):727–736

[57] Eyre-Walker A, Keightley PD (2007) The distribution of fitness effects of new mutations. Nat Rev Genet 8(8):610–618

[58] Ferris P, Olson BJSC, De Hoff PL, Douglass S, Casero D et al (2010) Evolution of an expanded sex-determining locus in Volvox. Science 328(5976):351–354

[59] Fisher HS, Giomi L, Hoekstra HE, Mahadevan L (2014) The dynamics of sperm cooperation in a competitive environment. Proc Biol Sci 281:296

[60] Fisher RA (1915) The evolution of sexual preference. Eugen Rev 7:184–192

[61] Fisher RA (1930) The genetical theory of natural selection. Clarendon Press, Oxford

[62] Fleischer T, Gampe J, Scheuerlein A, Kerth G (2017) Rare catastrophic events drive population dynamics in a bat species with negligible senescence. Sci Rep 7(1):7370

[63] Foo YZ, Simmons LW, Rhodes G (2017) The relationship between health and mating success in humans. R Soc Open Sci 4(1):160,603

[64] Francis RC (2004) Why men won't ask for directions. The seductions of sociobiology. Princeton University Press

[65] Frankham R (2015) Genetic rescue of small inbred populations: meta-analysis reveals large and consistent benefits of gene flow. Mol Ecol 24(11):2610–2618

[66] Frye SA, Nilsen M, Tønjum T, Ambur OH (2013) Dialects of the DNA uptake sequence in Neisseriaceae. PLoS Genet 9(4):e1003,458

[67] Garg SG, Martin WF (2016) Mitochondria, the cell cycle, and the origin of sex via a syncytial eukaryote common ancestor. Genome Biol Evol 8(6):1950–1970

[68] Garza R, Heredia RR, Cieślicka AB (2017) An eye tracking examination of men's attractiveness by conceptive risk women. Evol Psychol 15(1):1–11

[69] Gillard J, Frenkel J, Devos V, Sabbe K, Paul C et al (2012) Metabolomik unterstützt die Strukturaufklärung eines Sexualpheromons von Kieselalgen. Angew Chem 125(3):887–890

[70] Glime JM, Bisang I (2014) Sexuality: its determination. Bryophyt Ecol 3(1):1–28

[71] Glime JM, Bisang I (2014) Sexuality: reproductive barriers and tradeoffs. Bryophyt Ecol 3(4):1–30

[72] Glime JM, Bisang I (2014) Sexuality: sex ratio and sex expression. Bryophyt Ecol 3(2):1–30

[73] Gould SJ (1994) Zufall Mensch. DTV, München

[74] Gould SJ, Vrba ES (1982) Exaptation – a missing term in the science of form. Paleobiology 8(1):4–15

[75] Goymann W, Safari I, Muck C, Schwabl I (2016) Sex roles, parental care and offspring growth in two contrasting coucal species. R Soc Open Sci 3(10):160,463

[76] Grafen A (1990) Biological signals as handicaps. J Theor Biol 144(4):517–546

[77] Gray TA, Krywy JA, Harold J, Palumbo MJ, Derbyshire KM (2013) Distributive conjugal transfer in mycobacteria generates progeny with meiotic-like genome-wide mosaicism, allowing mapping of a mating identity locus. PLoS Biol 11(7):e1001,602

[78] Gröning J, Hochkirch A (2008) Reproductive interference between animal species. Q Rev Biol 83(3):257–282

[79] Grupe G, Christiansen K, Schröder I, Wittwer-Backofen U (2012) Anthropologie. Einführendes Lehrbuch. Springer Spektrum, Berlin

[80] Hadjivasiliou Z, Pomiankowski A (2016) Gamete signalling underlies the evolution of mating types and their number. Philos Trans R Soc B Biol Sci 371(1706):20150531,1–12

[81] Hamilton WD, Zuk M (1982) Heritable true fitness and bright birds: a role for parasites? Science 218:384–387

[82] Hartfield M, Keightley PD (2012) Current hypotheses for the evolution of sex and recombination. Integr Zool 7(2):192–209

[83] Hench K, Vargas M, Höppner MP, McMillan WO, Puebla O (2019) Interchromosomal coupling between vision and pigmentation genes during genomic divergence. Nat Ecol Evol 3(4):657–667

[84] Hill KR, Walker RS, Bozicević M, Eder J, Headland T et al (2011) Co-residence patterns in hunter-gatherer societies show unique human social structure. Science 331(6022):1286–1289

[85] Hoelzer MA, Michod RE (1991) DNA repair and the evolution of transformation in Bacillus subtilis. III. Sex with damaged DNA. Genetics 128(2):215–223

[86] Hollis B, Koppik M, Wensing KU, Ruhmann H, Genzoni E et al (2019) Sexual conflict drives male manipulation of female postmating responses in Drosophila melanogaster. PNAS 116(17):8437–8444

[87] House C, Tunstall P, Rapkin J, Bale MJ, Gage M et al (2020) Multivariate stabilizing sexual selection and the evolution of male and female genital morphology in the red flour beetle. Evolution 74(5):883–896

[88] Huber S, Fieder M (2018) Evidence for a maximum 'shelf-life' of oocytes in mammals suggests that human menopause may be an implication of meiotic arrest. Sci Rep 8(1):14,099

[89] Huerta-Sánchez E, Jin X, Asan Bianba Z, Peter BM et al (2014) Altitude adaptation in Tibetans caused by introgression of Denisovan-like DNA. Nature 512(7513):194–197

[90] Hussin JG, Hodgkinson A, Idaghdour Y, Grenier JC, Goulet JP et al (2015) Recombination affects accumulation of damaging and disease-associated mutations in human populations. Nat Genet 47(4):400–404

[91] Ihle M, Kempenaers B, Forstmeier W (2015) Fitness benefits of mate choice for compatibility in a socially monogamous species. PLoS Biol 13(9):e1002,248

[92] Ilany A, Akçay E (2016) Social inheritance can explain the structure of animal social networks. Nat Commun 7(12):084

[93] Jacob A, Nussle S, Britschgi A, Evanno G, Muller R, Wedekind C (2007) Male dominance linked to size and age, but not to 'good genes' in brown trout (Salmo trutta). BMC Evol Biol 7:207

[94] Jahn I, Löther R, Senglaub K (1982) Geschichte der Biologie. Theorien, Methoden, Institutionen und Kurzbiographien. Gustav-Fischer-Verlag, Jena

[95] Juric I, Aeschbacher S, Coop G (2016) The strength of selection against Neanderthal introgression. PLoS Genet 12(11):e1006,340

[96] Kamiya T, O'Dwyer K, Westerdahl H, Senior A, Nakagawa S (2014) A quantitative review of MHC-based mating preference: the role of diversity and dissimilarity. Mol Ecol 23(21):5151–5163

[97] Kappeler P (2017) Verhaltensbiologie. Springer Spektrum, Berlin

[98] Kempenaers B, Valcu M (2017) Breeding site sampling across the Arctic by individual males of a polygynous shorebird. Nature 541(7638):528–531

[99] Kindler C, Chèvre M, Ursenbacher S, Böhme W, Hille A et al (2017) Hybridization patterns in two contact zones of grass snakes reveal a new Central European snake species. Sci Rep 7(1):7378

[100] Koene JM (2006) Tales of two snails: sexual selection and sexual conflict in Lymnaea stagnalis and Helix aspersa. Integr Comp Biol 46(4):419–429

[101] Koenig D, Hagmann J, Li R, Bemm F, Slotte T, et al (2019) Long-term balancing selection drives evolution of immunity genes in Capsella. eLife 8:43,606

[102] Kondrashov AS (1988) Deleterious mutations and the evolution of sexual reproduction. Nature 336:435–440

[103] Konigsberg LW, Algee-Hewitt BFB, Steadman DW (2009) Estimation and evidence in forensic anthropology: sex and race. Am J Phys Anthropol 139(1):77–90

[104] Kono T, Obata Y, Wu Q, Niwa K, Ono Y et al (2004) Birth of parthenogenetic mice that can develop to adulthood. Nature 428(6985):860–864

[105] Kouyos RD, Silander OK, Bonhoeffer S (2007) Epistasis between deleterious mutations and the evolution of recombination. Trends Ecol Evol 22:308–315

[106] Krause J, Trappe T (2019) Die Reise unserer Gene. Eine Geschichte über uns und unsere Vorfahren, Propyläen, Ullstein Buchverlage, Berlin

[107] Krauß V (2014) Gene, Zufall. Selektion. Populäre Vorstellungen zur Evolution und der Stand des Wissens. Springer Spektrum, Berlin

[108] Ku C, Nelson-Sathi S, Roettger M, Garg S, Hazkani-Covo E, Martin WF (2015) Endosymbiotic gene transfer from prokaryotic pangenomes: inherited chimerism in eukaryotes. PNAS 112(33):10,139–10,146

[109] Küpper C, Stocks M, Risse JE, dos Remedios N, Farrell LL et al (2016) A supergene determines highly divergent male reproductive morphs in the ruff. Nat Genet 48(1):79–83

[110] Lamichhaney S, Fan G, Widemo F, Gunnarsson U, Thalmann DS et al (2016) Structural genomic changes underlie alternative reproductive strategies in the ruff (Philomachus pugnax). Nat Gen 48(1):84–88

[111] Lander ES (2011) Initial impact of the sequencing of the human genome. Nature 470(7333):187–197

[112] Landweber LF, Kuo TC, Curtis EA (2000) Evolution and assembly of an extremely scrambled gene. PNAS 97(7):3298–3303

[113] Lane N (2011) Energetics and genetics across the prokaryote-eukaryote divide. Biol Direct 6:35

[114] Lane N (2013) Leben. Verblüffende Erfindungen der Evolution. Primus, Darmstadt

[115] Lane N (2017) Der Funke des Lebens: Energie und Evolution. Konrad Theiss Verlag, Darmstadt

[116] Lange R, Reinhardt K, Michiels NK, Anthes N (2013) Functions, diversity, and evolution of traumatic mating. Biol Rev Camb Philos Soc 88(3):585–601

[117] Lee SC, Ni M, Li W, Shertz C, Heitman J (2010) The evolution of sex: a perspective from the fungal kingdom. Microbiol Mol Biol Rev 74(2):298–340

[118] Lewontin R (1995) Human diversity. Scientific American Library

[119] Lewontin RC (2000) Sex, lies, and social sciences. In: It ain't necessarily so. Granta Books, London, S 227–254

[120] Lieberman DE (2015) Is exercise really medicine? An evolutionary perspective. Curr Sports Med Rep 14(4):313–319

[121] Lin HC, Høeg JT, Yusa Y, Chan BKK (2015) The origins and evolution of dwarf males and habitat use in thoracican barnacles. Mol Phylogenet Evol 91:1–11

[122] Linnenbrink M, Teschke M, Montero I, Vallier M, Tautz D (2018) Meta-populational demes constitute a reservoir for large MHC allele diversity in wild house mice (Mus musculus). Front Zool 15:15

[123] Linné CV (1729) Praeludia Sponsaliorum Plantarum. Manuskript

[124] Lloyd E (2006) The case of the female orgasm. Bias in the science of evolution. Harvard University Press

[125] Lodi M, Koene JM (2016) The love-darts of land snails: integrating physiology, morphology and behaviour. J Molluscan Stud 82:1–10

[126] Lowe AE, Hobaiter C, Asiimwe C, Zuberbühler K, Newton-Fisher NE (2020) Intra-community infanticide in wild, eastern chimpanzees: a 24-year review. Primates 61:69–82

[127] Luijckx P, Ho EKH, Gasim M, Chen S, Stanic A et al (2017) Higher rates of sex evolve during adaptation to more complex environments. PNAS 114(3):534–539

[128] Lukas D, Huchard E (2019) The evolution of infanticide by females in mammals. Philos Trans R Soc B Biol Sci 374(1780):20180075

[129] Lüpold S (1819) Fitzpatrick JL (2015) Sperm number trumps sperm size in mammalian ejaculate evolution. Proc Biol Sci 282(1819):20152122,1–7

[130] Lüpold S, Manier MK, Puniamoorthy N, Schoff C, Starmer WT et al (2016) How sexual selection can drive the evolution of costly sperm ornamentation. Nature 533(7604):535–538

[131] Lynch M (2010) Rate, molecular spectrum, and consequences of human mutation. PNAS 107(3):961–968

[132] Lynch M (2012) Evolutionary layering and the limits to cellular perfection. PNAS 109(46):18,851–18,856

[133] Lynch M (2016) Mutation and human exceptionalism: our future genetic load. Genetics 202(3):869–875

[134] Maddamsetti R, Lenski RE (2018) Analysis of bacterial genomes from an evolution experiment with horizontal gene transfer shows that recombination can sometimes overwhelm selection. PLoS Genet 14(1):e1007,199

[135] Mai-Prochnow A, Hui JGK, Kjelleberg S, Rakonjac J, McDougald D, Rice SA (2015) Big things in small packages: the genetics of filamentous phage and effects on fitness of their host. FEMS Microbiol Rev 39(4):465–487

[136] Malthus TR (1798) An essay on the principle of population. J. Johnson, London

[137] Manning JA, McLoughlin PD (2017) Climatic conditions cause spatially dynamic polygyny thresholds in a large mammal. J Anim Ecol 86(2):296–304

[138] Marangoni A, Caramelli D, Manzi G (2014) Homo sapiens in the Americas. Overview of the earliest human expansion in the New World. J Anthropol Sci 92:79–97

[139] Martin RD (2015) Alles begann mit Sex: Neue Fragestellungen zur Evolutionsbiologie des Menschen. LIBRUM Publishers & Editors LLC

[140] Martin WF (2017) Too much eukaryote LGT. BioEssays 39(12):1700115,1–12

[141] Martin WF, Koonin EV (2006) Introns and the origin of nucleus-cytosol compartmentalization. Nature 440:41–45

[142] Mautz BS, Møller AP, Jennions MD (2013) Do male secondary sexual characters signal ejaculate quality? A metaanalysis. Biol Rev Camb Philos Soc 88(3):669–682

[143] Mayr E (1972) Sexual selection and natural selection. In: Campbell B (Hrsg) Sexual selection and the descent of man: the Darwinian Pivot. Transaction Publishers, S 87ff

[144] McDonald MJ, Rice DP, Desai MM (2016) Sex speeds adaptation by altering the dynamics of molecular evolution. Nature 531(7593):233–236

[145] Mell JC, Redfield RJ (2014) Natural competence and the evolution of DNA uptake specificity. J Bacteriol 196(8):1471–1483

[146] Mendelson TC, Gumm JM, Martin MD, Ciccotto PJ (2018) Preference for conspecifics evolves earlier in males than females in a sexually dimorphic radiation of fishes. Evolution 72(2):337–347

[147] Meyer EH, Lehmann C, Boivin S, Brings L, De Cauwer I et al (2018) CMS-G from beta vulgaris ssp. maritima is maintained in natural populations despite containing an atypical cytochrome c oxidase. Biochem J 475(4):759–773

[148] Mirzaghaderi G, Hörandl E (2016) The evolution of meiotic sex and its alternatives. Proc Biol Sci 283(1838):20161221,1–10

[149] Mizumoto N, Yashiro T, Matsuura K (2016) Male same-sex pairing as an adaptive strategy for future reproduction in termites. Anim Behav 119:179–187

[150] Montanaro L, Poggi A, Visai L, Ravaioli S, Campoccia D et al (2011) Extracellular DNA in biofilms. Int J Artif Organs 34(9):824–831

[151] Montero I, Teschke M, Tautz D (2013) Paternal imprinting of mating preferences between natural populations of house mice (Mus musculus domesticus). Mol Ecol 22(9):2549–2562

[152] Naor A, Gophna U (2013) Cell fusion and hybrids in Archaea: prospects for genome shuffling and accelerated strain development for biotechnology. Bioengineered 4(3):126–129

[153] Neher RA (2013) Genetic draft, selective interference, and population genetics of rapid adaptation. Annu Rev Ecol Evol Syst 44:195–215

[154] Nelson-Sathi S, Sousa FL, Roettger M, Lozada-Chávez N, Thiergart T et al (2015) Origins of major archaeal clades correspond to gene acquisitions from bacteria. Nature 517(7532):77–80

[155] Nicolakis D, Marconi MA, Zala SM, Penn DJ (2020) Ultrasonic vocalizations in house mice depend upon genetic relatedness of mating partners and correlate with subsequent reproductive success. Front Zool 17:10

[156] Nystedt B, Street NR, Wetterbom A, Zuccolo A, Lin YC et al (2013) The Norway spruce genome sequence and conifer genome evolution. Nature 497(7451):579–584

[157] Oerter R (2014) Der Mensch, das wundersame Wesen. Was Evolution, Kultur und Ontogenese aus uns machen. Springer Spektrum, Wiesbaden

[158] Ohlsson R, Paldi A, Marshall Graves JA (2001) Did genomic imprinting and X chromosome inactivation arise from stochastic expression? Trends Genet 17(3):136–141

[159] Ohm RA, de Jong JF, Lugones LG, Aerts AL, Kothe E et al (2010) Genome sequence of the model mushroom Schizophyllum commune. Nat Biotechnol 28(9):957–963

[160] Okhovat M, Berrio A, Wallace G, Ophir AG, Phelps SM (2015) Sexual fidelity trade-offs promote regulatory variation in the prairie vole brain. Science 350(6266):1371–1374

[161] Otto SP, Gerstein AC (2006) Why have sex? The population genetics of sex and recombination. Biochem Soc Trans 34(4):519

[162] Pawlowski B, Borkowska B, Nowak J, Augustyniak D, Drulis-Kawa Z (2018) Human body symmetry and immune efficacy in healthy adults. Am J Phys Anthropol 167(2):207–216

[163] Peabody GLV, Li H, Kao KC (2017) Sexual recombination and increased mutation rate expedite evolution of Escherichia coli in varied fitness landscapes. Nat Commun 8(1):2112

[164] Peart CR, Tusso S, Pophaly SD, Botero-Castro F, Wu CC et al (2020) Determinants of genetic variation across eco-evolutionary scales in pinnipeds. Nat Ecol Evol 4(8):1095–1104

[165] Peinert M, Wipfler B, Jetschke G, Kleinteich T, Gorb SN et al (2016) Traumatic insemination and female counter-adaptation in Strepsiptera (Insecta). Sci Rep 6(25):052

[166] Peng Q, Li J, Tan J, Yang Y, Zhang M et al (2016) EDARV370A associated facial characteristics in Uyghur population revealing further pleiotropic effects. Hum Genet 135:99–108

[167] Pérez-Losada M, Arenas M, Galán JC, Palero F, González-Candelas F (2015) Recombination in viruses: mechanisms, methods of study, and evolutionary consequences. Infect Genet Evol 30:296–307

[168] Pitnick S, Spicer GS, Markow TA (1995) How long is a giant sperm? Nature 375(6527):109

[169] Plotnik JM, de Waal FBM (2014) Asian elephants (Elephas maximus) reassure others in distress. PeerJ 2:e278

[170] Plucain J, Hindré T, Le Gac M, Tenaillon O, Cruveiller S et al (2014) Epistasis and allele specificity in the emergence of a stable polymorphism in Escherichia coli. Science 343(6177):1366–1369

[171] Powell JR (1997) The Drosophila model. Progress and prospects in evolutionary biology. Oxford University Press

[172] Prüfer K, Racimo F, Patterson N, Jay F, Sankararaman S et al (2014) The complete genome sequence of a Neanderthal from the Altai Mountains. Nature 505(7481):43–49

[173] Prunier J, Verta JP, MacKay JJ (2016) Conifer genomics and adaptation: at the crossroads of genetic diversity and genome function. New Phytol 209(1):44–62

[174] Pryke SR, Andersson S (2002) A generalized female bias for long tails in a short-tailed widowbird. Proc R Soc B Biol Sci 269(1505):2141–2146

[175] Ramm SA (2017) Exploring the sexual diversity of flatworms: ecology, evolution, and the molecular biology of reproduction. Mol Reprod Dev 84(2):120–131

[176] Ramm SA, Schlatter A, Poirier M, Schärer L (2015) Hypodermic self-insemination as a reproductive assurance strategy. Proc Biol Sci 282(1811):20150660,1–6

[177] Renner SS (2014) The relative and absolute frequencies of angiosperm sexual systems: dioecy, monoecy, gynodioecy, and an updated online database. Am J Bot 101(10):1588–1596

[178] Robinson MR, Kleinman A, Graff M, Vinkhuyzen AAE, Couper D et al (2017) Genetic evidence of assortative mating in humans. Nat Hum Behav 1:1–13

[179] Rödel HG, Starkloff A, Bautista A, Friedrich AC, Von Holst D (2008) Infanticide and maternal offspring defence in European rabbits under natural breeding conditions. Ethology 114(1):22–31

[180] Rózsa L (2008) The rise of non-adaptive intelligence in humans under pathogen pressure. Med Hypotheses 70(3):685–690

[181] Ryan MJ (1990) Sexual selection, sensory systems, and sensory exploitation. Oxf Surv Evol Biol 7:157–195

[182] Safari I, Goymann W, Kokko H (2019) Male-only care and cuckoldry in black coucals: does parenting hamper sex life? Proc Biol Sci 286(1900):20182789

[183] Santos PSC, Courtiol A, Heidel AJ, Höner OP, Heckmann I et al (2016) MHC-dependent mate choice is linked to a trace-amine-associated receptor gene in a mammal. Sci Rep 6(38):490

[184] Scally A, Dutheil JY, Hillier LW, Jordan GE, Goodhead I et al (2012) Insights into hominid evolution from the gorilla genome sequence. Nature 483:169–175

[185] Schmitt CL, Tatum ML (2008) The Malheur national forest. Forest Service Pacific Northwest Region, S 1–8

[186] Schoenebeck JJ, Ostrander EA (2014) Insights into morphology and disease from the dog genome project. Annu Rev Cell Dev Biol 30:535–560

[187] Schrider DR, Houle D, Lynch M, Hahn MW (2013) Rates and genomic consequences of spontaneous mutational events in Drosophila melanogaster. Genetics 194(4):937–954

[188] Seplyarskiy VB, Logacheva MD, Penin AA, Baranova MA, Leushkin EV et al (2014) Crossing-over in a hypervariable species preferentially occurs in regions of high local similarity. Mol Biol Evol 31(11):3016–3025

[189] Sessa EB, Banks JA, Barker MS, Der JP, Duffy AM et al (2014) Between two fern genomes. GigaScience 3:15

[190] Shapiro BJ, Friedman J, Cordero OX, Preheim SP, Timberlake SC et al (2012) Population genomics of early events in the ecological differentiation of bacteria. Science 336(6077):48–51

[191] Sharp NP, Agrawal AF (2013) Male-biased fitness effects of spontaneous mutations in Drosophila melanogaster. Evolution 67(4):1189–1195

[192] da Silva J, Galbraith JD (2017) Hill-Robertson interference maintained by Red Queen dynamics favours the evolution of sex. J Evol Biol 30(5):994–1010

[193] Singh A, Agrawal AF, Rundle HD (2017) Environmental complexity and the purging of deleterious alleles. Evolution 71(11):2714–2720

[194] Skaletsky H, Kuroda-Kawaguchi T, Minx PJ, Cordum HS, Hillier LW et al (2003) The male-specific region of the human Y chromosome is a mosaic of discrete sequence classes. Nature 423(6942):825–837

[195] Slagsvold T, Hansen BT, Johannessen LE, Lifjeld JT (2002) Mate choice and imprinting in birds studied by cross-fostering in the wild. Proc R Soc B Biol Sci 269(1499):1449–1455

[196] Slotte T, Hazzouri KM, Ågren JA, Koenig D, Maumus F et al (2013) The Capsella rubella genome and the genomic consequences of rapid mating system evolution. Nat Genet 45(7):831–835

[197] Smith JM (1978) The evolution of sex. Cambridge University Press

[198] Smith JM, Szathmáry E (1996) Evolution: Prozesse, Mechanismen. Modelle. Spektrum, Heidelberg

[199] Snowberg LK, Benkman CW (2007) The role of marker traits in the assortative mating within red crossbills, Loxia curvirostra complex. J Evol Biol 20(5):1924–1932

[200] Sommer MOA, Dantas G, Church GM (2009) Functional characterization of the antibiotic resistance reservoir in the human microflora. Science 325(5944):1128–1131

[201] Stajich JE, Wilke SK, Ahrén D, Au CH, Birren BW et al (2010) Insights into evolution of multicellular fungi from the assembled chromosomes of the mushroom Coprinopsis cinerea (Coprinus cinereus). PNAS 107(26):11,889–11,894

[202] Stearns SC, Hoekstra RF (2005) Evolution: an introduction. Oxford University Press

[203] Storch V, Welsch U, Wink M (2013) Evolutionsbiologie. Springer Spektrum

[204] Sung W, Ackerman MS, Miller SF, Doak TG, Lynch M (2012) Drift-barrier hypothesis and mutation-rate evolution. PNAS 109(45):18,488–18,492

[205] Sung W, Tucker AE, Doak TG, Choi E, Thomas WK, Lynch M (2012) Extraordinary genome stability in the ciliate Paramecium tetraurelia. PNAS 109(47):19,339–19,344

[206] Symons D (1979) The evolution of human sexuality. Cambridge University Press

[207] Számadó S, Penn DJ (2015) Why does costly signalling evolve? Challenges with testing the handicap hypothesis. Anim Behav 110:9–12

[208] Tamuri AU, dos Reis M, Goldstein RA (2012) Estimating the distribution of selection coefficients from phylogenetic data using sitewise mutation-selection models. Genetics 190(3):1101–1115

[209] Tang S, Presgraves DC (2009) Evolution of the Drosophila nuclear pore complex results in multiple hybrid incompatibilities. Science 323(5915):779–782

[210] Tautz D (2012) Genetische Unterschiede? Die Irrtümer des Biologismus. In: Haller M, Niggeschmidt M (Hrsg) Der Mythos vom Niedergang der Intelligenz. Springer VS, S 127–134

[211] Teitel Z, Pickup M, Field DL, Barrett SCH (2016) The dynamics of resource allocation and costs of reproduction in a sexually dimorphic, wind-pollinated dioecious plant. Plant Biol 18(1):98–103

[212] Toft S, Albo MJ (2016) The shield effect: nuptial gifts protect males against pre-copulatory sexual cannibalism. Biol Lett 12(5):20151082,1–10

[213] Toll-Riera M, San Millan A, Wagner A, MacLean RC (2016) The genomic basis of evolutionary innovation in Pseudomonas aeruginosa. PLoS Genet 12(5):e1006,005

[214] Treuner-Lange A, Søgaard-Andersen L (2020) Überlebenskünstler mit sozialen und kommunikativen Fähigkeiten. Biospektrum 26:28–31

[215] Tsuneoka Y, Tokita K, Yoshihara C, Amano T, Esposito G et al (2015) Distinct preoptic-BST nuclei dissociate paternal and infanticidal behavior in mice. EMBO J 34(21):2652–2670

[216] Tuttle EM (2003) Alternative reproductive strategies in the white-throated sparrow: behavioral and genetic evidence. Behav Ecol 14:425–432

[217] Tuttle EM, Bergland AO, Korody ML, Brewer MS, Newhouse DJ et al (2016) Divergence and functional degradation of a sex chromosome-like supergene. Curr Biol 26(3):344–350

[218] Uhl G, Zimmer SM, Renner D, Schneider JM (2015) Exploiting a moment of weakness: male spiders escape sexual cannibalism by copulating with moulting females. Sci Rep 5(16):928

[219] Vallon M, Heubel KU (2016) Old but gold: males preferentially cannibalize young eggs. Behav Ecol Sociobiol 70:569–573

[220] Vallon M, Grom C, Kalb N, Sprenger D, Anthes N et al (2016) You eat what you are: personality-dependent filial cannibalism in a fish with paternal care. Ecol Evol 6(5):1340–1352

[221] Vasu K, Nagaraja V (2013) Diverse functions of restriction-modification systems in addition to cellular defense. Microbiol Mol Biol Rev 77(1):53–72

[222] Vigilant L, Roy J, Bradley BJ, Stoneking CJ, Robbins MM, Stoinski TS (2015) Reproductive competition and inbreeding avoidance in a primate species with habitual female dispersal. Behav Ecol Sociobiol 69:1163–1172

[223] Voland E (2013) Soziobiologie. Die Evolution von Kooperation und Konkurrenz. Springer Spektrum, Berlin

[224] Vos M, Didelot X (2009) A comparison of homologous recombination rates in bacteria and archaea. ISME J 3(2):199–208

[225] Vyskot B, Hobza R (2015) The genomics of plant sex chromosomes. Plant Sci 236:126–135

[226] Wagner A, Whitaker RJ, Krause DJ, Heilers JH, van Wolferen M et al (2017) Mechanisms of gene flow in archaea. Nat Rev Microbiol 15(8):492–501

[227] Wagner GP, Pavličev M (2016) The evolutionary origin of female orgasm. J Exp Zool Part B Mol Dev Evol 326:326–337

[228] Wagner GP, Pavličev M (2017) Origin, function, and effects of female orgasm: all three are different. J Exp Zool Part B Mol Dev Evol 328:299–303

[229] Wang D, Forstmeier W, Kempenaers B (2017) No mutual mate choice for quality in zebra finches: time to question a widely held assumption. Evolution 71(11):2661–2676

[230] Warren WC, García-Pérez R, Xu S, Lampert KP, Chalopin D et al (2018) Clonal polymorphism and high heterozygosity in the celibate genome of the Amazon molly. Nat Ecol Evol 2(4):669–679

[231] Warrener AG, Lewton KL, Pontzer H, Lieberman DE (2015) A wider pelvis does not increase locomotor cost in humans, with implications for the evolution of childbirth. PLoS One 10(3):e0118,903

[232] Weismann A (1889) The significance of sexual reproduction in the theory of natural selection. In: Essays upon heredity and kindred biological problems. Clarendon Press, Oxford, S 251–332

[233] Whyte S, Torgler B, Harrison KL (2016) What women want in their sperm donor: a study of more than 1000 women's sperm donor selections. Econ Hum Biol 23:1–9

[234] Wickler W, Seibt U (1998) Männlich – Weiblich: Ein Naturgesetz und seine Folgen. Spektrum Akademischer Verlag, Heidelberg

[235] Wiedenbeck J, Cohan FM (2011) Origins of bacterial diversity through horizontal genetic transfer and adaptation to new ecological niches. FEMS Microbiol Rev 35(5):957–976

[236] Williams GC (1957) Pleiotropy, natural selection, and the evolution of Senescence. Evolution 11(4):398–411

[237] Williams GC (1966) Adaptation and natural selection. Princeton University Press

[238] Winstel V, Liang C, Sanchez-Carballo P, Steglich M, Munar M et al (2013) Wall teichoic acid structure governs horizontal gene transfer between major bacterial pathogens. Nat Commun 4:2345

[239] Winternitz J, Abbate JL, Huchard E, Havlíček J, Garamszegi LZ (2017) Patterns of MHC-dependent mate selection in humans and nonhuman primates: a meta-analysis. Mol Ecol 26(2):668–688

[240] Winther RG (2000) Darwin on variation and heredity. J Hist Biol 33(3):425–455

[241] Wirtz Ocana S, Meidl P, Bonfils D, Taborsky M (2014) Y-linked Mendelian inheritance of giant and dwarf male morphs in shell-brooding cichlids. Proc Biol Sci 281(1794):20140253

[242] Wood AJ, Oakey RJ (2006) Genomic imprinting in mammals: emerging themes and established theories. PLoS Genet 2(11):e147

[243] Xu S, Stapley J, Gablenz S, Boyer J, Appenroth KJ et al (2019) Low genetic variation is associated with low mutation rate in the giant duckweed. Nat Commun 10(1):1243

[244] Yin D, Schwarz EM, Thomas CG, Felde RL, Korf IF et al (2018) Rapid genome shrinkage in a self-fertile nematode reveals sperm competition proteins. Science 359(6371):55–61

[245] Yoshizawa K, Kamimura Y, Lienhard C, Ferreira RL, Blanke A (2018) A biological switching valve evolved in the female of a sex-role reversed cave insect to receive multiple seminal packages. eLife 7:e39563,1–11

[246] Young LC, Zaun BJ, Vanderwerf EA (2008) Successful same-sex pairing in Laysan albatross. Biol Lett 4(4):323–325

[247] Yun L, Agrawal AF (2014) Variation in the strength of inbreeding depression across environments: effects of stress and density dependence. Evolution 68(12):3599–3606

[248] Yun L, Chen PJ, Singh A, Agrawal AF, Rundle HD (2017) The physical environment mediates male harm and its effect on selection in females. Proc Biol Sci 284(1858):20170424,1–8

[249] Zahavi A (1975) Mate selection – a selection for a handicap. J Theor Biol 53:205–214

[250] Zala SM, Bilak A, Perkins M, Potts WK, Penn DJ (2015) Female house mice initially shun infected males, but do not avoid mating with them. Behav Ecol Sociobiol 69:715–722

[251] Zerulla K, Soppa J (2014) Polyploidy in haloarchaea: advantages for growth and survival. Front Microbiol 5:274

[252] Zrzavy J, Burda H, Storch D, Begall S, Mihulka S (2013) Evolution: Ein Lese-Lehrbuch. Springer Spektrum, Berlin

Stichwortverzeichnis

Veiko Krauß

Gene, Zufall, Selektion

Populäre Vorstellungen zur Evolution
und der Stand des Wissens

Springer Spektrum

Printed in the United States
by Baker & Taylor Publisher Services